国家林业和草原局职业教育"十三五"规划教材

园林建筑设计与施工技术
（第2版）

陈盛彬　张利香　主编

中国林业出版社
·北京·

内容简介

园林建筑设计与施工技术是一门实践性很强的专业课程，本教材重点介绍了园林建筑设计与施工技术的基础理论知识、设计方法与施工技艺，注重对学生基础理论的运用与实践能力的培养。

全书包括基础理论（园林建筑及发展历程、园林建筑构造基础知识、园林建筑设计技法）和项目技术（游憩建筑设计与施工技术、服务建筑设计与施工技术、水体建筑设计与施工技术、园林建筑小品设计与施工技术、庭院建筑设计与施工技术）两个模块。充分考虑我国高等职业教育的特点，强调可读性，重点、难点突出，图文并茂，简洁直观，易学易教。

本教材可供高等职业院校园林技术、园林工程技术、风景园林设计、环境艺术设计及相关专业使用，也可供园林设计爱好者和其他相关专业人员阅读参考。

图书在版编目（CIP）数据

园林建筑设计与施工技术 / 陈盛彬，张利香主编. —2版. —北京：中国林业出版社，2019.10（2024.3重印）
国家林业和草原局职业教育"十三五"规划教材

ISBN 978-7-5038-8570-9

Ⅰ.①园… Ⅱ.①陈…②张… Ⅲ.①园林建筑-园林设计-高等职业教育-教材②园林建筑-工程施工-高等职业教育-教材 Ⅳ.①TU986.4

中国版本图书馆 CIP 数据核字（2019）第 283329 号

中国林业出版社·教育分社

策划编辑：	田　苗　康红梅
责任编辑：	田　苗　田　娟
电　　话：	（010）83143557　83143634
传　　真：	（010）83143516

出版发行	中国林业出版社（100009　北京市西城区德内大街刘海胡同7号）
	E-mail: jiaocaipublic@163.com　电话：（010）83143500
	http: // www.forestry.gov.cn/lycb.html
经　销	新华书店
印　刷	北京中科印刷有限公司
版　次	2015年2月第1版（共印3次）
	2019年10月第2版
印　次	2024年3月第4次印刷
开　本	787mm×1092mm　1/16
印　张	20.75
字　数	532千字（含数字资源）
定　价	55.00元

数字资源

未经许可，不得以任何方式复制或抄袭本书之部分或全部内容。

版权所有　侵权必究

《园林建筑设计与施工技术》(第2版) 编写人员

主　编

　　陈盛彬

　　张利香

副主编

　　徐一斐

　　居　娉

编写人员（按姓氏拼音排序）

　　陈盛彬（湖南环境生物职业技术学院）

　　居　娉（江苏农林职业技术学院）

　　李和玉（黑龙江林业职业技术学院）

　　李庆华（山西林业职业技术学院）

　　汤　辉（岳阳职业技术学院）

　　王小鸽（杨凌职业技术学院）

　　徐一斐（湖南环境生物职业技术学院）

　　张利香（山西林业职业技术学院）

主　审

　　杜顺宝（东南大学建筑学院）

《园林建筑设计与施工技术》(第1版)
编写人员

主　编
　　陈盛彬
　　张利香

副主编
　　徐一斐
　　居　娉

编写人员（按姓氏拼音排序）
　　陈盛彬(湖南环境生物职业技术学院)
　　居　娉(江苏农林职业技术学院)
　　李和玉(黑龙江林业职业技术学院)
　　李庆华(山西林业职业技术学院)
　　汤　辉(岳阳职业技术学院)
　　王小鸽(杨凌职业技术学院)
　　徐一斐(湖南环境生物职业技术学院)
　　张利香(山西林业职业技术学院)

主　审
　　杜顺宝(东南大学建筑学院)

第 2 版前言

本教材是在《园林建筑设计与施工技术》的基础上进行修订的。第 1 版自 2015 年出版以来，共印刷 3 次，在全国范围广泛使用。本次修订对书中部分内容进行了优化，校正了错误，同时，增补了数字化教学资源，以满足读者线上线下学习的不同需求。

本教材由湖南环境生物职业技术学院陈盛彬教授和山西林业职业技术学院张利香副教授共同主编。编写分工如下：陈盛彬编写前言、模块 2 项目 4 中任务 4.1~4.5，李庆华编写模块 1 单元 1、模块 2 项目 4 中任务 4.6~4.7，李和玉编写模块 1 单元 2，张利香编写模块 1 单元 3，王小鸽编写模块 2 项目 1，居娉编写模块 2 项目 2，汤辉编写模块 2 项目 3，徐一斐编写模块 2 项目 5。全书由陈盛彬统稿。

本教材可作为我国高等职业教育园林技术、园林工程技术、风景园林设计、环境艺术设计及相关专业学生用书，也可供园林设计爱好者和其他相关专业人员使用。

本教材在编写过程中参考了相关著作、设计作品及资料，在此向有关作者表示衷心的感谢。同时得到了湖南环境生物职业技术学院及合作单位领导和同行的大力支持与协助，在此深表谢意！

由于编者水平有限，疏漏与错误之处在所难免，敬请广大同行专家和读者予以批评指正！

陈盛彬

2019 年 8 月

第 1 版前言

园林建筑作为四大造园要素之一，是一种独具特色的建筑，它既要满足建筑的使用功能要求，又要满足园林景观的造景要求，并与园林环境密切结合，与自然融为一体。园林建筑是园林的一个重要组成部分。在古今中外园林中，园林建筑在景物构图、休闲游乐以及生活服务等方面都起着积极的作用，并且具有弘扬园林传统文化的意义，因而深受人们喜爱。

园林建筑设计与施工技术是一门实践性很强的专业课程，涉及美学、环境艺术、建筑艺术、建筑构造与结构技术、建筑施工技术、建筑经济等方面，要求学生在认真掌握基本概念、基本理论的基础上，通过对本课程的系统理论学习与实践，巩固和加强学生所学的基本理论知识，提高学生分析问题和解决问题的能力，为今后的园林工程建设工作打下坚实的基础。

本教材是笔者在二十多年教学实践的基础上，结合当前园林建设行业实际情况，根据高职高专园林类专业人才培养方案的要求，经过全体编写人员的共同努力，精心编写而成。本教材汇集了中外古典园林和现代园林中的典型园林建筑案例，力求实用性、科学性、创新性、特色性、先进性相结合。全书包括基础理论(园林建筑及发展历程、园林建筑构造基础知识、园林建筑设计技法)和项目技术(游憩建筑设计与施工技术、服务建筑设计与施工技术、水体建筑设计与施工技术、园林建筑小品设计与施工技术、庭院建筑设计与施工技术)两个模块，图文并茂，力求简洁，易于掌握。教学过程中主要采用理论讲授、课程设计与模型制作(真题实做)、现场教学三者相结合的方法，以课程设计和现场教学为主，学做结合。学习本课程时要求学生做到"三多"，即：多看、多想、多练。

本教材由湖南环境生物职业技术学院陈盛彬教授和山西林业职业技术学院张利香副教授共同主编，东南大学城市规划设计研究院总建筑师、博士生导师杜顺宝教授主审，全书由陈盛彬统稿。具体分工如下：

陈盛彬　　前言，模块 2 项目技术项目 4 中任务 4.1~4.5
李庆华　　模块 1 基础理论单元 1，模块 2 项目技术项目 4 中任务 4.6~4.7
李和玉　　模块 1 基础理论单元 2
张利香　　模块 1 基础理论单元 3
王小鸽　　模块 2 项目技术项目 1
居　娉　　模块 2 项目技术项目 2
汤　辉　　模块 2 项目技术项目 3
徐一斐　　模块 2 项目技术项目 5

本教材在编写过程中参考和借鉴了相关作品与图纸资料，在此对作品作者表示衷心的感谢。同时得到了湖南环境生物职业技术学院及合作单位领导和同行的大力支持与协助，在此深表谢意。

  由于编者水平有限，疏漏与错误之处在所难免，敬请广大同行专家和读者予以批评指正。

陈盛彬

2014 年 8 月

目 录

前 言

模块 1 基础理论 ... 001

单元 1 园林建筑及发展历程 ... 002
1.1 园林建筑与园林 ... 002
1.2 园林建筑的发展 ... 008

单元 2 园林建筑构造基础知识 ... 020
2.1 现代园林建筑构造 ... 020
2.2 中国古典园林建筑构造 ... 048

单元 3 园林建筑设计技法 ... 074
3.1 园林建筑与环境 ... 074
3.2 园林建筑布局 ... 080
3.3 园林建筑空间 ... 088
3.4 园林建筑的尺度与比例 ... 095
3.5 园林建筑的色彩与质感 ... 100
3.6 园林建筑方案设计步骤 ... 102

模块 2 项目技术 ... 109

项目 1 游憩建筑设计与施工技术 ... 110
任务 1.1 景亭设计与施工技术 ... 110
任务 1.2 景廊设计与施工技术 ... 126
任务 1.3 花架设计与施工技术 ... 140
任务 1.4 水榭设计与施工技术 ... 150

项目 2 服务建筑设计与施工技术 ... 157
任务 2.1 景区大门设计与施工技术 ... 157
任务 2.2 茶室、餐厅设计与施工技术 ... 174
任务 2.3 小卖部设计与施工技术 ... 186
任务 2.4 园厕设计与施工技术 ... 191

项目 3　水体建筑设计与施工技术 202
任务 3.1　园桥设计与施工技术 202
任务 3.2　游船码头设计与施工技术 211

项目 4　园林建筑小品设计与施工技术 221
任务 4.1　园林景墙设计与施工技术 221
任务 4.2　门窗洞口设计与施工技术 230
任务 4.3　园林栏杆设计与施工技术 237
任务 4.4　花格设计与施工技术 244
任务 4.5　园椅、园桌设计与施工技术 251
任务 4.6　园灯设计与施工技术 260
任务 4.7　展览栏及标牌设计与施工技术 270

项目 5　庭院建筑设计与施工技术 281
任务 5.1　庭院建筑平面布置 281
任务 5.2　庭院造景 298
任务 5.3　室内景园造景 309

参考文献 321

模块 1
基础理论

单元1　园林建筑及发展历程

◇学习目标

【知识目标】

(1)掌握园林与园林建筑的基本概念和作用。
(2)了解园林建筑主要类型和园林建筑历史发展过程。
(3)了解中外古典园林及近现代园林中园林建筑的有关基本知识。

【技能目标】

(1)能调查与识别园林建筑类型。
(2)能将古今中外园林建筑特色应用于现代园林建设中。

1.1　园林建筑与园林

建筑是一种综合性的艺术,是一部凝固的史诗。人们习惯于将以中国为代表的自然式园林称为东方古典园林,将以法国为代表的规则式园林称为西方古典园林;将以古希腊、古罗马为代表的欧洲建筑体系视为西方建筑,将以中国、印度、日本为代表的亚洲建筑体系视为东方建筑。中国园林建筑与外国园林建筑由于各自所处的自然环境、社会形态、文化氛围等方面有差异,造园中使用不同的建筑材料和布局形式,表达各自不同的观念情调和审美意识,产生了各种差异。

1.1.1　中国园林及建筑

中国园林有着优秀的造园艺术传统,是中国古代文化艺术领域的一个特殊范畴,是人类通过艺术的手段在生活环境中创造出模仿自然的空间。它不仅能给游人提供游山玩水、休憩赏景的空间,而且能够给游人带来艺术的审美情趣。中国古典园林作为一种艺术,融建筑、植物、绘画、文学、书法等于一体。中国园林在世界园林史上,作为一个独立的园林体系而享有盛名,其中,园林建筑以其丰富的造型、灵活的空间、协调的色彩和古典的风格,展现出独特的光彩。

中国园林与园林建筑的关系水乳交融。园林因为有了精巧、典雅的园林建筑的点缀而更加优美,更加富有诗情画意,更加适合游人的游玩赏景;而园林建筑因园林的存在而存在,需要园林中各种环境因素的配合,才能发挥出独特的魅力。中国园林与园林建筑的创作和设计,是人们对自然美与生活美追求的一种具体反映,始终体现"人是主体,景为人用"的原则。

1.1.1.1　园林

园林是指在一定的地域运用工程技术和艺术手段,通过因地制宜地改造地形(堆山、叠石、理水)、种植植物、营造建筑、布置园路等,创建出一个供游人观赏、游憩、活动的优美环境。环境要素是园林景观构成的物质基础,每个园林因性质、规模、内容的不同有所不同，但大体都由山（地形）、水（水体）、植物和建筑四大要素构成。

(1) 山

中国园林以自然山水为基本形式，造园时应本着出于自然，高于自然的原则，创造出情景交融的园林环境。利用园林原有地形条件，创造自然山水。

山势有曲有伸，有高有低，有隐有显，模仿自然空间层次变化。建筑可借山势起伏错落组景，并为其衬托，形成多彩的自然风景画面。山林景象不仅可供观赏，而且可以形成登高远眺的效果，还可鸟瞰园内景观。园林中的山体既可营造自然的氛围，也可因地制宜地进行人工堆砌假山，使其形成高低错落的景观效果。

(2) 水

人天性好水，中国园林在设计时也喜欢用水，因为水能给人清新、明净的感觉，给人亲切感。水面随园林规模、布局而定，或开阔舒展，或曲折幽深，或是飞流的瀑布，或是跳动的山泉，再或是水中的倒影，总能让人心境开阔，富于想象，拨动心弦。在园林设计时要考虑到亲水性和自然性，根据园林规模设计符合其意境的水景。园林中无论水体大小、深浅都能达到自然的效果，使园林空间有延伸感，富有层次变化。

(3) 植物

植物是造园的一个基本要素，是构成各种园林景观必不可缺少的一项内容。中国园林在植物的布置手法上，重朴实自然，反映自然界中植物的自然景观，忌矫揉造作。植物是重要的造景要素，因为其线条柔软、造型活泼、色彩丰富、有生命力，有风则动，无风则静，动静相宜，能获得生动的景观效果。

(4) 建筑

建筑是园林中必不可少的组成要素。在古典园林中建筑起到很好的点景和赏景的作用，在现代各类园林中也发挥着其独特的功能。园林建筑类型多样，造型丰富，外观优美，富于变化。园林建筑根据体量及功能要求分为单体建筑和建筑小品，单体建筑主要包括亭、台、楼、阁、廊、水榭、舫等，建筑小品主要有景墙、小桥、汀步、桌、椅、景观标识、园灯、雕塑等。

1.1.1.2 园林建筑

(1) 园林建筑的概念

园林建筑是指在园林环境中具有造景功能，同时又能供游人游览、赏景、休息、活动的各类建筑。不同的园林建筑具备不同的使用功能和形式。其外观与平面布局不仅要满足和反映特定的功能，还要考虑到园林造景的需要，服从于园林景观设计的要求。

(2) 园林建筑的功能

园林建筑是独具特点的建筑，既要满足其使用功能，又要满足在园林景观中的造景要求，并与园林中的其他三大要素——山、水、植物有机结合，与周围环境密切配合，与自然融为一体。因此，要将其功能与园林景观要求恰当、巧妙地结合起来，以体现不同园林环境中各具特色的园林建筑。

①使用功能　作为园林中必不可少的组成部分，园林建筑要为游人提供休息、游览、赏景、文化娱乐等场所。由于不同活动的需要不同，所以要求在园林中设置相应的建筑设

施，以方便游人。如亭、廊、花架等可为游人提供休息、赏景空间；小卖部、茶室等可为游人提供服务；园桥可联系交通；园灯可照明；坐凳可休息；指路标牌可指引道路……随着游览活动内容日益丰富，园林现代化设施水平不断提高，出现了多种多样的建筑类型。

②景观功能　园林建筑和其他建筑不同，它不仅要满足一定的使用功能，还要满足园林环境的景观要求。

点景　即点缀风景。园林建筑要与自然风景融合，相生成景，并且常成为园林景致的构图中心或主题。有的隐蔽在花丛、树木之中，成为宜于近观的局部小景；有的则耸立在高山之巅，成为全园主景，控制全园景物的布局。如北京颐和园佛香阁，位于万寿山前山，其两侧的建筑严整而对称地向两翼展开，彼此呼应。由于佛香阁高于其他建筑物，尤其显得气宇轩昂，从而成为总揽前山乃至整个景区的构图中心。园林建筑在园林景观构图中常具有画龙点睛的作用，以优美的形象，为园林景观增色生辉(图1-1-1)。

赏景　即观赏风景。以建筑作为观赏园内或园外景物的场所，一个单体建筑往往成为静观园景画面的欣赏点；一组建筑常与游廊、园墙等连接，构成动观园景全貌的一条观赏线。因此，建筑的朝向、门窗的位置和体量的大小等都要考虑赏景的要求，如视野范围、视线距离，以及群体建筑布局中建筑与景物的围、透、漏等关系。游人可以坐在亭廊中欣赏周围的美景，如西安世博园中通过修竹和白色景墙欣赏景色，达到小中见大的效果(图1-1-2)。

图 1-1-1　北京颐和园佛香阁的点景作用　　　　图 1-1-2　透过景墙的赏景效果

引导游览路线　游人在园林中漫步游览时，按照园路的布局行进，但比园路更能吸引游人的是各景区的园林建筑。当人们的视线触及某处优美的建筑形象时，游览路线就会自然地顺着视线而伸延，建筑常成为视线引导的主要目标。园林中的长廊、花架等联系了许多景点，游人漫步其中，每走一步都会看到优美的风景形成步移景异的效果(图1-1-3)。

组织和划分园林空间　园林建筑具有组织空间和划分空间的功能。我国一些较大的园林，为满足不同的功能要求和创造出丰富多彩的景观氛围，通常把局部景区围合起来，或把全园的空间划分成大小、明暗、高低等有对比、有节奏的空间体系，彼此互相衬托，形成各具特色的景区。中国园林常采用廊、墙、栏杆等长条形状的园林建筑来组织、划分空间，成为丰富、变换、过渡园林空间层次的手法之一。常以一系列空间变化，如起、结、开、合的巧妙安排，给人以艺术的享受。以建筑构成的各种形状的庭院及游廊、花墙、门洞、园桥等，恰恰是组织空间、划分空间的手段。如苏州拙政园的曲桥很好地将水面划分开来，达到空间层次变化的效果(图1-1-4)。

图1-1-3　利用花架引导游览路线

图1-1-4　苏州拙政园曲桥划分水面

1.1.1.3　园林建筑类型

(1) 根据使用功能分类

①园林建筑装饰小品　体量小巧、数量多、分布广、功能简明、造型别致，具有较强的装饰性、富有情趣的精美设施。以装饰园林环境为主，注重外观形象的艺术效果，同时符合其使用功能。包括景墙、门洞、汀步、园椅、景观标识、园灯、园林栏杆、雕塑等。

②游憩性建筑　此类建筑供游人休息、游赏用，是园林建筑中最重要的一类建筑。要求既有简单的使用功能，又要有优美的建筑造型。如亭、廊、花架、榭、舫等。

③服务性建筑　此类建筑主要为游人在游览途中提供一定的服务。如游船码头、茶室、园厕、小卖部、餐厅、接待室、小型旅馆、各类展览室等。

④文化娱乐性建筑　此类建筑供游人在园林中开展各种活动用。如游艺室、俱乐部、演出厅、露天剧场、体育场、游泳馆、旱冰场等。

⑤园林管理类建筑　主要供内部工作人员使用，包括园林大门、办公管理室、实验室、栽培温室、食堂、杂务院、仓库等。

(2) 根据传统形式分类

我国传统园林建筑具有因地制宜的总体布局，富于变化的群体结构，丰富多彩的立体造型，灵活多样的空间分隔，协调大方的色彩运用，在世界园林史上独树一帜。

我国传统园林建筑通常将一个单体建筑作为一类，大体包括亭、台、楼、阁、廊、榭、舫、厅、堂、轩、馆、斋、殿、塔等。

①亭　《园冶》中说："亭者，停也，所以停憩游行也。"在园林中是一种眺望、遮阳、避雨的点景和赏景建筑。在造型上形态多样、轻巧活泼，易于与各种园林环境结合，因其特有的造型而增加了园林景致的画意。

②台　中国古代园林最初的小品建筑，是用土堆积起来的坚实而高大、方锥状的建筑物，具有考察天文、地理、阴阳、人事和观赏游览等功能。后来在园林中设台只是材料有所变化，而仍然保持高起、平台、无遮的形式，达到登高望远的效果。

③楼与阁　体量较大，造型复杂，位置十分重要，在园林中起到控制全园的作用。楼的平面一般呈狭长形，也可曲折蜿蜒，立面多在两层以上。阁的外形类似楼，四周开窗，每层都设置围廊，有挑出的平座和走廊。

④廊 园林中的廊是建筑与建筑之间的连接通道，是空间联系和划分的重要手段，同时也有遮风避雨、交通联系的实用功能，还是园林景色的导游线。

⑤榭 "榭者，藉也。藉景而成者也。或水边，或花畔，制亦随态。"较为常见的是水榭，建于池畔，建筑的临水面开敞，设有栏杆。建筑的基部一半在水中，一半在池岸。

⑥舫 又称"旱船"或"不系舟"，是一种船形建筑，建于水边，前半部多是三面临水，使人有虽在建筑中却又犹如置身舟楫之感。船首的一侧设平板桥与岸相连，颇具跳板之意。舫体部分通常采用石块砌筑。

⑦厅、堂 在私家园林中，一般多是园主进行各种室内活动的主要场所。从结构上分，用长方形木料做梁架的为厅，用圆木料者为堂。

⑧轩 在建筑上指厅堂前带卷棚顶的部分。园林中的轩轻巧灵活，高敞飘逸，多布局在空旷地段，多作观景之用。

⑨馆 与厅堂同类，是成组的起居或游宴场所。规模较大，位置一般在高敞清爽之地。

⑩斋 幽深僻静处的学舍书屋，一般不作主体建筑。形式较模糊，多以个体出现，一般设在山林中。

1.1.1.4 园林建筑特点

(1) 园林建筑多"曲"

自然山水、风景形象，多为柔和的曲线，山石的轮廓线也好，池沼湖泊的边界也好，甚至植物的叶、花，多是曲线，自然之物很少有笔直方正的几何形状。而建筑作为体现基本力学规律的人工创造物，直线是它的基本组成线条。为了和自然风景的"曲"相协调，园林建筑常常以曲代直：它的布局不讲究轴线，可因观赏的方便和赏景的需要灵活自由地散布在园林之中；本应以直线组成的路、桥、廊等，也都变成了曲径、曲桥、曲廊等。就单体建筑而言，踏步、台阶等可用有自然曲线外形的山石铺成。屋顶造型、屋角起翘、檐口滴水，以及梁架部件也都呈现出一种很协调的弧曲线。还有为方便赏景而将栏杆改制成一种可坐的靠背低栏——美人靠，也全部用柔和的曲木制作，使建筑更加轻巧。这一由"直"至"曲"的转化使建筑能和周围的风景环境和谐。

(2) 园林建筑多"变"

园林建筑在布局上灵活多变，可布置在平地、山地或水边；在造型上可灵活设计，一个单体建筑可有多种形式，如亭有四角亭、五角亭、六角亭、八角亭、圆亭、扇形亭、攒尖顶亭、歇山顶亭等；建筑形式可灵活、随意地组合，如亭廊组合、亭桥组合、廊榭组合等，这些灵活性的体现是中国园林建筑的一大特色。

(3) 园林建筑多"巧"

中国园林建筑的另一大特色就是精巧。布局上注意以"巧"取胜，各类园林建筑的造型、体量多以精巧为上，小到细部装饰、装修、陈设、小品也都处处体现精巧美。它们之间的位置、大小、粗细、质地的处理和设计都恰到好处，精得合宜，分寸感和统一感把握得当。建筑的各个部分都协调在结构的精巧布置上，这是对中国建筑结构美的进一步补充、进一步美化。建筑方面的精巧还表现在人性化的体现，如柱子、椅凳、美人靠、门窗、内檐的各种装修等，不仅设计精巧、美观，而且其造型和质感都给人一种亲切感。

(4) 动静结合

中国园林建筑一般都是根据整体空间环境恰当地布置不同的建筑形体，为静止之物增加活跃的气氛，为园林增添不同的灵气和动感。游人对景物的观赏是动静结合的过程，而游人的赏景活动经常是在建筑中进行的，所以园林建筑在设计时要考虑到动静结合，既要安排好供游人静观的点式建筑，以供游人驻足停留、细致赏景，又要组织好供游人游赏动观的线性建筑。

静态观赏是指游人的视点与景物位置相对不变。整个风景画面是一幅静态构图，主景、配景、背景、前景等是相对静态的。观赏此类风景需要安排游人驻足的观赏点，通常静观的点式建筑为亭、台、楼、阁、水榭等。

动态观赏是指视点与景物位置发生变化，即随着游人观赏角度的变化，景物在发生变化。观赏此类风景，需要在游览路线上安排不同的风景，达到步移景异的效果。动观的线性建筑为游廊、园路、花架、园桥、景墙等。

建筑要根据园林景观的特点来设计，或登山远眺，或临水平视，或开阔明朗，或幽深曲折，以满足游人不同的观赏需求。

(5) 体现意境

意境美是造园艺术家通过观察自然景物，迁想妙得，情景交融而获得的一种优美境界。它是客观的景与主观的情相结合的产物。园林建筑常与诗画结合，富有诗情画意，这样就加强了建筑的艺术感染力，达到触景生情、情景交融的境界。

我国传统的赏景习惯，强调外在的景物和游赏者内心情感的交互融合。若是游人游园赏景，只是走马观花而不触动自己的情感，那么这种欣赏只是停留在表面，只能说是低层次的审美。要使游人的审美感受上升到一个较高的层次，必须加入一种催化剂，这就是情感。游园要有更多的收获，必定要以情看景、以情悟物。

游园，尤其是游古园，最易产生的联想是追忆历史人文故事。如山西晋祠景区中轴线上的对越牌坊，位于金人台与献殿之间。对越牌坊为四柱三门，单檐歇山顶建筑，两边的钟楼和鼓楼分峙左右，如坊之两翼。整体建筑造型富丽堂皇，奇特玲珑，坊前台基上有一对铁狮，更增添了牌坊的气势。"对"是报答，"越"是宣扬，这里还有一段动人的故事：相传对越牌坊是明万历年间太原县举人高应元出资所建，他从小极其孝顺父母。其母患偏头疼，虽多方求医，但总不见效。一天高应元虔诚地到晋祠圣母殿为母焚香祈祷，并许愿捐资修祠。之后母亲的病情日见好转并痊愈如常，于是高应元就选准金人台与献殿之间，建起了牌坊还愿，并题"对越"，意在宣扬报答圣母的神灵庇佑之功，同时也暗含要报答父母之恩，孝顺父母之意。

1.1.2 外国园林及建筑

外国园林中的园林建筑取法于本国的历史建筑，它把各种不同功能用途的房间都集中在一幢砖石结构的建筑物内，所追求的是一种内部空间的构成美和外部形体的雕塑美。由于建筑体量庞大，因此很重视其立面实体的划分和处理，从而形成一整套立面构图的美学原则。以法国宫廷花园为代表的由建筑师、雕塑家和园林设计师创作出来的外国规则式古典园林，以几何体形的美学原则为基础，以"强迫自然去接受均称的法则"为指导思想，追求一种纯净的、人工雕琢的盛装美。花园多采取几何对称的布局，有明确的贯穿整座园林的轴线与对称关系。水池、广场、树木、雕塑、建筑、道路等都在中轴上依次排列，在轴线高处的起点上常布置着体量高大、严谨对称的建筑物，建筑物控制着轴线，轴线控制着园林，因此建筑也就统率着花园，花园从属于建筑。

外国建筑多以石料砌筑，墙壁较厚，窗洞较小，建筑的跨度受石料的限制而内部空间较小。拱券结构发展后，建筑空间得到了很大程度的解放，建造起了像罗马的万神庙等有内部空间层次的公共性建筑物，建筑的空间艺术有了很大的发展，但仍未突破厚重实体的外框。外国古典造型艺术强调"体积美"，建筑物的尺度、体量、形象并不去适应人们实际活动的需要，而重在强调建筑实体的气氛，其着眼点在于两度的立面与三度的形体，建筑与雕塑连为一体，追求一种雕塑性的美。其建筑艺术加工的重点也自然地集中到了目力所及的外表及装饰艺术上（图1-1-5）。

外国古典建筑在布局上强调挺拔向上，突出个体建筑；在建筑文化的主题上，以宣扬神的崇高、表现对神的崇拜与爱戴为中心；艺术风格重在表现人与自然的对抗之美，以宗教建筑的空旷、封闭的内部空间使人产生宗教般的激情与迷狂（图1-1-6）。

图1-1-5 阿蒙神庙

图1-1-6 斗兽场

在园林布局上，黑格尔曾说："最彻底地运用建筑原则于园林艺术的是法国的园子，它们照例接近高大的宫殿，树木栽成有规律的行列，形成林荫大道，修剪得很整齐，围墙也是用修剪整齐的篱笆造成的。这样就把大自然改造成为一座露天的广厦。"外国古典林无论在情趣上还是构图上和古典建筑所遵循的都是同一个原则。园林设计把建筑设计的手法、原则从室内搬到室外，两者除组合要素不同外，并没有很大的差别。

1.2 园林建筑的发展

1.2.1 古典园林建筑

古典园林是人类文化遗产的一个重要组成部分，世界各地因文化的发展，曾出现过各具特色的造园风格，有些仍被现代造园所采用，为园林的发展起到了一定的推动作用。回顾中外园林及园林建筑的发展历史，为我们现代园林的创作设计提供了依据。

1.2.1.1 中国古典园林建筑

中国古典园林艺术有着悠久的历史，并以其严谨而灵动的巧妙布局、精湛而高超的技术、自然而富有意境的风景而见长，是独具中华民族特色的园林艺术风格。

中国园林建筑艺术实质上是木材的加工技术和装饰技术。园林建筑不同于一般的建筑，它们散布于园林之中，具有双重的作用，除满足居住休息或游乐等需要外，它与山池、花木共同组成园景的构图中心，创造变化丰富的空间环境和建筑艺术。

(1) 中国古典园林建筑历史沿革

① 夏—春秋战国(前2070—前221)　夏朝前后，发明了夯土技术，在土坛上建筑茅草顶的房屋，这一时期已经出现了代表中国建筑特点的坛和前庭。夏、殷时期，建筑技术逐渐发展，出现了宫室、世室、台等建筑物。周代定城郭宫室之制，规定大小诸侯的级别，以及宫门、宫殿、明堂、辟雍等的等级，又规定前朝后寝、左祖右社、前宫后苑等宫苑布局，此后历代相沿，成为中华民族传统的宫苑形式。

由原始的狩猎、游牧、畜牧生活发展为饲养禽兽，出现圈占一定范围专供狩猎取乐的囿，殷末扩展沙丘苑台，开周代苑囿之先河。桐宫作为一种离宫，此时开始出现。楚国的章华台开后世大规模离宫别馆之先河。囿、台、沼三者的融合到了周代确立下来。王者与民同乐，孕育了苑囿的公共娱乐性。

春秋战国时期，以台阁建筑为标志，中国建筑发生了重大转变和飞跃。吴王的姑苏台、秦国的阿房宫是这一时期建筑的代表。

② 秦汉时期(前221—公元220)　公元前221年，秦灭六国后大兴土木，修建了规模宏大的宫苑建筑群，建筑风格与建筑技术的交流促进了建筑艺术水平的空前提高。建筑宏伟壮观，规模宏大，装饰穷极华丽，空前绝后。开始在道路旁植树，成为世界最早的行道树。营建苑池时，把人工堆山引入园林中。"一池三山"的造园手法成为后世造园典范。

两汉时期中国古建筑的木构建渐趋成熟，砖石建筑和拱券结构有了很大的进步。西汉开始修复和扩建秦时的上林苑，其中挖掘了许多池沼、河流，种植各种奇花异木，饲养珍禽奇兽供帝王观赏与狩猎，殿、堂、楼、阁、亭、廊、台、榭等园林建筑基本类型的雏形都已形成。汉代后期，开始形成以自然山水配合花木房屋的风景式园林的造园风格。其中的园林建筑为取得更好的游憩和观赏效果，在布局上已不拘泥于对称均衡的格局，而有参差错落的变化，依势随形而筑。在建筑造型上，汉代由木构架形成的屋顶已具有庑殿、悬山、囤顶、攒尖和歇山这5种基本形式，同时还出现了重檐屋顶。

③ 魏、晋、南北朝(220—581)　魏、晋、南北朝时期风景式园林向更高的水平发展。此时，园林模拟自然景色，开池筑山，结合地形进行植物造景，因景而设园林建筑。寺庙园林作为园林的一种独立类型开始出现。

南北朝的园林中已经出现了比较精致而结构复杂的假山。北魏司农张伦在洛阳的宅园内已经有意识地运用假山、水、石以及植物与建筑的组合来创造特定的景观；建筑的布局大都疏朗有致，因山借水而成景，在发挥建筑的观景和点景的作用方面又进了一步。

④隋代(581—618)　西苑是当时最为宏丽的别苑，以大的湖面为中心，湖中仍沿袭汉代的海上神山布局。建筑按景区形成独立的组团，组团之间为绿化及水面间隔的设计手法已具有中国大型皇家园林布局基本构图的雏形。骊山北坡的苑林区建筑布局和植物配置都按山麓、山腰、山谷、山顶的不同部位而因地制宜，突出重点的景观特色。

⑤唐代(618—907)　唐代的曲江，利用低洼地疏凿，扩展成一块公共风景游览地带，其中由亭、廊、台、榭、楼、阁点缀，供居民休息观赏，这是最早的城内公共绿地建设。唐代的华清宫，布局上以温泉之水为池，环山列宫室，形成一个宫城。建筑随山势之高低而错落修筑，山水结合、宫苑结合，类似清代离宫型皇家园林。唐代的自然山水园也有所发展，在自然风景区中相地而筑，借四周景色略加人工建筑而成。由于写意山水画发展，也开始将诗情画意写入园林。

唐代建筑技术和艺术都有巨大的发展和提高，此时的建筑主要有以下六大特点：建筑规模宏大，规划严整；建筑群的处理日趋成熟；木结构建筑解决了面积大、体量大的技术难题；设计与施工水平提高；砖石建筑有了进一步发展；建筑艺术加工具有真实性和成熟感。

⑥宋代(960—1279)　宋代的园林艺术，在隋唐的基础上又有所提高。受绘画影响极大，写意山水画技法成熟，寓诗于山水画中，园林与诗、画的结合更为紧密，创造富于诗情画意的三维空间的自然山水园林景观。宋代园林建筑没有唐代那种宏伟刚健的风格，但却更为秀丽、精巧，富于变化。建筑类型更加多样，如宫、殿、楼、阁、馆、轩、斋、室、台、榭、亭、廊等，按使用要求与造型需要合理选择。在建筑布局上更讲究因景而设，把人工美与自然美结合起来，按照人们的主观愿望，编织成富有诗情画意的环境。

宋代建筑水平达到了一个新的高度，主要表现在：古建筑营造采用古典的模数制；建筑组合在进深方向加强空间层次感，使主体建筑更为突出；建筑装修与色彩有了很大的进步；砖石建筑的水平达到新的高度。

宋代李诫收集汴京当时实际工程中有效的做法，而修编了《营造法式》，提出了一整套木构架建筑的模数制设计方法，它是研究我国古代木构建筑工艺和规章制度的宝贵资料，是中国古籍中最完整、最著名的一部建筑技术专著，是宋代建筑技术向标准化和定型发展的标志性文献。

⑦元代(1260—1368)　元代是异族统治，士人多追求精神层次的境界。园林成为其表现人格自由、借景抒情的场所，园林中更重情趣、写意。

⑧明代(1368—1644)　明代以元大都为基础重建北京，又把太液池向南开拓，形成三海——北海、中海、南海，并以此作为主要御苑，称西苑。此时期造园规模不大，日趋专业化，造园艺术和技术也更精致熟练，由全盛时期而升华为富于创造、进取精神、完全成熟的境地，对东方园林影响很大。

私家园林呈现出前所未有的百花争艳的局面，最终形成北方、江南、岭南三大地方园林风格鼎立的局面。其中有两个明显变化：一是由以往的全景山水缩移草拟的写实与写意相结合的创作手法，转变为以写意为主；二是景题、匾额、对联在园林中普遍使用，园林意境的韵味更为深远。

明代造园家涌现，造园匠师社会地位有所提高。最杰出的代表为明末的计成，其不仅具有丰富的造园经验，而且又有较高的文学、绘画素养，所著《园冶》一书系统地总结了当时的造园经验，成为我国古代唯一的造园专著。

⑨清代(1644—1911) 康乾盛世，宫苑造园规模大，数量多，实为造园史上最兴旺发达的时期。此时期为皇家园林的鼎盛时期，在西北郊先后建造了静宜园、静明园、圆明园、畅春园、清漪园5个皇家苑囿，还在承德修建了避暑山庄。其间全面地引进和学习了江南民间的造园技艺，形成南北园林艺术的大融合。与此同时，外国的造园规划艺术首次引进中国宫苑。

这一时期，园林已由赏心悦目、陶冶性情为主的游憩场所转化为多功能的活动中心。园林里面的建筑密度较大，山石用量较多，大量运用建筑来围合、分隔园林空间或者在建筑围合的空间内经营山池花木。

清代工部颁发的《工程做法则例》是中国建筑史学界的一部重要的"文法课本"，反映了清式建筑各种样式的做法，是我国遗留下来的一部完整的文化遗产。

1.2.1.2 外国古典园林建筑的历史沿革

世界各地因所处的地理位置、社会环境等各不相同，形成独特的文化艺术和造园风格，园林建筑艺术和技术也因此各有所长。外国古典园林及建筑以古埃及、西亚、古希腊、古罗马、西班牙、伊斯兰、意大利、法国、英国为主要发展特色(表1-1-1)。

表1-1-1 外国古典园林及建筑的发展及特点

时 代	代表国家简述	园林及建筑特点
古埃及 (约公元前 40世纪~公元 前1世纪)	①古埃及为人类文明的发源地，园林出现很早，有墓园、园圃。 ②古埃及园林常以"绿洲"作为模拟的对象。把几何的概念运用于园林设计，加上浓厚的宗教及气候背景，使古埃及的墓园与园圃具有显著的特点，为世界上最早的规则式园林	• 园林形式多为方形平面，水池、水渠、建筑、道路、植物均按对称的几何式布局(图1-1-7)。 • 柱式丰富、有特点，建筑材料以石材为主，多有阴刻花纹装饰；园林四周多设围墙或栅栏；有简单的凉亭。 • 鸟、鱼、水生植物等放置于庭院中；住宅附近的园路常置盆栽花木；园林边多以椰子类为行道树
西亚 (约公元前35 世纪~公元 前539年)	古西亚于公元前3000多年前出现了高度发展的古代文明，建立了奴隶制国家，奴隶主多在私宅附近建造花园	• 底格里斯河一带地形复杂而多丘陵，园林多呈台阶状，每一阶为宫殿，并在顶上栽植树木，引水注园。 • 代表作巴比伦空中花园，可以说是最早的屋顶花园(图1-1-8)
古希腊 (公元前11 世纪~公元 前1世纪)	①古希腊园林是欧洲园林的发源地。 ②公元前5世纪，古希腊园林的建设也日趋兴盛。希腊为地中海东岸的半岛国，山岭起伏，气候温暖，人们喜爱户外活动，形成了富有特色的庭园与柱廊园，对后来欧洲园林的发展影响大	• 古希腊园林仍以几何式为主(图1-1-9)。 • 古希腊园林大体可分为3类：①供公共活动游览的园林，有宽阔的林荫道、装饰性的水景、大理石雕像、林荫下的椅凳，还有活动设施；②城市宅园，四周以柱廊围绕成庭院，庭院中散置水池和花木；③寺庙园林，以神庙为主体的园林风景区有了进一步发展，代表作为雅典帕台农神庙
古罗马 (公元前 8世纪~ 公元4世纪)	①古罗马建国初多以希腊为范本。全盛时代造园规模有很大进步，取材于西亚细亚的宫苑式，并利用山、海之美于郊外风景胜地，做大面积的庄园，奠定了后来文艺复兴时期意大利台地式造园的基础。 ②中世纪时代的罗马帝国，由于住宅空地的限制，庭园仅栽植蔬菜、药草、果树等，而池泉仅以沐浴为主。 ③古罗马时代建筑继承了古希腊传统，并创造了拱券结构，形成了拱券和柱式相结合的风格	• 罗马继承古希腊的传统而着重发展了别墅园和宅园。①别墅园多为改造自然的人工阶梯式或台坡式园林，主要有居住房屋、水渠、水池、草地和林树等；②宅园代表作是庞贝古城，其内保存着许多宅园遗址，多为一面是正厅、其余三面环以游廊的形式，并在游廊的墙壁上绘有树木、喷泉、花鸟、远景等壁画(图1-1-10)。 • 罗马大圆斗兽场是罗马帝国时期建筑的光辉成就，显示了古罗马人高超的建筑技术(图1-1-11)。他们很早就使用混凝土建造券和拱。直到现在我们建造许多运动场时，都采用和继承了这种椭圆形深盘子似的基本形式

（续）

时　代	代表国家简述	园林及建筑特点
西班牙 （5～16世纪）	①中世纪时代从公元5世纪罗马帝国崩溃直到16世纪的欧洲，处于封建割据状态。除了城堡园和宗教园林之外，其他造园几乎停滞。 ②西班牙处于地中海门户，受希腊、罗马影响大，8世纪承袭了伊斯兰的造园风格。代表作有红堡园、园丁园	• 庭园布局规则，园中以"天井"为单元的中庭，以喷泉雕刻为中心。庭园中多设拱廊、望楼，种植以树木、花果、盆栽植物。 • 西班牙阿尔罕伯拉宫为代表作，以两个互相垂直的长方形院子为中心（图1-1-12）。南北向为石榴院，以朝拜仪式为主，较严肃；东西向为狮子院，较豪华。两侧为低矮的墙，两端有券廊，中部是水池，北端券廊后就是正殿，较厚重，突出了前部券廊的轻巧
伊斯兰 （6～18世纪）	①公元8世纪园林承袭了波斯造园手法，又发展了伊斯兰的造园艺术。所有的水池、水渠、植物、道路、建筑均按几何对称的关系来布局。更加注重水法，后传入意大利，发展得更加巧妙壮观。 ②伊斯兰园林起源于古埃及园林。多处于西亚、非洲，气候干燥炎热，对水、植物的渴望，加之古埃及几何学的产生，使其平面多呈规则式几何形，由拱券柱围合成内廊，院内设水池，外墙无窗或少窗，采用砖墙花砌，马赛克贴面，以抵御外部热空气的侵入；植物呈几何状布置	• 以"天堂园"为代表，四周设围墙，呈十字形的道路构成轴线，分割出4块绿地栽种植物，道路交叉点建中心水池。 • 代表作为泰姬玛哈尔陵，是印度最杰出的建筑物，是印度伊斯兰建筑的典范（图1-1-13）。建筑群分为两部分，由两个院落组成。第一个院落作为过渡空间，较小；第二个院落是主体空间，前部大草坪由十字形的水渠划为4份，十字的交叉点开辟成方形的水池喷泉，后部由中间的白色主体陵墓与左右两侧赭红色砂岩构成的建筑色彩对比强烈，中间用水池加以分隔，院落四角有尖塔。泰姬玛哈尔陵的3个艺术成就：①建筑群总体布局完美，视距良好；②创造了陵墓庄严肃穆而又明朗的形象，建筑构图稳重舒展；③熟练地运用了统一、对比的构图规律，方形的主体和浑圆的穹顶在造型上形成了强烈的对比
意大利 （15～18世纪）	①意大利文艺复兴时期，园林艺术和建筑艺术也得到了很好的发展。 ②意大利初期仍承袭罗马式的台坡地园林，之后庄园成为意大利文艺复兴园林中最具有代表性的一种类型。由于田园的自由扩展，风景绘画融入造园，多用雕塑小品。 ③意大利文艺复兴初期为台地园。16～17世纪是意大利式造园的黄金时代，趋向于装饰趣味的巴洛克风格，更加追求几何图案，如模纹花坛等	• 庄园多建在坡地，就坡势而做若干层的台地。其主要特点：①沿山坡而引出一条中轴线，开辟层层台地，配置平台、花坛、水池、喷泉、雕像等，矩形、曲线应用较多；②理水手法丰富，顺坡势往下组成水瀑或流水阶梯、喷泉等；③装饰性的园林小品丰富；④植物的修剪表现人工匠气，削弱了艺术性和自然性。 • 意大利别墅园采用多层台地式，运用了许多古典建筑设计手法（图1-1-14）。有明确的轴线、花圃、林木、台阶、建筑都对称布置，主要的建筑在轴线的一端，并位于山坡地段最高处。主路是直的，构成几何图案，交会处设有广场，点缀着柱廊、喷泉、雕塑。作为装饰点缀的园林小品形式多样，雕饰精美的石栏杆、石坛罐、碑铭等大量出现
法国 （16～19世纪）	①将中轴线对称的规整式园林布局手法运用于平地造园。气势上更强，更为人工化，称为法国古典主义风格。早期的城堡园是此时期的代表作。 ②德国、奥地利、荷兰、俄国、英国园林都受到法国古典主义的影响，我国圆明园内西洋楼的欧式庭园亦属于此种风格。后期开始大量运用植物整形，进而反复修剪成几何形体	• 主要特点：①以主轴对称布局，讲求平面图案美，用开阔的大草地，强调轴线与远景的视觉感；②多用温带植物，人工修剪成几何形体；③多用雕塑、喷泉、水池、花坛、行道树、小运河作为轴线上的装饰。 • 哥特式建筑是罗马风格建筑在法国的集中体现，其特征是用尖券和飞扶壁来组成空间，用彩色玻璃来做装饰，整体感觉轻盈向上。法国巴黎圣母院是法国第一个成熟的哥特式建筑，以其高耸、挺秀、轻便、灵巧、宽敞、明亮的独特风格，而成为后来流传欧洲各地教堂建筑的典范。 • 法国凡尔赛宫是宫殿式建筑和园林艺术创作的典型，代表了欧洲园林艺术的最高成就（图1-1-15）。受意大利花园别墅的影响，有统一的主轴和次轴。道路、树木、

（续）

时　代	代表国家简述	园林及建筑特点
法国 （16~19世纪）	③法国建筑以哥特式建筑、宫殿式建筑为代表，其代表作品有巴黎圣母院、凡尔赛宫	水池、建筑都呈几何形状，建筑风格是巴洛克式的，典型的三段式划分形式，采用组柱、拱券、山花及繁多的脚线。追求强烈的体积感和光影变化，总体细腻、辉煌，但有些浮华
英国 （17~19世纪）	①英国气候潮湿，地势平坦，人们热爱自然，形成了英国独特的园林风格。 ②14世纪英国的传统庄园已转向追求大自然风景的自然形式。 ③17世纪受法国古典主义的影响，出现了整形园。18世纪造园吸收风景画及中国自然园林的特点，探求新园林形式，出现了著名的自然式风景园	• 英国式风景园打破了规则式的统一格局，不仅盛行于欧洲，还远播于世界各地（图1-1-16）。 • 主要特点：①追求自然美；②园林的边界不太明显，尽量利用附近的森林、河流和牧场，将范围无限扩大，边界完全取消，仅掘沟为界；③人工要素尽量自然化；④园林中的景物、装饰物与自然环境结合

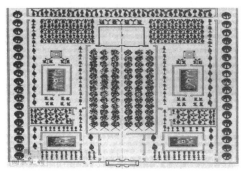

图1-1-7　古埃及宅园

图1-1-8　巴比伦

图1-1-9　雅典卫城山门与胜利庙

图1-1-10　庞贝古城

图1-1-11　罗马圣彼得广场

图1-1-12　西班牙阿尔罕伯拉宫

图 1-1-13　印度泰姬玛哈尔陵

图 1-1-14　意大利埃斯特庄园

图 1-1-15　法国凡尔赛宫

图 1-1-16　英国斯陀园

1.2.2　近现代园林建筑

1.2.2.1　中国近现代园林建筑

（1）新式、西式建筑的涌入

鸦片战争后，一方面，一大批前所未有的建筑类型出现了，诸如工厂、车站、银行、医院、学校、会堂、教堂、领事馆和新式住宅大量涌现，以及以钢铁、水泥为代表的新的建筑材料及与之相应的新的结构方式、施工技术、建筑设备等的应用，都极大地冲击着传统的以木结构和手工业施工为主的建筑方式；另一方面，传统的建筑类型，如宫殿、坛庙、帝王陵墓、古典园林和庙宇等都停止了建造。这一切，都为建筑艺术的发展提供了新的方向和动力，客观上具有积极的意义。同时，新的生活和生产方式使人们的审美情趣等也发生变化。总之，中国古典建筑体系在近代以来已逐渐淡出，新建筑已成了中国建筑的主导方向。

但是，这种"新"却不是从中国传统建筑的内部自然地演化出来的，而是随着列强的刺刀从外部强加在中国土地上的。一大批西方式样——古典主义、折中主义及以后的"摩登建筑"的"洋房"，首先在各大城市的租界出现，其建造目的是掠夺中国的财富，炫耀西方的骄傲，使中国蒙受屈辱。这个现实刺伤了中国人民的自尊心。艺术是感情的产物，于是，一批受过西方现代教育的中国爱国建筑师自然起来与之抗争，与完全西化的建筑潮流相对应，近代中国建筑又掀起了一股声势不小的"民族形式"的运动。这个运动还得到了当时政府出于维护其法理正统地位需要的支持，甚至还有外国教会，为便于其文化观念的宣扬，也曾参加其中。所以，完全西化的洋房与对于"民族形式"的努力,就构成了近代中国建筑艺术的两条主线。

早在明代,中国就出现了西式教堂,清初在圆明园还建造了"西洋楼",由在清廷供职的西洋画师设计,水平并不高,基本采取西方文艺复兴后出现的巴洛克风格。西方建筑形式的涌入是1840年鸦片战争以后。20世纪初以来,随着西方近代和现代建筑的发展,面貌与西方同时期的建筑完全一样的"洋房",首先在各大城市的租界大量出现。其发展大致可分为3个时期。一是20世纪20年代以前,先是流行古典主义,更多模仿西方文艺复兴建筑形式,然后是集仿主义,拼凑西方各种古代建筑形式于一身,代表作如上海外滩英商汇丰银行、北京留美预备学校、清华学堂大礼堂等。二是20世纪二三十年代,建筑形式大多已向现代"摩登建筑"的方向转化,代表作如上海外滩江海关、沙逊大厦和24层的国际大厦。江海关和沙逊大厦仍带有折中主义的印记,国际饭店则属于地道的现代建筑,与同时期如美国的现代建筑芝加哥学派相差无几。三是30年代末以后即抗日战争到中华人民共和国成立以前,除东北伪满时期由日本人促成的仍属西方折中主义的所谓"兴亚式"建筑外,建筑活动不多(图1-1-17)。

图 1-1-17　颐和园"清宴舫"

(2)"民族形式"建筑的运用

在20世纪二三十年代,与西方建筑在中国流行同时,"民族形式"的建筑运动也呈现出活跃的态势,其形式处理大致有3种方式:第一种方式是基本照抄古代形式,把它用钢筋混凝土浇铸出来,代表作如南京中山陵、原中央博物院大殿、灵谷寺阵亡将士纪念塔、中山陵园藏经楼、北京燕京大学未名湖博雅塔等。中央博物馆大殿是一座展览大厅,从全体到细部,形式完全模仿北方辽代建筑。灵谷寺塔和未名湖博雅塔也用钢筋混凝土建造,形式模仿宋塔和辽塔。中山陵园藏经楼是北京清代汉式藏传佛教寺庙形式的再现。

以这种方式建造的大都是一些功能比较单纯的纪念性建筑,其中建于1926年的中山陵是中国青年建筑师吕彦直设计的优秀作品。事前进行了有奖设计竞赛,规定"须采用中国古式而含有特殊与纪念性质者,或根据中国建筑精神特创新格亦可",收到中外参赛方案40余件,作者必须隐去姓名,经公开陈列评选,获一、二、三等奖的都是中国人,后即按一等奖(吕彦直作品)进行建设。对吕彦直的方案,评语认为:此方案"完全根据中国古代建筑精神"。

南京中山陵在南京紫金山南麓,在入口设石牌坊,以缓坡经长长的神道抵正门,再至大碑亭,过亭后坡度加大,以很宽的台阶和平台相间次第上升,直达祭堂。全程坡度由缓而陡,造成瞻仰者逐步加强的"高山仰止"的严肃气氛。宽阔的大台阶把尺度不太大的祭堂和其他建筑连成一个大尺度的整体,取得庄严的效果。陵墓总平面呈钟形,寓意"警钟"(图1-1-18)。

图 1-1-18　南京中山陵

祭堂平面前部近方，四角各有一个角室；后部以短甬道连接圆形墓室，总体呈凸字。外观为重檐歇山顶，覆深蓝色琉璃瓦，角室墙面高出下檐，构成4个坚实的墙墩，墙、柱都是白色石头，衬以蓝天绿树，十分雅洁庄重，沉静肃穆。祭堂内部中央置中山先生白石坐像，4个圆柱和左右侧墙下部镶黑色磨光大理石。堂为穹隆顶，以马赛克镶青天白日图案，地面为红色马赛克，寓意"满地红"。圆形墓室中央做圆形凹下，围以白石栏杆，置中山白石卧像，棺柩封藏地下。在墓室穹顶也镶贴青天白日图案。墓室的布局借鉴了法国古典主义的墓室处理手法。

中山陵是中国人自己设计的第一座国家级现代纪念建筑，总体规划借鉴了明、清陵墓设计手法，单体建筑虽然也是在现代结构上加上一个木结构形式的外壳，但造型上有所创新，同时作为一座其精神意义大大超过物质意义的特殊建筑来说，它的内容和形式仍然是协调的。即使到了今天，对于某些相似建筑，采用这种方式，也是可以探索的方向之一。

"民族形式"的第二种方式用于功能要求比较复杂的大型楼房中，平面设计与西方现代建筑相近，只是披上了一个中国传统建筑的经过"创造"的外壳。代表作如原上海市政府大楼、南京中央研究院、北京辅仁大学、武汉大学、燕京大学、南京金陵大学、北京协和医院和原北京图书馆等。其中有一些还是外国人设计的，由于对中国传统建筑并没有多少研究，往往不伦不类，功能上也常常甚不合理。

第三种"民族形式"建筑以形式的简化为特点，出现在人们开始对此前的作品产生怀疑以后，如南京原外交部大楼、北京交通银行、南京原国民大会堂、上海中国银行等。已经与西方现代建筑相当接近，只是局部运用了一些中国古代建筑的装饰图案。

总的来说，近代中国建筑艺术处在一个大转折的过程当中。一方面，新的功能要求，新的建造条件和手段，以及在中国土地上建造的包括西方现代建筑在内的西式建筑，为中国建筑师提供了就近学习的机会，对于促进中国建筑的发展，起了积极的作用；另一方面，新一代受过现代教育的中国建筑师并不认为现代化就是西方化，也在探索多种民族化的途径。虽然不一定都是成功的，但不论是经验还是教训，近代中国建筑毕竟是新中国建筑赖以发展的基础，是中国古典建筑与现代建筑之间的过渡。

1.2.2.2　外国近现代园林建筑

(1) 18世纪下半叶和19世纪上半叶的西方建筑

欧洲各主要国家在资产阶级革命影响下，建筑创作中复古思潮流行。法国以罗马样式为主，如巴黎的万神庙、雄师凯旋门(图1-1-19)。英国以希腊样式为主，如不列颠馆、爱丁堡中学。德国以希腊样式为主，如布兰登堡门、柏林宫廷剧院。美国以罗马样式为主，如美国国会大厦、弗吉尼亚州议会大厦。其中浪漫主义源于18世纪下半叶的英国，其表现分为两个阶段：先浪漫主义，模仿中世纪的寨堡或追求异国情调，如封蒂尔修道院府邸、布来顿的皇家别墅；后浪漫主义，常以哥特风格出现，又称为哥特复兴，如英国国会大厦。折中主义任意模仿历史上的各种风格，也称为集仿主义，如巴黎歌剧院、圣心教堂，美国1893年芝加哥的哥伦比亚博览会。

工业大生产的发展，新材料、新技术的出现，使得工程师成为新建筑思潮的促进者。1851年英国伦敦世界博览会"水晶宫"展览馆，开辟了建筑形式新纪元。设计人为帕克斯

图 1-1-19　法国凯旋门

图 1-1-20　英国"水晶宫"

顿。8 个月完成 74 400m² 建筑面积的展览建筑。1889 年巴黎世界博览会的埃菲尔铁塔、机械馆，创造了当时世界最高(328m)和跨度最大(115m)的新纪录(图 1-1-20)。

(2) 19 世纪下半叶至 20 世纪初的西方建筑

这个时期是对新建筑的探索时期，也是向现代建筑过渡的时期。

①工艺美术运动　19 世纪 50 年代在英国出现的小资产阶级浪漫主义思想的反映，以拉丝金和莫里斯为首的一些社会活动家的哲学观点在艺术上的表现。在建筑上主张建造"田园式"住宅，来摆脱古典建筑形式。以魏布(Webb)设计的莫里斯的住宅"红屋"最为典型，根据使用要求布置，用红砖建造，是将功能材料与艺术造型结合的尝试(图 1-1-21)。

②新艺术运动　19 世纪 80 年代开始于比利时的布鲁塞尔，主张创造一种前所未有的，能适应工业时代精神的简化装饰，反对历史式样，目的是解决建筑和工艺品的艺术风格问题。其建筑

图 1-1-21　英国"红屋"

风格主要表现在室内，外形一般简洁。这种改革没能解决建筑形式与内容的关系，以及与新技术的结合问题，是在形式上反对传统形式。

③维也纳学派　以瓦格纳为首，认为新结构新材料必然导致新形式的出现，反对使用历史式样。其代表作品如维也纳的地下铁道车站和邮政储蓄银行。维也纳学派建筑师路斯认为，建筑"不是依靠装饰，而是以形式自身之美为美"，反对把建筑列入艺术范畴，主张建筑以适用为主，甚至认为"装饰是罪恶"，强调建筑物的比例。代表作品是建在维也纳的斯坦纳住宅。

④北欧对新建筑的探索　反对折中主义，提倡"净化"建筑，主张表现建筑造型的简洁明快及材料质感。荷兰的贝尔拉格代表作品为阿姆斯特丹证券交易所，芬兰的沙贝宁代表作品为赫尔辛基的火车站。

⑤美国芝加哥学派　美国现代建筑的奠基者。工程技术上创造了高层金属框架结构和箱形基础。建筑造型上趋向简洁，并创造独特风格。沙利文提出"形式追随功能"的口号，代表作品是芝加哥百货公司大厦。其立面采用了"芝加哥窗"形式的网格式处理。

⑥德意志制造联盟　19 世纪末 20 年代初德国建筑领域里创新活动的重要力量。彼

得·贝伦斯以工业建筑为基地发挥符合功能与结构特征的建筑。代表作品有贝伦斯设计的德国通用电气公司透平机车间，它是现代建筑的雏形、里程碑式的建筑。

(3) 两次世界大战之间——现代主义建筑形成与发展时期

现代主义建筑思潮发生于19世纪后期，成熟于20世纪20年代，五六十年代风行于全世界。设计思想的共同点是强调建筑要随时代而发展，现代建筑应同工业化社会相适应。其代表人物是赖特，赖特对建筑的看法与现代建筑中的其他人有所不同，他在美国西部建筑基础上融合了浪漫主义精神，而创造了富有田园情趣的"草原式住宅"，后来发展为"有机建筑论"。代表作品有草原式住宅、拉金办公楼、流水别墅、约翰逊公司总部、西塔里埃森（图1-1-22、图1-1-23）。

图 1-1-22　流水别墅外观　　　　图 1-1-23　流水别墅局部

【技能训练】

技能 1-1　园林建筑类型现场调查

1. 目的要求
掌握各种园林建筑常见的类型。

2. 材料及用具
照相机、皮尺、绘图工具等。

3. 方法步骤
(1) 了解所调查古典园林中各种园林建筑的类型。
(2) 熟悉各种园林建筑的特点。
(3) 选择3处不同类型的园林建筑进行实测。
(4) 绘制园林建筑平面图、局部景点透视效果图。

4. 实训成果
园林建筑平面图、景点透视效果图各3份。

技能 1-2　中外园林建筑调查与分析

1. 目的要求
掌握中外园林建筑的特征。

2. 材料用具
照相机、皮尺、绘图工具等。

3. 方法步骤
(1) 选取两处具有代表性的中外园林建筑进行调查。
(2) 分析中外园林建筑的区别与特征。
(3) 中外园林建筑各选 1 处进行实测。
(4) 绘制园林建筑平面图、局部景点透视效果图，并做分析。

4. 实训成果
平面图、局部景点透视效果图各 2 份，分析报告 1 份。

【自主学习资源库】

1. 中国园林建筑. 冯钟平. 清华大学出版社，1988.
2. 中国古典园林分析. 彭一刚. 中国建筑工业出版社，1986.
3. 园林建筑. 梁美勤. 中国林业出版社，2003.

【自测题】

1. 园林的组成要素有哪些？
2. 园林建筑的特征有哪些？
3. 园林建筑的功能是什么？
4. 简述园林建筑的特点。
5. 分析对比中外园林建筑的特点。
6. 简述中国古典园林建筑发展史。
7. 分析日本枯山水园林的建筑特点。
8. 简述现代园林建筑的发展趋势。

单元2　园林建筑构造基础知识

◇ **学习目标**

【知识目标】
(1)了解建筑构造与建筑设计的关系。
(2)掌握现代园林建筑构造有关基础知识。
(3)掌握中国古典园林建筑构造有关基础知识。

【技能目标】
能进行园林建筑构造设计。

2.1　现代园林建筑构造

2.1.1　现代园林建筑构造概述

2.1.1.1　园林建筑物的组成

建筑构造是研究建筑物各组成部分的构造原理和构造方法的科学，是建筑设计不可分割的一部分。建筑构造研究的主要任务是根据建筑的功能，设计出适用、经济、安全、美观的构造方案，以作为建筑设计中综合解决技术问题及设计施工图、绘制细部构造图等的依据(图1-2-1至图1-2-4)。

图1-2-1　深山别墅

图1-2-2　建筑与雪景

图1-2-3　仿古建筑大门

图1-2-4　Lotus House 景观设计

园林建筑隶属于公共建筑物的范畴，除了要满足一般建筑的构造要求外，还有独特的自我属性，如造型的复杂性、审美的复杂性等。

建筑物的物质实体一般由承重结构、围护结构、饰面装修及附属部件组合而成。承重结构可分为基础、承重墙体(框架柱、梁)、楼板、屋面板等；围护结构包括内、外围护墙体；饰面装修包括内外墙面、楼地面、顶棚、屋面等饰面装修；附属部件一般包括台阶、坡道、雨篷、阳台、栏杆、门窗、楼(电)梯等。

①基础　基础是建筑物底部与地基接触的承重构件，承受着建筑物的全部荷载，并将这些荷载传给地基。

②墙和柱　墙和柱作为承重构件，承受着建筑物由房顶或楼板层传来的荷载，并将这些荷载再传给地基。作为围护构件，外墙起着抵御自然界各种因素对室内侵袭的作用；内墙起着分隔房间、创造室内舒适环境的作用。

③楼盖层和地坪层　楼盖层一般包括楼板、梁、设备、管道和顶棚等。楼板层承受家具、设备和人体的荷载以及自重，并将这些荷载传给墙。同时，楼盖还对墙身起着水平支撑的作用。地坪承受着地层房间内的荷载。

④饰面装饰　在建筑的内外墙、楼地面、顶棚等构件的表面加上相应的附加表皮，就是饰面装饰层，它的作用是美化建筑表面、保护建筑结构构件、增强建筑物的功能。

⑤楼梯和电梯　楼梯和电梯的作用在垂直方向上联系空间。步行楼梯又是紧急事故发生时的安全疏散通道；电梯是楼梯的机电化形式，有用于快捷地传送人流的普通电梯，也有专用的消防电梯(消防电梯是在建筑物发生火灾时供消防人员进行灭火与救援使用且具有一定功能的电梯)。

⑥屋盖　屋盖的主要作用是防水、保温。以屋面板为依托层，屋面板既是承重构件，承受着建筑物顶部荷载，并将这些荷载传给垂直方向上的受力构件；又是分隔顶部空间与外部空间的界面，抵御着大自然风、霜、雨、雪及太阳辐射对顶层房间的侵袭。

⑦门窗　门相当于空间的开关，可以打开和阻断空间的联系；窗的作用是调节建筑的通风和采光及视觉透视，调节室内生态环境，关键时候还是逃生的通道，对园林建筑来说，窗户的美观装饰效果更显得重要，因为"窗户是建筑的眼睛"。

在工程设计中，通常把建筑的各组成部分划分为建筑结构构件和非结构构件。建筑结构构件是指基础、梁、板、柱、楼梯、墙、屋架等受力构件，非结构构件是指楼地面、顶棚、墙面、门窗、填充墙、栏杆、花饰细部装修等非受力部分。

2.1.1.2　园林建筑物的分类

园林建筑按结构类型一般可分为以下部分：

①砌体结构　以砖石为墙体的材料，楼板采用木材或混凝土楼板。

②木结构　除基础外，建筑的各结构构件的材料一律采用木材，如中国的阑干式、穿斗式、抬梁式、井干式古典建筑。

③钢结构　用型钢为梁、柱，压型钢板及混凝土为楼板(图 1-2-5)，以螺栓为连接件或通过焊接连接各构件，外加幕墙所形成的结构。

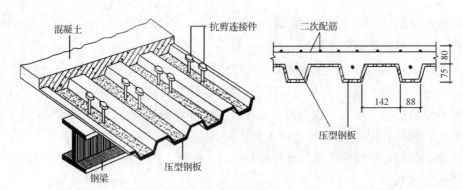

图 1-2-5 钢结构楼板构造

④混凝土结构 以混凝土材料为结构构件的结构，又分为框架结构、剪力墙等类型，这种结构类型做出的建筑外形比较笨重，不够美观。

⑤膜索结构 采用膜、悬索等材料做出的大空间造型奇特的结构类型，如展览馆、花卉温室、纪念馆、看台的顶棚。

2.1.2 基础与地基

2.1.2.1 地基与基础概述

在建筑工程中，建筑物地面以下的承重构件称为基础，它承受建筑物上部结构传来的各种荷载及作用效应，并将之进一步传给地基。地基不是建筑物的组成部分，它是承受基础传下来的各种效应的土层，地基承受建筑物荷载而产生的应力和应变随着土层深度的增加而减小，在达到一定的深度后就可以忽略不计，所以直接承受建筑作用效应的土层称为持力层，其下的土层称为下卧层。

地基分为天然地基和人工地基两种：天然地基指本身具有天然的承载能力，不需经过人工加固，可直接在其上部建筑房屋的天然土层。天然地基的土层分布及承载力大小由勘测部门实测提供，《建筑地基基础设计规范》中规定，作为建筑地基的土层分为岩石、碎土、砂土、粉土、黏性土和人工填土几大类。人工地基是指当土层的承载力较差或虽然土层质地较好，但上部荷载过重时，为使地基具有足够的承载能力，应对土层进行人工处理、加固的地基。

人工地基的加固方法有以下几种：

①压实法 利用重锤(夯)、碾压(压路机)和振动法将土层处理后压实。这种方法简单易行，对提高地基承载力效果显著。

②换土法 当地基土为淤泥、冲填土、杂填土及其他高压缩性土时，应采用换土法。换土应选用中砂、粗砂、碎石或级配石等空隙大、压缩性低、无侵蚀性的材料，换土的范围经计算确定。

③打桩法 在建筑物荷载大、层数多、高度大、地基土又较松软时应采用桩基础，即通过预制桩或灌注桩将建筑物上部结构承受的各种作用效应绕过软土层直接传给桩端部坚硬的土层或岩石，采用桩基时应在桩顶部做承台梁或承台板，以便协调传力。

地基基础设计的基本要求是：基础应有足够的强度和刚度，地基土应有足够的稳定性；地基、基础的施工属于隐蔽工程，建成后很难观测、维修和加固，因此，选用的基础材料要满足坚固、防水、不易老化等方面的耐久性，基础构造要与建筑物的等级相对应，不得先于上部结构破坏；建筑基础的工程造价通常占建筑物总造价的10%~40%，所以建筑基础设计方案要合理，尽量使用当地材料，优先考虑采用天然地基。

2.1.2.2 基础的类型

建筑基础的类型较多，划分方法也不相同。

(1)按基础的材料与受力特点划分

①刚性基础 由刚性材料做成的基础称为刚性基础。刚性材料是指抗压强度高而抗拉、剪强度低的材料。常用的砖、石、混凝土、灰土、三合土等材料均属于刚性材料。刚性基础常用于地基承载力好、压缩性较小的中小型民用建筑，一般砖砌体结构房屋的基础常采用刚性基础(图1-2-6)。

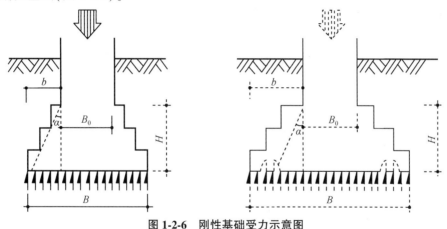

图1-2-6 刚性基础受力示意图

②柔性基础 一般是指钢筋混凝土基础，其特点是扩展面大，有较强的整体协调变形能力。

钢筋混凝土基础由底板和基础梁(柱)组成。现浇底板是钢筋混凝土的主要受力结构，其厚度和配筋量均由计算确定。钢筋混凝土基础应有一定的高度，以增强基础承受基础墙(柱)传递上部荷载所形成的一种冲切力，并节省钢筋用量(图1-2-7)。

(2)按基础的构造形式划分

①条形基础 基础呈连续的带状，适合于砌体结构和框架结构的房屋。

②独立基础 基础呈独立的块状形式，适合于框架结构的房屋。

③板式片筏基础 又称为满堂基础，是成片的钢筋混凝土基础，整体性好，一般用于高层建筑、地基承载力差的剪力墙结构或框架-剪力墙结构。

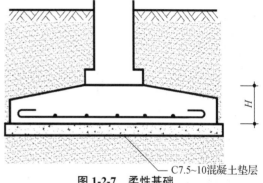

图1-2-7 柔性基础

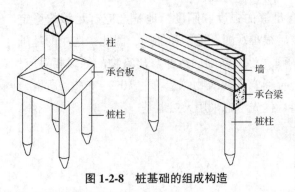

图 1-2-8 桩基础的组成构造

④箱型基础 当筏板基础埋置较深,并有地下室时,可采用箱型基础。箱型基础由底板、顶板和侧墙组成。这种基础用于高层建筑的各种结构形式。

⑤桩基础 在土质较软的土质中,由设置于岩土中的桩和联结于桩顶部的承台组成的基础,它可以和上述的各种基础形式联用(图 1-2-8)。

2.1.2.3 影响基础埋深的因素

从室外设计地面到基础底面的垂直距离称为基础的埋置深度,简称埋深。根据基础埋深的不同,有深基础、浅基础之分。基础的埋深小于或等于 5m 者称为浅基础,大于 5m 者称为深基础。

影响基础埋深的因素很多,主要有以下几方面:

(1)地质土层的影响

基础应设置在坚实的土层上,地质土层好、承载力高的可以浅埋;地质土层差、承载力低的则应深埋。

(2)地下水位的影响

土壤中地下水含量的多少对承载力的影响很大,含有侵蚀性物质的地下水对基础还会产生腐蚀。一般应尽量将基础放在地下水位之上,避免侧压力和腐蚀。

(3)冻结深度的影响

冻土与非冻土的分界线称为冻土线,土层的冻结深度由各地气候条件决定,如北京地区为 0.8~1m,哈尔滨为 2m,重庆地区基本上没有冻结土。建筑物的基础若放在冻胀土层上,冻胀土层的冻胀力会把房屋拱起,产生变形;解冻时,又会产生陷落。一般应将基础的灰土垫层部分放在冻结深度以下。

(4)其他因素的影响

基础的埋深除了以上因素的影响外,还应考虑建筑物自身的使用特点,如是否为高层建筑、是否有地下室等。另外,还应考虑相邻建筑物基础埋深的影响。当新房屋的基础埋深小于或等于临近原有房屋的基础埋深时,可不考虑相互影响,新建房屋的基础埋深大于临近房屋的基础埋深时,应采用相应的构造,以避免产生的相互影响。

2.1.3 墙体

2.1.3.1 墙体在建筑中的作用

(1)承重作用

承受房屋的屋顶、楼层、人和设备等竖向荷载和风、水平及竖向地震作用。

(2)围护作用

抵御自然界风、霜、雨、雪等的侵袭,防止太阳辐射和噪声的干扰,起到保温、隔热、隔声、防风、防水等作用。

(3) 分隔作用

根据房间使用功能及空间布局的需要，墙体可以把房间分隔成各种不同大小、不同功能、不同形状的空间，以适应人们的使用要求。

(4) 装饰作用

墙体是面状造景元素，墙体的不同装饰做法及摆放位置对园林建筑的审美会产生不同的效果。

2.1.3.2 墙体的分类

(1) 按所在位置分类

①外墙　房屋的外部墙体分为外横墙和外纵墙。

②内墙　房屋的内部墙体分为内横墙和内纵墙。

③纵墙　沿房屋长轴方向布置的墙。

④横墙　沿房屋短轴方向布置的墙。

(2) 按受力特点分类

①承重墙　承受屋顶、梁、楼板等构件传下来的垂直荷载和风力、地震力等作用。

②非承重墙　不承受上部荷载的墙，起着防止风、雪的侵袭和保温、隔热、隔声、防水等作用。

(3) 按构造做法分类

①实心墙　单一材料(砖、煤矸石块、混凝土和钢筋混凝土等)和复合材料(钢筋混凝土与加气混凝土分层复合、黏土砖与焦渣分层复合等)砌筑的不留空隙的墙体称为实心墙。

②烧结空心砖墙　以黏土、页岩、煤矸石为主要材料，经焙烧而成的空心砖。这种砖墙的竖向孔洞虽然减少了砖的承压面积，但是砖的厚度增加了，砖的承重能力与普通砖相比还略有增加。密度级别不大于1100kg/m，孔洞率≥25%，用于非承重部位。

③空斗墙　空斗墙做法在我国民间流传很久。这种墙体的材料多为普通黏土砖，它的砌筑方法为竖放与平放相配合，砖竖放称为斗砖，平放称为眠砖。均由立放的砖砌筑而成的墙体为无眠空斗墙；既有立放的砖，又有水平放置的砖砌筑的墙体为有眠空斗墙。

2.1.3.3 墙体的设计要求

(1) 具有足够的强度和稳定性

承重墙必须有足够的强度才能承担上部构件的竖向荷载和风、雪等引起的水平荷载，另外，它们本身必须有相对的稳定性，防止侧向变形，从而保证建筑物的坚固和耐久。

为保证墙体的强度，砌筑砖墙时，砖缝必须横平竖直，错缝搭接，避免上下通缝；同时砖墙砂浆必须饱满，厚薄均匀。

(2) 满足保温、隔热和防水、防潮的要求

建筑的外墙在冬季需有保温的功能，在夏季应有抵御热辐射的功能，以保证室内具有

足够的湿度和正常温度；同时，建筑的外墙应有防水防潮的功能，建筑物潮湿的房间应做好防水和防潮处理。

(3) 具有一定的隔音性能

室内外的噪声会对人的健康带来影响，墙体必须具有一定的厚度、良好的吸声和隔音性能。实践证明，重而密实的材料是良好的隔音材料，但是，用增加墙体厚度的办法达到隔音效果是不充分的，在实际工程中，除墙体的外立面，一般用带空心层的隔墙或轻质隔墙来满足隔音要求。

(4) 具有一定的防火性能

墙体材料的燃烧性能和耐火极限应符合防火规范。在较大建筑中应设防火墙，把建筑分成若干区段，以防止火灾的蔓延。

(5) 合理选择轻质高强墙体材料，减轻自重

轻质高强墙体材料的抗震能力强，如果经济适用，也可降低工程造价。

(6) 适应工业化发展的需要

墙体的改革是工业化的关键，改变手工业生产与施工，采用装配式墙体，可以提高机械化的施工程度及构件的标准化程度。

2.1.3.4 墙体的构造

(1) 墙身的细部构造

墙体既是承重构件，又是围护构件。为了保证墙体的耐久性以及墙体与其他部位的连接，应在相应的部位进行细部处理，其中包括防潮层、勒脚、散水、明沟、窗台、过梁等。

①防潮层　在墙身中设置防潮层的目的是防止土壤中的水分沿墙基上升以及勒脚部位的地面水影响墙身。一般在室内地坪下 60mm 处设置；当墙身两侧的室内地坪有高差时，应在高差范围的墙身内侧设防潮层（图 1-2-9）。当墙基为混凝土或石砌体时可不做防潮层。防潮层一般为 1∶2.5 的水泥砂浆，内掺水泥重量 3%~5% 的防水剂，厚 20mm。

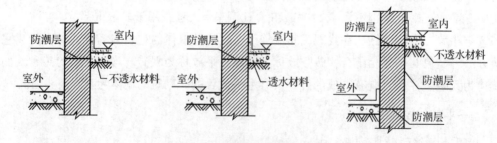

图 1-2-9　墙身防潮层的位置

②勒脚　外墙墙身下部接近室外地坪的部分称为勒脚。勒脚的作用是防止地表水对墙体的侵蚀，从而保证室内干燥，提高建筑物的耐久性。同时还具有增加建筑外观造型美观效果的作用。勒脚的高低、色彩应结合建筑的造型，选用耐久性与防水性能好的材料。勒脚经常采用水泥砂浆、水刷石或贴石材的方式（图 1-2-10）。

③散水与明沟　散水是指位于外墙四周地面向外倾斜的排水斜面，明沟是在外墙四周设置的有组织收集雨水的排水沟。它们的作用都是为了迅速排除屋面的雨水，保护墙基。

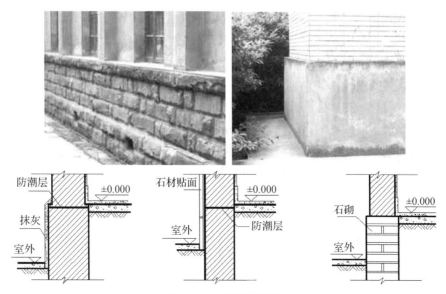

图 1-2-10 勒脚的做法

散水的宽度应稍大于屋檐的挑出尺寸,且不应小于600mm,其坡度 $i \geqslant 3\%$,散水的常用材料为砖或混凝土。散水与外墙交接处应设分格缝,用弹性材料嵌缝,防止外墙下沉时将散水拉裂,散水多用于干燥地区。

明沟可用砖砌、石砌或混凝土现浇等方法,沟底应有 0.5%~1% 的纵坡,坡向窨井或集水井,外墙与明沟之间应有散水,明沟多适用于雨水较多地区(图 1-2-11)。

 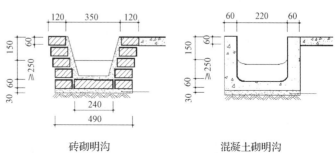

图 1-2-11 明沟构造做法

④踢脚 踢脚是外墙内侧或内墙两侧的下部和室内地坪交接处的构造,目的是防止扫地时污染墙面。踢脚的高度一般在 120~150mm。常用的材料有水泥砂浆、水磨石、木材、缸砖、油漆等材料,其材料通常与地面的材料一样。

⑤窗台 为避免沿窗面流下雨水向室内渗透,常在窗洞外口的下部设置泄水构件——窗台。窗台的底面檐口处,应做成锐角形或半圆凹槽(滴水),以便排水,减少对墙面的污染。

悬挑窗台可用砖砌,也可用混凝土窗台。砖窗台应用较广,有平砌挑砖和立砌挑砖两种做法。窗台向外挑出尺寸大多为 600mm,长度每边应超过窗宽 1200mm。窗台表面有一定的坡度。

⑥洞口过梁 洞口过梁为承受门窗洞口上部的荷载,并把它们传到门窗两侧的墙体,常在其上部设置一横梁,该横梁称为过梁。由于墙体是互相咬结的,过梁上面的荷载并不全传递到过梁上,过梁只承受其上部 1/3 洞口宽度的荷载。

过梁一般分为钢筋混凝土过梁、钢筋砖过梁等几种。钢筋砖过梁承载能力较强,可用于较宽的门窗洞口,最大跨度可为1.5m。砖砌平拱过梁是采用竖砌的砖作为拱券。这种拱券是水平的,故称为平拱。这种平拱的最大跨度为1.2m。

⑦墙身加固措施

增设壁柱和门垛　在墙体上开洞应增设门垛,特别是在墙体转折处或丁字墙处,用以保证墙身稳定和便于门框安装。门垛宽度与墙厚、长度与块材尺寸规格相对应,且长度不宜过长,以免影响室内使用。砖墙门垛的长度一般为120mm或240mm。

当墙体受到集中荷载或墙体过长时应增设壁柱,共同来承担荷载并稳定墙身。砖墙壁柱突出墙面的尺寸通常为120mm×370mm、240mm×370mm、240mm×490mm等。

设置圈梁　圈梁的作用是增加房屋的整体刚度和稳定性,减轻地基不均匀沉降对房屋的破坏,抵抗地震力的影响。圈梁是沿建筑四周及部分内墙设置的连续闭合的梁。圈梁遇到洞口必须断开时,应采取搭接补墙措施。常见做法是圈梁就近绕过洞口,或在洞口上方加设附加圈梁。圈梁有钢筋砖圈梁和钢筋混凝土圈梁两种。

构造柱　抗震设防地区,为增强建筑物的整体刚度与稳定性,在使用块材的承重墙体的一定位置(参阅现行的砌体结构设计规范及G612图集)或长宽比大于2的砌体填充墙中,还需设置钢筋混凝土构造柱,使之与各层的圈梁连接,加强墙体抗弯和抗剪能力及局部稳定性。

钢筋混凝土构造柱是从构造角度考虑的,一般设在建筑物的四角、内外墙交界处、楼梯的四角及平台梁两端的墙内、较大洞口两侧及某些较长墙体的中部,砖墙构造柱的截面不小于180mm×240mm。

(2)隔墙

非承重的内墙称为隔墙,起分隔空间作用,只承担自身的重量,把顶部与楼板或梁紧密相连的隔断墙称为隔墙,把不到顶、只有半截的称为隔断。对隔墙的要求是:隔墙应轻、薄,以节省空间、减轻荷载;隔墙要满足隔音、防水、耐火等方面的要求;要与结构构件连接牢靠,以增加其自身的稳定性及抗震能力(具体做法参见G614图集)。

隔墙的一般做法:

①普通砖隔墙　普通砖隔墙分1/2砖和1/4砖两种,常用的是1/2砖,即120墙。它一般可以满足隔音、耐水、耐火的要求。由于这种墙较薄,因而必须注意稳定性的要求。

②条板隔墙　条板隔墙指采用各种轻质材料制成的预制薄板材安装而成的隔墙,常见的板材有加气混凝土条板、石膏条板、钛铂板。这种隔墙主要以上下框、立柱、斜撑等组成骨架,在两侧钉以板条及铁丝网,再抹灰形成隔墙。

③加气混凝土砌块隔墙　加气混凝土砌块具有轻质、多孔、易于加工等优点,厚度一般为100mm或120mm,加气混凝土砌块隔墙的构造与砖墙类似。

④纸面石膏板隔墙　纸面石膏板是一种新型的建筑材料,它以石膏为主要原料,生产时在板的两面粘贴具有一定抗拉强度的纸,以增加板材搬运时的抗弯能力,纸面石膏板的厚度为12mm,宽度为900~120mm,长度为2000~3000mm,一般使其长度恰好等于室内净高。纸面石膏板的特点是表面密度小($750~900kg/m^3$),防火性能好,加工性能好(可锯、割、钻孔、钉),可以粘贴,表面平整,但极易吸湿,故不宜用于厕所等房间。

2.1.3.5 墙面的装修

墙面的装修设计是建筑设计中十分重要的内容之一。它可以保护墙体，提高抗风、雨、酸碱、温度等侵蚀的能力，增强墙体的坚固和耐久性；增强建筑的艺术效果，美化建筑环境；增强隔热、保温、隔音的效果，改善墙体的物理性能。

墙面装修分为室内装修与室外装修。墙面装修的常见做法有两大类：即清水墙和混水墙。清水墙只作勾缝处理，多用于外墙；混水墙是指采用不同的装修手段，对墙体进行全面的包装。

(1) 外墙面装修

外墙面装修包括贴面类、抹灰类和喷涂类等。

①贴面类　这种做法是在外墙的外表面粘贴花岗岩、大理石、陶瓷锦砖(又称为马赛克)、外墙饰面砖等饰面材料。外墙饰面砖主要采用水泥砂浆、聚合物水泥砂浆(水泥砂浆里加入适量的107胶)和特制的黏结剂(如903胶)进行粘贴(图1-2-12)。

②抹灰类　外墙抹灰分为普通抹灰与装饰抹灰两大类。普通抹灰包括在外墙上抹水泥砂浆等做法，装饰抹灰包括水刷石、干粘石、斧剁石和拉毛灰等做法。抹灰类饰面必须分层操作，否则表面不易平整，而且容易脱落。常见的水泥砂浆墙面的做法是先用12mm厚1：3水泥砂浆打底，扫毛或划出纹道，再用6mm厚1：2.5水泥砂浆罩面。

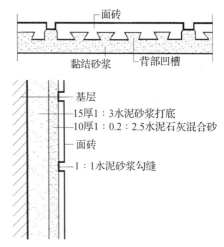

图1-2-12　面砖饰面构造示意图

③喷涂类　喷涂类饰面施工简单，造价便宜，而且有一定的装饰效果，其材料为各种外墙涂料。

④清水墙类　砖墙外表只勾缝，不作其他装修的墙面称为清水墙。

⑤外挂类　将较厚的石材板外挂于墙面外侧(图1-2-13)。

(2) 内墙面装修

内墙面装修一般可以归结为4类，即贴面类、抹灰类、喷刷类和裱糊类。贴面类是用大理石板、预制水磨石板、面砖及陶瓷锦砖等材料对墙面进行装饰，主要用于门厅和卫生间等装饰要求较高的房间。抹灰类常见的做法是刮大白再喷乳胶漆。喷刷类是用刷漆、喷涂有色涂料等对墙面进行装饰。裱糊类是指用各种花纹图案的塑料壁纸或纤维布粘贴墙面。

2.1.4　楼地面

楼地面(楼地层)包括楼板层和地坪层(图1-2-14)。楼板和地面是房屋的重要组成部分，是水平方向分隔空间的承重构件。楼板层主要由楼板面层、楼板结构层、顶棚等部分构成。楼板将承重的上部荷载及自重、地震及大风引发的水平内力效应传递给墙和柱，经墙和柱再传递给基础。楼板层应该满足隔音、保温、隔热的功能。地坪层由垫层和面层等部分构成，垫层将承受的上部作用比较均匀地传递给基础，地坪层应该有防潮的功能。

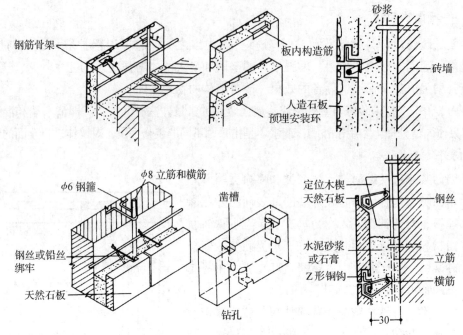

图 1-2-13 外挂类墙体饰面构造

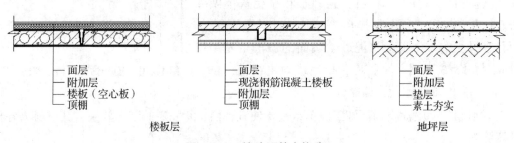

图 1-2-14 楼地面基本构造

2.1.4.1 楼板

（1）楼板的种类

按使用材料的不同，楼板主要有以下几种类型：

①木楼板 这种楼板的构造简单，由木梁和木地板组成。木楼板自重较轻，但耐火性及耐腐蚀性较差，我国的古典建筑使用木楼板的较多，会大大提高结构的抗震能力（图 1-2-15）。

②钢筋混凝土楼板 钢筋混凝土楼板采用混凝土与钢筋制作，具有刚度、强度高，耐火、耐久性能好的优点，但这种楼板的质量大，地震惯性力大，结构的抗震能力不好。目前它是我国工业与民用建筑中应用较普遍的一种类型。按施工方法不同，可分为现浇楼板和预制楼板两种。

③压型钢板楼板 压型钢板楼板是压型钢板受拉层与混凝土受压叠合而成的楼板，适用于钢结构房屋（见图 1-2-5）。

（2）楼板的设计要求

①坚固要求 楼板和地面均应有足够的强度，能够承受自重和不同要求下的荷载，同

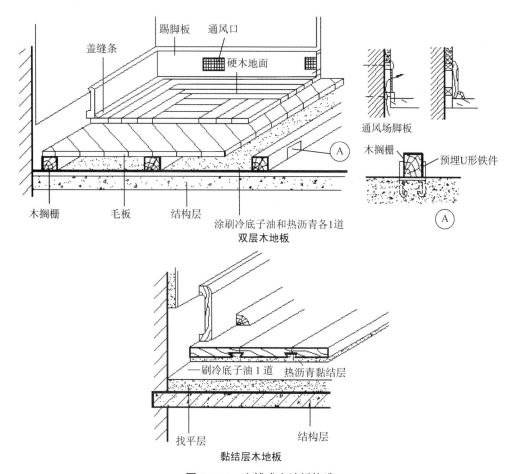

图 1-2-15 实铺式木地板构造

时要求具有一定的刚度,即在荷载作用下挠度变形不超过规定值。

②隔音、防火和热工要求　楼板的隔音包括隔绝空气传声和固体传声两方面。楼板的隔音量一般应在 40~50dB。隔绝空气传声可以采用将构件做成空心,并通过铺垫陶粒、焦渣等材料工艺来实现。隔绝固体传声应通过减少对楼板的冲击来实现,在地面上铺设橡胶、地毯等材料可以减少一定的冲击量,达到满意的隔音效果。

楼板应根据建筑物的等级进行防火设计。楼板构件的耐火极限和燃烧性能应符合现行的防火规范。同时还应满足一定的热工要求,如保温、防潮、防渗、保湿等。

③经济要求　一般楼板和地面占建筑物总造价的 20%~30%,选用楼板时应考虑就地取材和提高装配化程度。

(3) 楼板层的构造

楼板层一般由楼板顶棚层、结构层、填充层和面层组成。

①楼板顶棚层　又称为吊顶或天花,是楼板层的下面部分,主要有保护楼板、安装灯具等作用。为了保证房间的清洁和整齐,增强隔音效果,常有 3 种装修做法:抹灰吊顶、粘贴类吊顶和吊顶棚。

②结构层　是楼板层的受力、承重部分,包括梁和板。

③填充层　主要有铺设线管之用，兼有隔音、保温、防水、防火、找坡的作用，东北地区常在本层铺设 PP-R 地热管。

④面层　面层直接与人、设备接触。面层材料应具有耐磨、平整、易清洁、防水、隔热或透热、美化等功能。根据材料的不同，分为整体地面（如水泥地面、水磨石地面、木地板地面等）、块状材料地面（如陶瓷锦砖地面、预制水磨石地面、铺地砖地面等）等几类。

(4) 钢筋混凝土楼板

钢筋混凝土楼板包括现浇钢筋混凝土楼板和预制装配式钢筋混凝土楼板，现浇钢筋混凝土楼板和边界梁或剪力墙整体现浇，结构的整体性好、抗震能力强，边界之间的板区格有单向板（板的长边尺寸 L_2/板的短边尺寸 L_1>2）和双向板（板的长边尺寸 L_2/板的短边尺寸 L_1≤2）之分，单向板是单向受力，而双向板是双向受力；预制装配式钢筋混凝土楼板是预制好的单向板在施工时和边界构件现场组装而成，这种结构的整体性差、抗震能力差。当预制板两端没有甩出钢筋时，在墙上的搁置长度对外墙至少是 120mm，对内墙至少是 100mm，在梁上搁置长度对外墙至少是 80mm；当预制板两端有甩出钢筋时，由于它要和圈梁或主、次整浇拉结或相互之间用甩出钢筋牵手拉结并用细石混凝土填缝，所以其在伸进墙或梁内的搁置长度可减少到 40mm。对于砖混结构的房屋，主梁在墙上的搁置长度至少为 370mm，次梁在墙上的搁置长度至少为 240mm。

2.1.4.2　地坪层的构造

地坪层地面由基层、垫层、面层三部分组成。当面层为块状材料时，还需另设结合层。垫层材料及厚度应根据地面的使用要求、地面的荷载及土壤的耐压力等因素进行设计，按《地面建筑设计规范》的计算方法确定。一般应符合以下规定：

①砂、碎石、卵石垫层，最小厚度 60mm；

②砂石、碎砖三合土、3∶7 灰土垫层，最小厚度 100mm；

③混凝土垫层（C15），最小厚度 60mm。

素土（不含杂质的砂质黏土）劣质层是地坪的基层，劣质的素土能均匀地承受垫层传下来的地面荷载。垫层是承受并传递荷载给地基的结构层。地坪层地面分为整体面层、块料面层、铺贴面层和木地面等几种做法。地坪层的地面做法，应特别注意防潮处理。

2.1.4.3　阳台和雨篷构造

(1) 阳台

阳台是楼房中挑出于外墙面或部分挑出外墙面的室内外过渡空间。前者为挑阳台，后者为凹阳台。阳台周围设栏板或栏杆，便于人们在阳台上休息或存放杂物。

阳台通常用钢筋混凝土制作，它分为现浇和预制两种。阳台的栏杆或栏板高度，六层以下建筑应不低于 1050mm，六层以上建筑应不低于 1100mm，高层建筑不宜高于 1200mm。阳台的出挑长度根据需要合理设计，当挑出长度超过 1.50m 时，应有防倾覆措施。

阳台地面应采取有组织的排水，并有一定的排水坡度和防水措施。

(2)雨篷

雨篷是建筑物入口于外门上部设置的可以遮挡雨水的水平构件,都采用现浇钢筋混凝土悬臂板,其出挑长度为1m左右。

钢筋混凝土雨篷分板式和梁板式两种,雨篷的排水做法与阳台相同。

2.1.5 楼梯及坡道

为解决建筑物的垂直交通和高差,常设置楼梯、电梯、自动楼梯及坡道等。在具体设计中,楼梯应满足使用方便和安全疏散的要求,并按功能使用要求和疏散距离合理地布置楼梯(图1-2-16)。

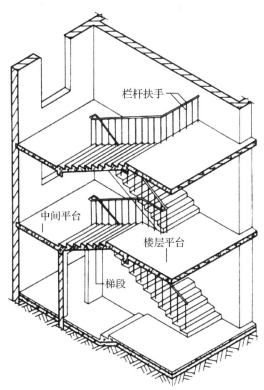

图 1-2-16 楼梯的组成

2.1.5.1 楼梯的类型及组成

(1)楼梯类型

楼梯按其平面形式不同,可分为单跑式、双跑式、三跑式及弧形和螺旋式等形式。

楼梯按结构材料的不同,有钢筋混凝土楼梯、木楼梯、钢楼梯等。钢筋混凝土楼梯因其坚固、耐久、防火,应用比较普遍。

(2)楼梯组成

楼梯主要由梯段、楼梯平台和楼梯栏杆扶手(或栏板)三部分组成。

①梯段 又称为楼梯跑,它是楼梯的基本组成部分。梯段由踏步组成。踏步的水平面称为踏面,垂直立面叫踢面。踏步宽常用 b 表示,踏步高常用 h 表示,b 和 h 应符合以下关系

之一：$b+2h=600\sim620\mathrm{mm}$。踏步尺寸应根据使用要求确定，不同类型的建筑物其要求不同。

②楼梯平台（休息板） 连接两个梯段之间的水平部分以及楼梯梯段与楼面连接的水平部分，称为楼梯平台（又称为休息平台）。休息平台的宽度必须大于或等于梯段的宽度。

③楼梯栏杆扶手 楼梯在靠近梯井处应加栏杆和栏板，顶部作为扶手。扶手表面的高度自踏步前缘线量起，不宜小于900mm。当栏杆水平长度超过500mm时，栏杆的高度应不小于1050mm（图1-2-17至图1-2-21）。

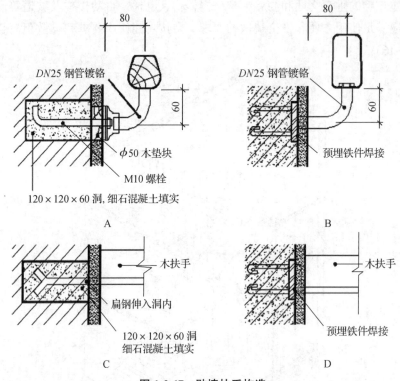

图1-2-17 贴墙扶手构造

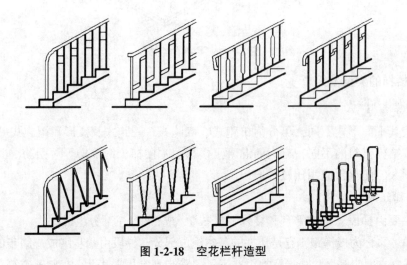

图1-2-18 空花栏杆造型

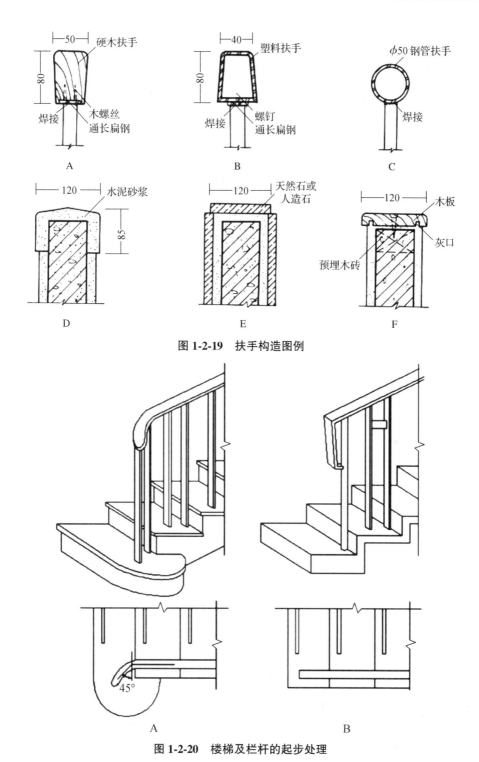

图 1-2-19 扶手构造图例

图 1-2-20 楼梯及栏杆的起步处理

楼梯休息平台上表面与下部通道处的净高尺寸不应小于 2000mm，楼梯段之间的净高不应小于 2200mm（图 1-2-22）。

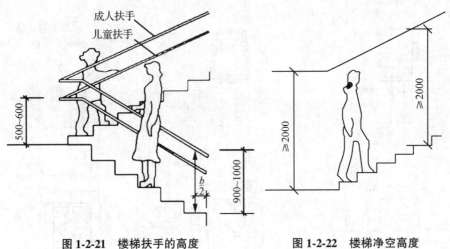

图 1-2-21　楼梯扶手的高度　　　　图 1-2-22　楼梯净空高度

2.1.5.2　钢筋混凝土楼梯的构造

现浇钢筋混凝土楼梯是在施工现场支模、绑钢筋和浇筑混凝土而成的。这种楼梯的整体性强，但施工工序多，工期较长。现浇钢筋混凝土楼梯有两种：一种是板式楼梯，一种是斜梁式楼梯(图1-2-23)。

(1) 板式楼梯

板式楼梯是由梯段板承受该梯段的全部荷载，板支在休息平台口处的边梁上。

(2) 斜梁式楼梯

斜梁式楼梯是将踏步板支承在斜梁上，斜梁支承在平台梁上，平台梁再支承在墙上。斜梁可以在踏步板的下面、上面或侧面。

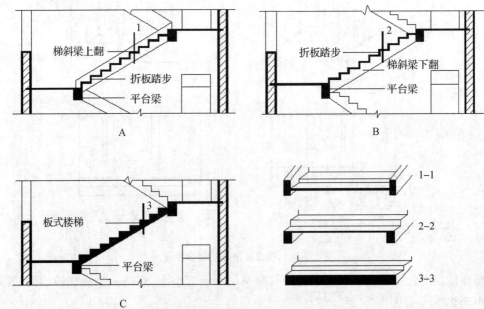

图 1-2-23　现浇钢筋混凝土楼梯的类型

A. 梯斜梁上翻　B. 梯斜梁下翻　C. 板式楼梯

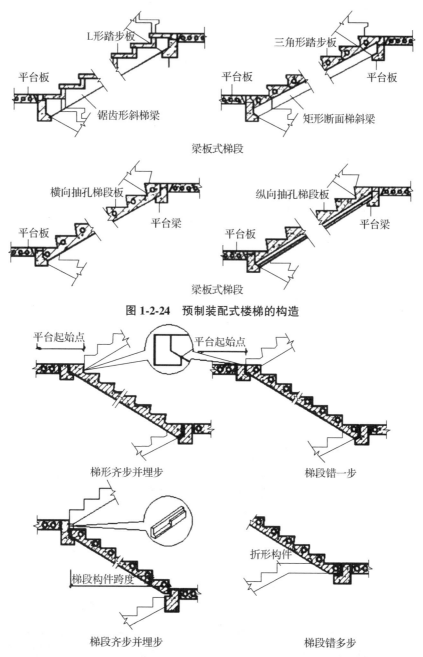

图 1-2-24 预制装配式楼梯的构造

图 1-2-25 装配式钢筋混凝土楼梯的错步、埋步、齐步构造

另有装配式钢筋混凝土楼梯(图 1-2-24、图 1-2-25),这种楼梯在抗震区限制使用。

2.1.5.3 台阶及坡道

(1) 台阶

台阶是联系室内外地坪或楼层不同标高处的构造。建筑室内外的台阶踏步宽度不宜小于300mm,踏步高度不宜大于150mm,且不宜小于100mm,踏步应有防滑措施(图 1-2-26)。室内外台阶踏步数不宜小于2级,当高差不足2级时,应按坡道设置,其常见做法如图 1-2-27 所示。

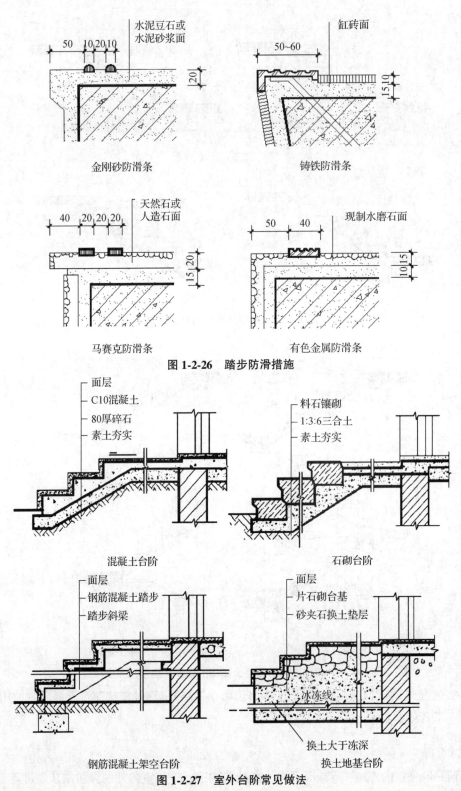

图 1-2-26 踏步防滑措施

图 1-2-27 室外台阶常见做法

（2）坡道

在车辆经常出入或不适宜做台阶的部位，可采用坡道来进行室内和室外的联系。坡道设置应遵循以下原则：

①室内坡道的坡度不宜大于1∶8，室外坡道的坡度不宜大于1∶10；

②无障碍坡道的坡度不应大于1∶12，困难地段的坡度不应大于1∶18；

③坡道应有防滑措施，如做成锯齿形的礓磜。

在人员和车辆同时出入的地方，可以同时设置台阶与坡道，使人员和车辆各行其道。

2.1.6 屋顶

2.1.6.1 屋顶的作用与设计要求

屋顶是房屋最上部起覆盖作用的外围护构件，由面层和承重结构两部分组成，它应该满足以下几点要求。

(1) 防水要求

防水要求是屋顶应具有的基本功能。屋面防水处理，应兼顾"导"和"堵"两个方面。所谓"导"是指将屋面积水顺利排除，因此，应该有足够的排水坡度及相应的一套排水设施；所谓的"堵"是指采用相应的防水材料，采取完善的构造做法，防止渗漏。

(2) 保温、隔热要求

屋顶面层是建筑物最上部的围护结构。它应具有一定的热阻能力，以防止热量从屋面进行交换。寒冷地区的冬季，屋顶应有良好的保温性能，避免室内的热量从屋顶处散失，屋顶的保温措施常采用导热系数较小的材料，以防止室内热量的散失。炎热地区的夏季，屋顶应有良好的隔热性能，避免室外的热量从屋顶处传到室内。屋顶的隔热措施常采用隔热性能较好的材料，或加设通风间层，防止室外热量传到室内。

(3) 承重要求

屋顶应能够承受积雪、雨水及人所产生的荷载，并顺利地将这些荷载传给墙或柱。

(4) 美观要求

屋顶是建筑物外部体形的重要部分。屋顶采用什么形式、选用什么材料和颜色直接影响到建筑物的审美效果。

2.1.6.2 屋顶的类型

按不同的排水坡度，屋顶形式可分为平屋顶和坡屋顶。

(1) 平屋顶

一般把排水坡度为2%~5%的屋顶称为平屋顶。平屋顶的坡度可以用材料找出，也可以用结构板材带坡安装。前者为材料找坡(垫置坡度)，后者为结构找坡(隔置坡度)。

(2) 坡屋顶

排水坡度在10%~100%的屋顶为坡屋顶。坡屋顶的坡度均由屋架找出。其中10%~20%多用于金属皮屋顶，20%~40%多用于波形瓦屋顶，40%以上多用于各种瓦屋顶。坡屋顶常见的坡度为50%(屋顶高度与跨度的比值为1/4)。

(3) 其他形式的屋顶

坡度变化大、类型多，大多应用于特殊功能要求的建筑类型。常见的有网架、悬锁、壳体、折板等类型。

2.1.6.3 屋顶的构造

(1) 平屋顶的构造

①平屋顶的构造层次　平屋顶的屋顶承重结构包括钢筋混凝土屋面板、加气混凝土屋面板等；平屋顶的屋面则包含卷材防水层、刚性防水层、保温层或钢筋混凝土面层、防水砂浆面层等。

常见平屋顶的构造层次如下：

承重层　平屋顶的承重层以钢筋混凝土板最多，可以采用现场浇筑的方法。

保温层　保温层的位置设置在结构层之上、防水层之下的方式称为正置式或内置式保温；保温层的位置设在防水层之上的方式称为倒置式或外置式保温。保温层的保温材料一般为轻质、疏松、多孔或是纤维材料，其导热系数不大于 $0.25W/(m·K)$，重量不大于 $10kN/m^3$。目前市场保温层材料很多，按其成分可分为无机材料和有机材料，按其形状分为松散保温材料（膨胀珍珠岩、膨胀蛭石、炉渣等）和整体保温材料（水泥膨胀珍珠岩、水泥膨胀蛭石、水泥炉渣等）及块状保温材料（膨胀珍珠岩板、膨胀蛭石板、加气混凝土板、聚苯乙烯泡沫塑料板等）。

防水层　防水层做法分为柔性防水与刚性防水两大类。刚性防水屋面是指用细石混凝土做的防水屋面，因混凝土属于脆性材料，抗拉强度较低，故称为刚性防水屋面。其做法为：防水层采用不低于 C20 的细石混凝土整体现浇而成，其厚度不小于 40mm。为防止混凝土开裂，常在防水层中设置直径 4~6mm，间距 100~200mm 的双向钢筋网片，钢筋的保护层厚度不小于 10mm。柔性防水屋面是使用防水卷材与配套的胶黏剂结合在一起，形成连续致密的构造层，从而达到防水目的。由于这样的防水层具有一定的延伸性及适应变形的能力，故称为柔性防水屋面。其材料为：合成高分子防水卷材、合成高分子防水涂料、高聚性改性沥青防水卷材、高聚性改性沥青防水涂料、沥青基防水涂料等。

找平层　一般采用 20mm 厚的 1:3 水泥砂浆做找平层。

找坡层　找坡层最低处的厚度为 30mm，材料（水泥炉渣、陶粒混凝土等）找坡为 2%，结构找坡为 3%。

隔汽层　隔汽层的作用是隔除水蒸气，避免保温层吸收水蒸气产生膨胀变形，一般仅在湿度较大的房间设置。纬度 40°以北的地区且室内空气湿度大于 75%，或其他地区室内湿度大于 80%时，保温层下应设隔汽层。隔汽层常用材料为：聚合物水泥基复合防水涂料、氯丁橡胶改性沥青防水涂料、SBS 改性沥青防水涂料、聚氨酯防水涂料、硅橡胶防水涂料、聚氯乙烯防水卷材，隔汽层的材料由工程设计根据计算所需的蒸汽渗透阻力确定。

②平屋顶的细部构造

檐口构造　建筑物屋顶在檐墙的顶部称为檐口。檐口常做成包檐和挑檐两种形式。在我国可以攀登和上人的平屋顶要做女儿墙。多层建筑女儿墙净高度不应小于 1.05m，高层建筑应为 1.1~1.2m。禁用实心黏土砖地区的女儿墙可用混凝土砖块或加气混凝土块砌筑。砖块女儿墙的厚度不宜小于 200mm，墙顶部应做不小于 60mm 厚的钢筋混凝土压顶。当女儿墙的高度超过抗震设计规范中的相应规定时，应加设构造柱及钢筋混凝土压顶圈梁，构造柱间距不应大于 3.90m。当屋顶卷材遇有女儿墙时，应将卷材沿墙上翻，高度不应低于 250mm，然后固定在墙上预埋的木砖、木块上，并用 1:3 的水泥砂浆做披水，也可以将油毡上卷，压在压顶的下皮。

挑檐　檐口挑出在外墙的形式如图 1-2-28 所示，挑檐板可以现浇，也可以预制。

包檐　檐口与墙平齐或用女儿墙将檐口包住。

③平屋顶的排水

排水方式　屋面的排水方式有两种：无组织排水和有组织排水。无组织排水是让雨水从屋面排至檐口，自由落下。这种做法排下的雨水容易淋湿墙面和污染门窗，一般只在檐部高度在 10m 以下、雨量不大的地区使用。无组织排水的挑檐出挑尺寸不宜小于 0.6m。有组织排水是将屋面雨水通过集水口、雨水斗、雨水管排出。雨水管安在建筑屋的外墙上的称为有组织外排水；雨水管从建筑物的内部穿过的称为有组织内排水。屋面排水宜优先采用有组织排水。多层建筑可采用有组织外排水；高层建筑和屋面面积较大的建筑物可采用有组织内排水，也可采用内、外排水相结合的方式。

排水分区　屋面排水分区一般按每根管内径为 100mm 雨水管能排除 $150\sim200m^2$ 屋面集水面积的水量来划分。每一屋面或天沟，一般不应少于 2 个排水口。

排水坡度　平屋顶上横向排水坡度不应小于 2%，纵向排水坡度不应小于 1%；天沟、檐沟的纵向坡度不宜小于 1%，个别情况下可小于 1%，但应大于 0.5%。

④平屋顶突出物的处理

变形缝　平屋顶上变形缝的两侧应砌筑半砖墙，上盖混凝土板或铁皮遮挡雨水。在北方地区为了保温，在变形缝内添加沥青、麻丝等材料。

烟道、管道　其伸出屋面的构件必须在屋顶上开口时，为了防止漏水，应将油毡向上翻起，抹上水泥砂浆或盖上镀锌铁皮，起挡水作用，称为泛水。泛水高度以不低于 250mm 为准。

出入孔　平屋顶上的出入孔是为了检修而设置的，开洞尺寸应不小于 700mm×700mm。为了防漏，应将板边上翻，亦作泛水，上盖木板，以遮挡风雨。

(2) 坡屋顶的构造

坡屋顶的构造包括两大部分：一部分是由屋架、檩条、屋面板组成的承重结构，另一部分是由挂瓦条、油毡层、瓦等组成的屋面面层。

①坡屋顶的构造层次　坡屋面的承重结构有山墙承重和屋架承重。山墙承重的结构形式在开间一致的建筑中经常采用，山墙的间距与檩条的跨度相同，一般在 4~6m，檩条常用木材、型钢或钢筋混凝土制作。具体做法是将横向承重墙的上部按屋顶要求的坡度砌筑，在横梁上搭檩条，然后铺放屋面板，再做屋面。此种做法将屋架省略，构造简单，施工方便，因而采用较多。

屋架承重的结构形式中，屋架的结构布置应与建筑物开间相适应，间距一般在 3~4m，大跨度建筑可达 6m。屋架可用木材、型钢或钢筋混凝土制作。跨度不超过 12m 的建筑可用全木架，跨度不超过 18m 的建筑可用钢木屋架，跨度更大的建筑宜用钢屋架或钢筋混凝土制作。

②坡屋面的基层和防水层　在有檩的结构中，瓦通常铺设在有檩条屋面板挂瓦条等组成的基层上。在无檩结构中，瓦屋面基层则由各类混凝土板构成。

③常见的山墙做法

山墙挑檐　又称为悬山，屋顶在山墙外挑出墙身。先将靠山墙一间的檩条按要求挑出墙外，端头钉封檐板，下面钉龙骨、板条，然后抹灰，封檐板与平面瓦屋面交接处用 C15 混凝土压实、抹光。

山墙封檐　包括硬山和封山。硬山是将山墙砌起，高出屋面不少于 200mm，在山墙与平瓦交接处用 C20 细石混凝土做成斜坡，压实、抹光。山墙顶用预制或现制的钢筋混凝土檐块盖压住，用 1∶3 的水泥砂浆抹出滴水，其泛水坡度流向屋面。封山构造是将纵向墙的墙顶逐层挑出，使最上一层砖稍微高出屋面 50mm，平瓦接缝处用 1∶3 的水泥砂浆抹平。

④坡屋顶的天沟及泛水做法

天沟　在两个坡屋面交接处或坡屋顶的檐口有女儿墙时即出现天沟。这时候雨水集中，要特殊处理其防水问题。屋面中间天沟的一般做法是：沿天沟两侧通常钉三角木条，在三角木条上放 24 号 V 形铁皮天沟，宽度与收水面积的大小有关，深度应不小于 150mm。

屋面泛水　在墙身与屋面交接处要做泛水。泛水的做法是把油毡或镀锌铁皮沿墙向上卷，高出屋面不少于 250mm，油毡或镀锌铁皮钉在木条上，木条钉在预埋的木砖上。木条上通常砌出 60mm 的砖挑檐，并用 1∶3 的水泥砂浆抹出滴水。在屋面与墙交接处用 C15 细石混凝土找出斜坡，压实、抹光。

檐沟和水落管　瓦屋面的排水设计原则同平屋面。一般挑檐有组织排水的檐沟用轻质耐水的材料（如白铁皮）做成半圆形或方形的沟，平行于檐口，钉在封檐板上。与板相接处用油毡盖住，并以热沥青粘严。铁皮檐沟的下口插入水落管。水落管一般是硬质塑料做成的圆形或方形断面的管子，用铁卡子（间距不大于 1200mm）固定在墙上，距墙为 30mm，下口距地面或散水表面 50mm（图 1-2-28）。

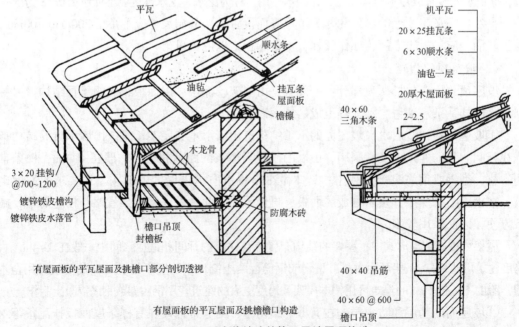

图 1-2-28　西方传统建筑檐口及坡屋顶构造

2.1.7 门窗

2.1.7.1 门

(1) 门的种类

门的种类很多,按开启方式不同,可分为平开门、弹簧门、推拉门、折叠门、旋转门、卷帘门等(图1-2-29);按材料不同,可分为木门、钢门、铝合金门等;按使用功能不同,可分为保温门、隔音门、防火门、防盗门等。

类型	特点
平开门	大量用于人行及一般车辆通行,洞口尺寸不宜过大,五金简单,制作简便,开关灵活
弹簧门	适用于有自关要求的场所,门扇尺寸及重量必须与弹簧型号相适应,加工制作简便
推拉门	适应各种大小洞口,开关时所占空间少,门扇制作简便,但五金较复杂,安装要求较高
折叠门	适应各种大小洞口,特别是宽度很大的洞口,五金较复杂,安装要求高
转门	可减少热量损失,适用于人流不集中出入的公共建筑,加工制作复杂,造价高
上翻门	适用于不经常开关的车行门。可利用上部空间,不占使用面积。五金及安装要求较高
升降门	适用于空间较高的工业建筑,一般不经常开关。须设传动装置及导轨
卷帘门	适用于各种大小洞口,特别是高度大、不经常开关的洞口。加工制作复杂,造价高

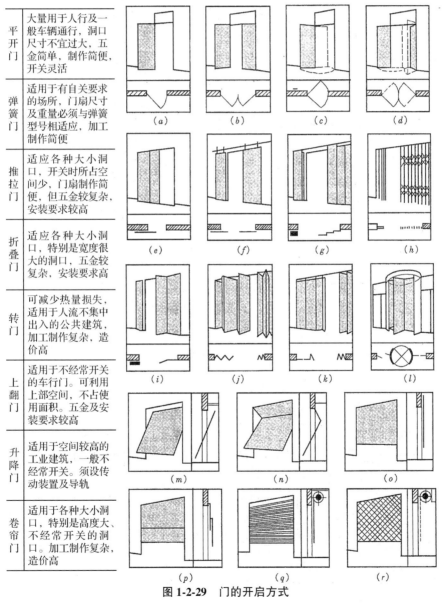

图1-2-29 门的开启方式

A. 单扇平开门 B. 双扇平开门 C. 单扇弹簧门 D. 双扇弹簧门 E. 单扇推拉门 F. 双扇推拉门
G. 多扇推拉门 H. 铁栅推拉门 I. 侧挂折叠门 J. 中悬折叠门 K. 侧悬折叠门 L. 转门 M. 上翻门
N. 折叠上翻门 O. 单扇升降门 P. 多扇升降门 Q、R. 卷帘门

(2)门的构造

门主要由门樘和门扇两部分组成。门樘又称为门框,由上槛、中槛和边框组成,多扇门还有中竖框。门扇由上冒头、中冒头、下冒头和边挺等组成(图1-2-30至图1-2-33)。为了通风和采光,可在门的上部设腰窗(俗称上亮子,有固定、平开、上悬、中悬、下悬等形式)。门框与墙间的缝隙常用木条盖缝,俗称门头线或贴脸板(图1-2-34)。门上还有五金零件,如铰链、门锁、插销、拉手、停门器(门吸)、风沟等。

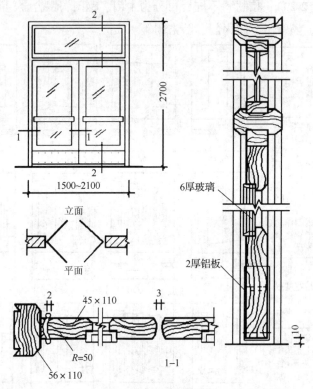

图1-2-30 弹簧门构造

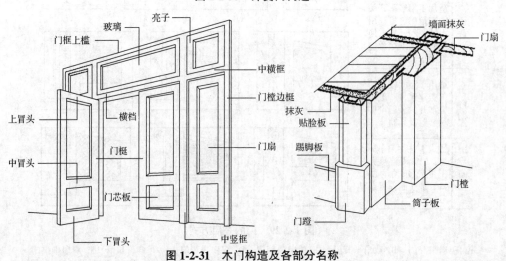

图1-2-31 木门构造及各部分名称

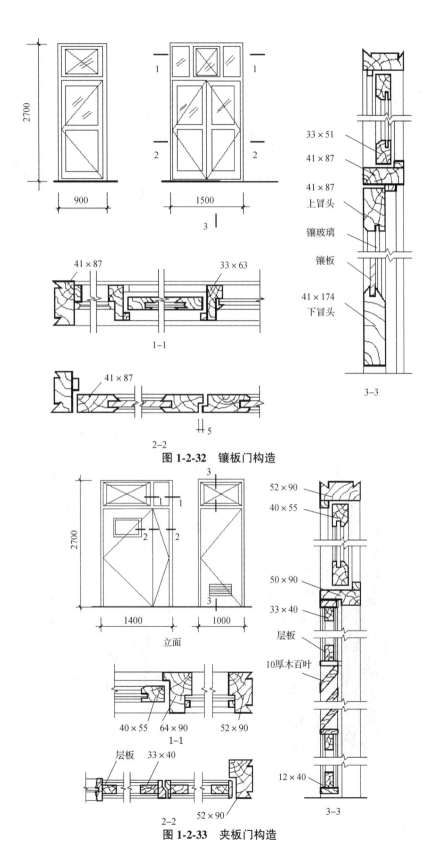

图 1-2-32 镶板门构造

图 1-2-33 夹板门构造

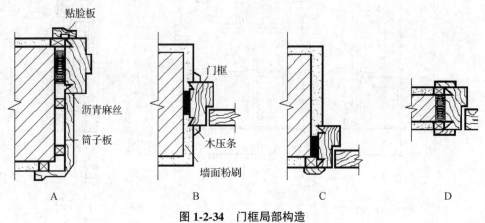

图 1-2-34 门框局部构造
A. 外半 B. 立中 C. 内半 D. 内外半

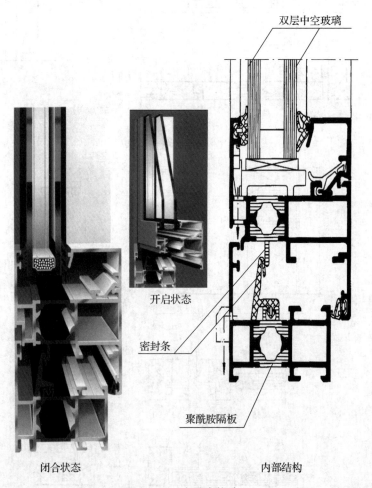

图 1-2-35 金属窗构造

2.1.7.2 窗

(1) 窗的种类

窗的种类很多,按材料不同,可分为木窗、钢窗、塑料窗、铝合金窗等;按开启形式不同,可分为平开窗、推拉窗、旋转窗、固定窗、自动门窗等。

(2) 窗的构造

窗主要由窗樘和窗扇两部分组成。窗樘又称为窗框,是由上框、下框、中横框、中竖框及边框等组成。窗扇由上冒头、中冒头(窗芯)、下冒头及边挺组成(图1-2-35、图1-2-36)。五金连接件包括铰链、风沟、插销、拉手、导轨、滑轮等。另外,还有窗贴脸、窗台板、窗帘盒等配套构件。

(3) 窗的开启方向与符号表示方法

窗的开启方式如图1-2-37所示。

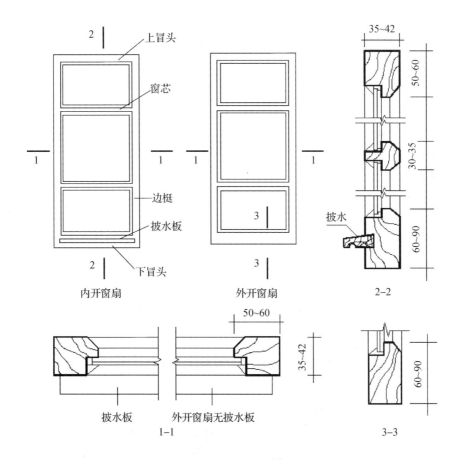

图1-2-36 木窗构造

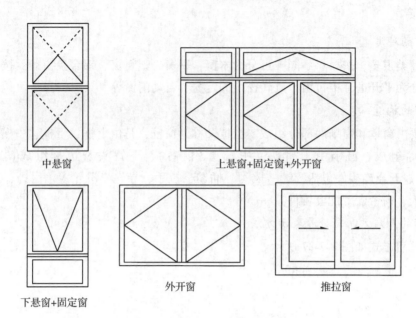

图 1-2-37　窗的开启方向与符号表示方法

按照相应的制图规范规定,在建筑立面图上,用细实线表示门窗扇朝外开,用虚线表示其朝里开,线段交叉处是门窗开启时转轴所在位置,而非把手所在位置。门窗扇若平移,则用箭头来表示

2.2　中国古典园林建筑构造

2.2.1　台基

台基是指园林建筑的承台基座,它承担着整个建筑物的重量,清代台基,对带斗拱的大式建筑,其高等于斗拱耍头下皮至地面高的 1/4,一般房屋为檐柱高的 1/5;台基的宽度按"下檐出"所要求的尺寸进行确定。

台基的外露部分,依其房屋等级不同,可分为普通台基和高等级的须弥座台基。

2.2.1.1　普通台基的构造

一般台基分成地下和地上两部分:露出在地面以上的部分称为"台明",埋入地面以下的部分称为"埋头"。

(1)台明的构造(图 1-2-38)

①柱下结构　在木柱以下常设置一特制石块作为柱子的承托,一般称其为柱顶石;柱顶石下多用砖砌体作为底座,称为磉墩或鼓蹬;有的地方还在磉墩下铺筑三角石并加以夯实,三角石碎块称为领夯石;再在领夯石上面铺数层粗料石。

②柱间结构　由于园林建筑骨架是木构架结构,而在室内各柱之间,或是连间,或是不承重隔墙,故其下只做砖砌体作为承托,一般称其为拦土,因为它除了承托墙体外,还

面是上收下凸的弧形，凸面与枋连接，收面与束腰连接。

③束腰 是须弥座中间部位的构件，它的厚度一般都较枋枭厚，以显示出妖娆多姿的形态。

④圭角 是须弥座的底座，又称为"圭脚"，在台基中是搁在土衬上的构件。

须弥座的外露面有做成素光面的，也有雕刻成各种花纹的，在各构件的连接处，也可以在其间在增加一薄层作装饰线条（方涩条或皮条线），视建筑的等级或装饰要求确定。

2.2.2 木作

木作分为大木作和小木作，大木作指木构架，小木作指木装修，本教材重点讲解大木作的内容。

2.2.2.1 木结构类型

(1) 按功能分类

①殿堂 大片式建筑（正房）：大者为殿；小者为堂，皇室建筑群称为宫，单体皇室建筑称为殿。

②楼阁 观赏性强的景点建筑。楼指以娱乐为目的建筑；阁：以储藏静修为目的建筑。

③亭 游园中供游人驻足休息、乘凉避雨、小憩聊天的最佳场所。

④廊 又称为游廊，联系交通、遮阳避雨、连接景点的一种狭长棚式建筑。其特点是可长可短、可直可曲、随形而立、依势而弯。

⑤轩榭 一种较殿堂小的，或登高望远或临水赏月的卷棚顶式建筑。轩，筑于高处，形似马车；榭，古指筑在高台上的木构亭，作检阅训武指挥之处，后称水边筑台赏景的建筑为水榭。

⑥石舫 修建在岸边水中的一种舫船形卷棚建筑，又称为画舫，是一种点缀园林水景的建筑，常在其额枋梁柱上雕龙画凤，饰以美丽图画。

⑦牌楼 又称为牌坊，建在村头寨尾或街头巷弄入口处的一种标志性门寨。分为冲天柱式和屋脊顶式两种。

⑧垂花门 园的入口建筑（因屋檐两端常吊装饰性的垂莲柱而得名）或游廊通道的起讫点，垣墙的隔门。

(2) 按木结构的类型分

①抬梁式建筑 如图 1-2-42 至图 1-2-44 所示，抬梁式木构架是在立柱上架梁，梁上又抬梁，架梁层层抬高，梁端置檩，檩上放椽，从而形成一榀承重的结构构架，也称为叠梁式木构架，其使用范围广，在宫殿、庙宇、寺院等大型建筑中普遍采用，更为皇家建筑群所选，是我国木构架建筑主要代表。屋顶的举架按一定的法式进行，以清式做法

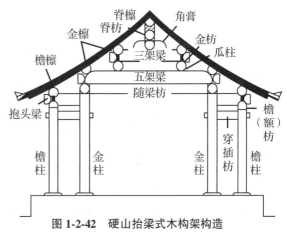

图 1-2-42 硬山抬梁式木构架构造

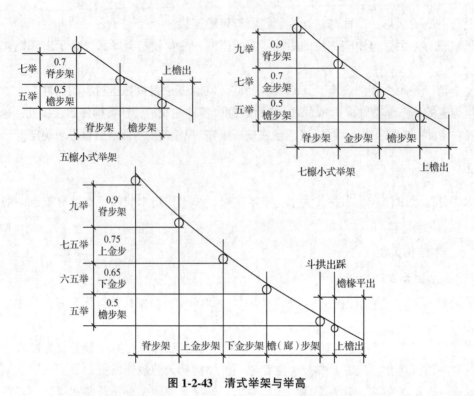

图 1-2-43 清式举架与举高

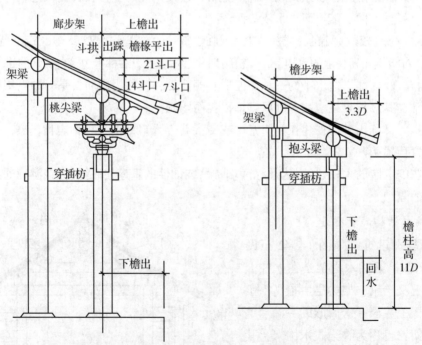

图 1-2-44 带斗拱与不带斗拱建筑的上檐出与下檐出构造

是：五檩小式——檐步五举，脊步七举；七檩小式——檐步五举，金步七举，脊步九举，或檐步五举，金步六五举，脊步八举；九檩大式——檐步五举，下金步六五举，上金步七五举，脊步九举；十一檩大式——檐步五举，下金步六举，中金步六五举，上金步七五举，脊步九举。在这里，举架=举高/步架，步架是两檩(桁)之间的水平距离，举高是两檩(桁)之间的垂直距离。对于大式建筑，金、脊步架=0.8×檐步架，檐步架=0.4×檐柱高；对于小式建筑，金、脊步假=0.8×檐步架，檐步架=5×檐柱径。

大式建筑 是指建筑规模大、构造复杂、做工精细、标准高的建筑，绝大部分带有斗拱(但也有少数不带斗拱)，主要指宫殿、庙宇、府邸、衙署、皇家园林等为上层阶级服务的建筑。

小式建筑 是指规模小、标准低、结构简单，一般不带斗拱的民居建筑、府衙官邸中厢偏房、一般园林建筑等。

②穿斗式木构架(图 1-2-45) 和抬梁式的不同之处在于，对于抬梁式梁和柱是通过榫接结合的，而穿斗式是梁直接穿入并穿透柱的，梁穿入柱的截尺寸没有损耗或损耗较小，因此，梁和柱的相对转动受到限制。它是中国古建筑木构架的另一种形式，这种构架以柱直接承檩，没有梁，原作穿兜架，后简化为"穿逗架"和"穿斗架"。穿斗式木构架不使用木梁，直接用木柱承檩、檩上架椽。构建穿斗式构架时，先需确定屋顶所需的檩数，然后，沿房屋

图 1-2-45 江南穿斗式木构架民居

进深方向依檩数立一排柱，每柱上架一檩，檩上布椽，屋面重量直接由檩传至柱，再传至地表支撑面，为保证多根立柱整体的稳定性，还使用了穿枋和斗枋这两种构件，每根柱子靠穿透柱身的穿枋横向贯穿起来，形成一榀型构架。同时，每两榀构架之间的斗枋连接形成了一个稳定的空间构架，从形态上看：穿斗式构架中的穿枋与抬梁式构架中的木梁很相似，但两者的功用却非常不同，木梁起承重作用，而穿枋起固定、稳定的作用。

2.2.2.2 木结构构件的连接方式

榫卯是在两个木构件上采用的一种凸凹结合的连接方式。凸出部分称为榫(或榫头)；凹入部分称为卯(或榫眼、榫槽)，它是我国古典建筑、家具及其他木制器械的主要结构连接形式。

中国的木建筑构架一般包括柱、梁、枋、垫板、桁檩、椽子、望板、斗拱等基本构件。这些构件相互独立，需要用一定的方式连接起来才能组成房屋。在中国古典建筑中是用榫卯连接方式连接构件的，很少使用铁钉。

(1) 中国古典园林建筑木结构构件连接的基本榫卯形式

①管脚榫 常用于柱与梁及平板枋的连接(图 1-2-46)。

②桁椀(檩椀)卯口 如图 1-2-47 所示，第一种形式用于正身或山面梁头与对应方向上的桁或檩的连接；第二种形式常用于递角梁头与搭交桁(檩)的连接。

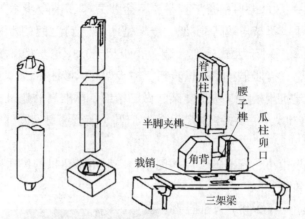

图 1-2-46　管脚榫、套顶榫、夹脚榫、腰子榫

③檩木十字卡腰榫　用于搭交檩或桁的连接(图 1-2-48)。

④燕尾榫　常用于大额枋、檐枋与檐柱或金柱的连接或重檐额枋与童柱与金柱的连接(图 1-2-49)。

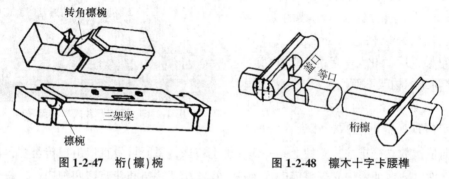

图 1-2-47　桁(檩)椀　　　　　　图 1-2-48　檩木十字卡腰榫

⑤穿插榫　常用于小额枋与边柱的连接或穿插枋与柱的连接(图 1-2-49)。

⑥平板十字卡腰榫　常用于两向平板枋的连接(图 1-2-50)。

⑦阶梯榫　用于庑殿、歇山、亭等建筑中趴梁与桁(檩)的连接(图 1-2-51)。

⑧插销榫　多用于坐斗与平板枋的连接(图 1-2-52)。

⑨半透榫　卯口做成通透的，而榫头做成半长，多用于两边与梁连接的中柱上。

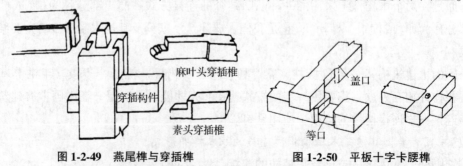

图 1-2-49　燕尾榫与穿插榫　　　　　图 1-2-50　平板十字卡腰榫

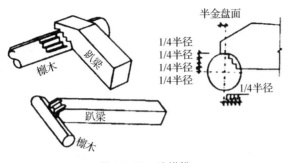
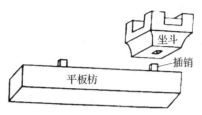

图 1-2-51　阶梯榫　　　　　　　　图 1-2-52　插销榫

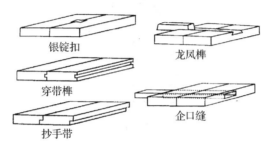

图 1-2-53　银锭扣、龙凤榫、穿带榫、抄手带、企口缝

⑩银锭扣、龙凤榫、穿带榫、抄手带、企口缝　多用于门板的连接（图 1-2-53）。

(2) 中国古典园林建筑木结构梁、柱、檩、枋的经典组合联结形式

①梁、柱、檩、枋的组合联结形式（正身构架）（图 1-2-54）。

②梁、柱、檩、枋的组合联结形式（转角构架）（图 1-2-55）。

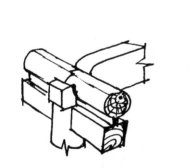
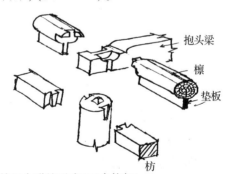

图 1-2-54　梁、柱、檩、枋的组合联结形式（正身构架）

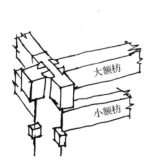
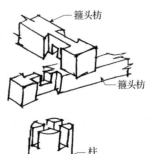

图 1-2-55　梁、柱、檩、枋的组合联结形式（转角构架）

2.2.2.3 木作构造及层次

中国古典园林建筑大木作基本构造层次是在柱上承梁,梁上承檩(有斗拱组件时,檩称为桁,抱头梁变成了挑尖梁,这时候斗拱组件加在柱与桁之间),檩上承椽,椽上承望板,望板上再抹灰铺瓦。

(1)正身屋架木结构层次

①伸长金柱变重檐(图 1-2-56)。

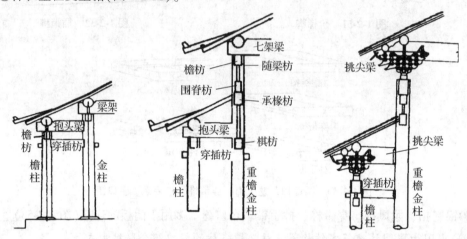

图 1-2-56　伸长金柱变重檐构造的演化过程

②抱头梁或挑尖梁上加童柱变重檐(图 1-2-57)。

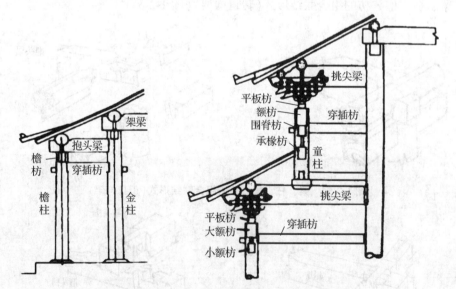

图 1-2-57　抱头梁或挑尖梁上加童柱变重檐构造的演化过程

(2)正身屋面木结构层次(图 1-2-58)

①平身科、柱头科斗拱构造(清式)　如图 1-2-59、图 1-2-60 所示。

②各朝代的角部大木作构件(包括递角梁、老角梁、仔角梁、檐角翘飞椽与翼飞椽、角科斗拱组件)　其构造层次及命名较复杂且各不相同,详见有关专业文献(图 1-2-61)。

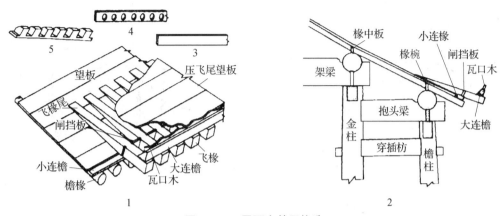

图 1-2-58 屋面木基层构造

1. 屋面基层构造 2. 椽椀、椽中板的位置 3. 椽中板 4. 椽椀 5. 里口木

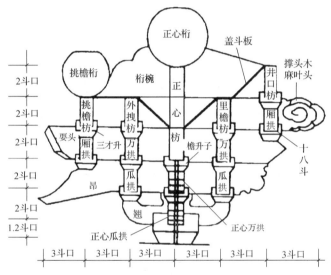
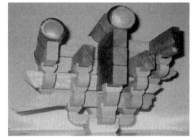

图 1-2-59 五踩平身科斗拱

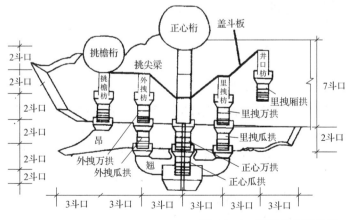

图 1-2-60 五踩柱头科斗拱

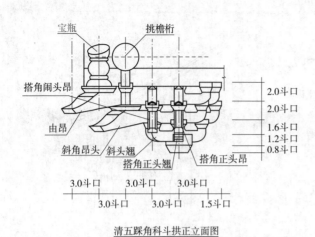
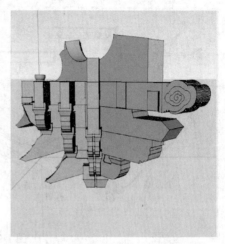

图 1-2-61　五踩角科斗拱

2.2.2.4　木作构件尺寸的确定方法

（1）古代尺度与今代公制的折算

在唐代，《唐六典》中记载：十分为寸，十寸为尺，一尺二寸为大尺（一大尺为一营造尺），十尺为一丈。中国古代建筑构件是按营造尺比量的，据考古资料，唐代一营造尺≈29.39cm。

在清代，据清工部《工程做法则例》及与考古工作者对北京故宫的丈量结果，清代一营造尺≈32cm。

（2）门光尺

门光尺又称为鲁班尺（图 1-2-62），是丈量门窗、床房器物的工具，能丈量出吉、凶、祸、福。一门光尺等于八门光寸，一门光尺=1.44×营造尺，一鲁班寸=1.8×营造寸。

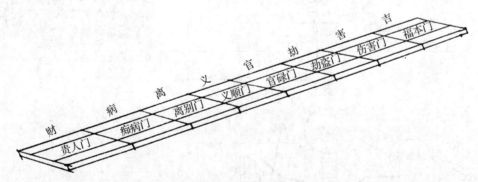

图 1-2-62　门光尺

门光寸尾数=总门光寸数（总营造寸数/1.8）-整门光尺的寸数，门光寸尾数所在的位置对应的卜字，就是构件尺寸的吉、凶、祸、福。

例如：设有一门口的营造尺尺寸，高为七尺八寸，宽为五尺八寸，请核算一下本门的尺寸是否吉庆。

解：将门的营造尺尺寸换成门光尺尺寸：高=78÷1.8=43.3=5×8+3.3（门光寸），尾数 3.3 寸落在"义"上；宽=58÷1.8=32.2=4×8+0.2（门光寸），尾数 0.2 寸落在"吉"上。故本门为吉庆数尺寸。

(3) 木构架构件尺寸的基本单位

木构架构件尺寸的基本单位是斗口尺寸，"斗口"是指平身科斗拱坐斗上十字卯口的迎面口的宽度。不同等级房屋的斗口尺寸是不一样的，请参阅有关文献。

(4) 清代常用木构件尺寸

每攒斗拱为十一斗口；面阔明间、次间、梢间尺寸分别为7、6、6攒尺寸；斗拱每踩3斗口；拱高或翘高为2斗口；檐柱径宽6斗口，梁宽6斗口，梁高8斗口；椽径为1.5斗口，或1/3椽径；椽当为1~1.5椽径；飞椽的头尾比例为1：2.5；翼角的冲出值为3椽径，起翘值为4椽径；横望板厚为大式0.3斗口，小式1/3椽径；顺望板厚为大式0.5斗口，小式1/5椽径；大连檐高为大式1.5斗口，小式1椽径；檩(桁)径为4~4.5斗口；挑檐桁径1.5斗口；椽窝眼宽1椽径，高1.2椽径；抱头梁高约为檐柱径的1.5倍，梁厚为檐柱径的1.1倍；平板枋高2斗口，宽3斗口；其他枋高为1柱径，宽为4/5柱径；老角梁或仔角梁高4.5斗口或3椽径，宽3斗口。

2.2.3 砌筑墙体

(1) 砌筑墙体的分类

在古建筑房屋中，墙体只有围护和隔断的作用，承重的是木构架，即"木骨泥墙"。在园林建筑中最常见的砖墙，按其位置不同，可分为以下几个部分(图1-2-63)。

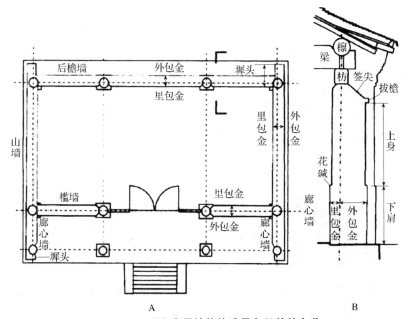

图 1-2-63　硬山房屋墙体构造及各组件的名称

① 檐墙　在面宽方向，伴随房屋前后檐柱的墙，称为檐墙，又分为前檐墙和后檐墙。

② 山墙　在房屋两端，沿进深方向包住山柱的墙。

③ 廊墙、廊心墙　廊墙是指山墙延伸，即山墙内侧面檐柱至金柱之间的部分；如果在这一面的墙心上加做装饰图案造型就变成了廊心墙。有的把凡有廊的建筑中，于山墙檐柱和金柱之间所砌的墙，通称为廊心墙，但也有在游廊的通道上做带门洞横隔墙的，这种做

法不叫廊心墙，而是"闷头廊子"，或称为"灯笼柜"，其做法同廊心墙一样。

④扇面墙　在某些大型建筑中，在金柱位置平行于檐墙所砌的墙，在室内沿进深方向，平行于山墙所砌之墙，称为隔断墙，二者的做法相同。

⑤槛墙　在窗槛之下的墙。

⑥其他墙　金刚墙（一种隐蔽的加固墙）、护身墙（用于马道、山路、楼梯等交通两侧的矮墙）、院墙和影壁墙等。

(2) 砌筑墙体构造

从墙体平面看，柱子轴线与墙体边线的距离称为"包金"，轴线以外称为"外包金"，轴线以内称为"内包金"。所以一般墙体是包柱而立，墙厚均大于柱径，分里外两层，外层称为墙面，里层称为背里，墙与柱的接触部分，外墙面包住柱身，内墙面留柱外露，与背里砖成八字衔接。

从墙立面上看，常将墙身分为：下肩、上身、砖檐（图1-2-64）、墀头几部分。

①下肩　又称为下碱、裙肩，相当于现代建筑的外墙裙，是墙体的主干部分，多采用优砖精雕，一般取檐柱高或整个墙高的1/3，并结合砌砖层数取单数确定其高。

②上身　即下肩上皮至砖檐下皮的部分，上身墙厚较下肩微薄，其外墙面较下肩内收敛0.5~1.5cm，此距离称为"花碱"。上身砌筑用料比下肩粗糙，所砌墙砖要较下肩降低一个等级。

③砖檐　是指屋檐板下檐口砖层层挑出的部分。砖檐高应根据封山檐、后檐墙等所采用的砖檐的形式而定。

④墀头　是硬山式山墙墙体的延续部分，是硬山式山墙所具有的一种特殊结构，而悬山、庑殿和歇山等建筑都没有此种结构（图1-2-65、图1-2-66）。

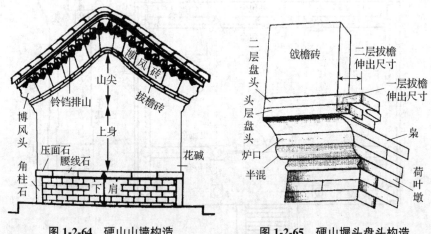

图1-2-64　硬山山墙构造　　图1-2-65　硬山墀头盘头构造

墀头又称为"腿子"，是硬山山墙两端檐柱以外的延续墙体，如果硬山式建筑的前、后檐都是"露檐出"时，则前、后都有墀头；如果后檐墙不露出椽子为"封后檐"，后檐无墀头，只有前檐有墀头。墀头高由木构架的安装尺寸确定，是从台明上皮至檐口望板上皮的垂直距离；墀头长是指侧面山墙延续到墀头迎面的长度，它与山墙连接成一个整体，按"下檐出—小台"尺寸确定，小台尺寸为0.4~0.8倍檐柱径；墀头宽为1.6倍檐柱径。清代墀头盘头的做法尺寸详见《工程做法则例》，博风头或博风位置的确定方法是：若博风是

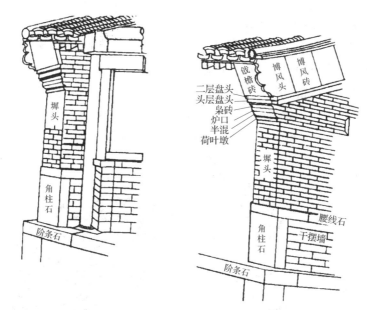

图 1-2-66 硬山墀头构造

砖博风,博风头上皮应与瓦口木的椀口等高,若是木博风应与大连檐上皮等高。

2.2.4 屋顶瓦作

2.2.4.1 屋顶的形式与构造

(1)分类

①硬山式 单檐屋顶,檩不过山墙,屋顶不挑出山墙。

②悬山式 单檐屋顶,檩过山墙,屋顶挑出山墙。

③歇山式 单檐或重檐,山面的山花板位置,在山面檐步架中,由檐檩(正心桁)向内收进一定距离(图 1-2-67)。

④庑殿式 单檐或重檐式的四坡屋顶建筑,又称为"四阿殿"(图 1-2-68)。

⑤攒尖顶 单檐或重檐,圆坡面或有多个坡面、多条脊并在顶部收为一点。

图 1-2-67 单檐歇山(沈阳福陵)

图 1-2-68 重檐庑殿(北京故宫)

（2）屋顶的结构形式与阶级地位

在我国的封建社会，屋顶的结构形式与瓦面的形式有严格的等级差别：重檐庑殿为尊；重檐歇山次之；再下为单檐庑殿，单檐歇山；再下为悬山与硬山屋顶建筑。黄色琉璃瓦为最尊，只能用于皇家宫殿及庙宇；绿色琉璃瓦次之，用于亲王世子和群僚的府邸和衙门；一般地方贵族的建筑用青灰色的筒瓦；贫民只能使用布板瓦。

（3）一般坡瓦屋面细部构造实例（图1-2-69、图1-2-70）

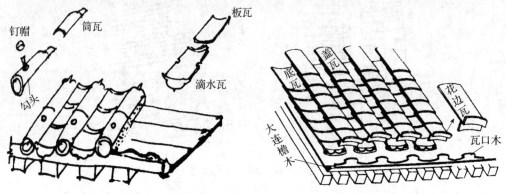

图1-2-69 皇家屋顶琉璃瓦作构造　　图1-2-70 布衣合瓦屋顶瓦作构造

2.2.4.2 屋顶瓦面施工工艺

（1）工艺简述

屋顶瓦面的施工由两个基本程序构成：苫背和瓦瓦。苫背是在望板（木基层）上铺筑防水、保温垫层的施工；瓦瓦是在苫背后栓线、排瓦、铺瓦的过程。

我国古代宫殿和民间做法不同（表1-2-1）。

表1-2-1　清代宫廷与民间屋顶瓦作施工工艺对比

施工内容	屋面层次	宫殿做法	民间做法
铺栈	木基层	木椽上铺望板	木椽上铺席箔或苇箔
苫背	隔离层	护板灰厚10~20mm	—
	防水层	锡背2层或麻刀泥背3层以上	滑秸泥背1~2层
	保温层	月白灰或灰背3~4层；青灰背30mm	灰背1层，厚20~30mm
	脊线处理	扎肩、晾背包袱	扎肩、晾背
瓦瓦	面层	瓦瓦	瓦瓦

（2）苫背

①抹护板灰　在木基层上抹1~2cm厚的月白麻刀灰，起到保护望板的作用。这里护板灰是由月白灰和麻刀配制而成，其中，月白灰：麻刀=50：1，月白灰是用白灰浆与青灰浆按10：1（浅色）或4：1（深色）的比例配制而成。

②苫锡背或泥背　宫廷锡背的做法是将1~2层铅锡合金的金属板铺苫在护灰板上的一种高级防水层，这种防水层不易氧化，防水性能好，寿命可达百年，接口要焊接不用

钉；锡背铺完再抹灰、粘麻，为下一步铺保温层做准备。

泥背的做法是在护板灰上铺苫 2~3 层麻刀泥或滑秸泥，每层厚不超过 5cm，同时压麻。麻刀泥是用掺灰泥与麻刀按 20：1 的比例配制而成，滑秸泥是用掺灰泥和滑秸按 5：1 的比例配制而成；掺灰泥是用泼灰和黄土按 1：1~1：2.5 的比例配制，再加水调制而成。

③抹灰背　在铺好的防水层上铺保温层，其做法是铺 2~4 层大麻刀灰或大麻刀月白灰，每层灰厚不超过 3cm，每层之间加一层网眼很稀的麻袋布，并扫平、压实。大麻刀灰是用灰膏和麻刀按 20：1 的比例配制而成，大麻刀月白灰是用月白灰和麻刀按 25：1 的比例配制而成。

④青灰背　在抹灰背上抹青灰背，起保护作用，抹大麻刀月白灰 20~30mm，后刷青浆，再扎实赶光。

⑤打拐子　待青灰背干至 7~8 成，用木棍在其上打一些浅窝，称为"打拐子"。

⑥扎肩、晾背　扎肩是用扎肩灰抹出脊线棱角，晾背时间要月余以上，直至干透，防止木构架糟朽。

(3) 瓦瓦

瓦瓦是按次序铺好屋顶瓦面的过程，其基本顺序是：分中定线→试排瓦当→号垄→栓线→铺瓦→捉节夹垄。

其中瓦泥灰是用掺灰泥或月白灰；捉节灰用小麻刀灰；夹垄灰是用老浆灰和麻刀按 30：1 的比例配制而成；老浆灰是用青灰浆和白灰浆按 7：3 的比例配制而成。

底瓦安放要诀："三搭头压六露四，稀瓦檐头密瓦脊"；盖瓦安放要诀："大瓦跟线，小瓦跟中"。

2.2.4.3　琉璃瓦屋脊构造层次

(1) 垂脊

垂脊是硬山、悬山、歇山、庑殿建筑屋顶所具有的部件，它以垂兽为分界线，分成兽前和兽后两部分。

①兽后、兽前的构造　兽后部分是由压当条、平口条、垂通脊、扣脊筒瓦及填心料构成；兽前部分由压当条、平口条、连砖、小跑、填心料构成，垂兽坐在压当条上，歇山、硬山及悬山的垂兽位置处于正心桁的正上方，兽前、兽后及垂兽下的压当条交圈(图 1-2-71 至图 1-2-74)。

图 1-2-71　垂脊兽前构造

图 1-2-72　垂兽样图

图 1-2-73 垂脊兽后构造

图 1-2-74 硬山垂脊

②小跑　兽前部分有小跑，由各种动物小兽组成，象征豪华、富贵、吉祥。小兽的先后顺序是：龙、凤、狮、天马、海马、狻猊、狎鱼、獬豸、斗牛、行什（图1-2-75）。龙是人格化了的神异之物，能"兴云雨，利万物"，是皇权的象征；凤乃百鸟之王，它象征皇后乃宫廷中最高贵女性；狮是"猛"与"仁"结合的瑞兽；天马乃黑头犬，见人则飞，寓意"天马行空，独来独往"，具有傲视群雄、开拓疆土的精神；海马身似虾，头似马，通水通地，神通广大；狻猊是龙之九子，有龙之相，但又不似龙，似狮似马，平安吉利；狎鱼是海中异兽，能降雨喷水，防火防灾；《异物志》中记载：獬豸性忠，见人斗触不直者，闻人争咬

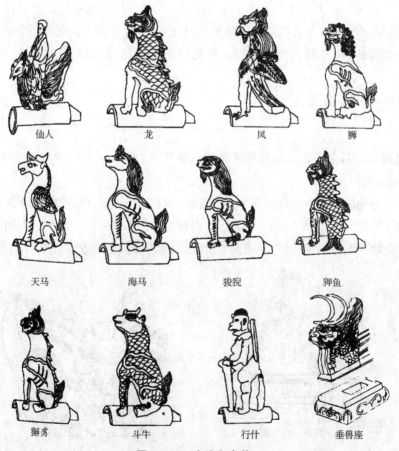

图 1-2-75 小跑和走兽

不正者,象征公正无私,有辟邪、压邪的意义;斗牛是远古神话中的一种虬龙,据东汉文学家王逸解释:"有角曰龙,无角曰虬",有护宅、镇鬼、压灾、逢凶化吉之意;行什似猴,百物之灵长,象征着聪明与智慧。

小跑须单数布置,除北京紫禁城太和殿可以用满10个外,其余建筑最多可用9个(图1-2-76)。

注意:歇山建筑的垂脊无兽前部分,垂兽由托泥当沟、联办压带条、垂兽座等构件组成;庑殿的垂脊有兽前和兽后之分,兽放在搭交檐檩位置正上方,当沟为斜当沟并与正脊的正当沟交圈,交接处用戗尖垂脊筒和戗尖盖脊瓦连接。

(2)正脊(大脊)(图1-2-77)

正脊由当沟、压当条、群色条、黄道、正通脊、盖脊筒瓦、填心料构成,垂脊与正脊交接处用戗尖垂通脊与戗尖盖脊瓦连接,接正吻;歇山垂脊的正当沟与正脊的正当沟交圈。

图 1-2-76 北京故宫太和殿垂脊

图 1-2-77 硬山正脊与正吻

(3)戗脊

①有兽、兽前、兽后、小跑、仙人(下有撺头、淌头、螳螂沟头)。
②戗脊的斜当沟与垂脊的正当沟交圈。
③戗兽、戗通脊、戗脊与垂脊相交处的"戗脊砖"改为"割角戗脊砖"。
④其他与垂脊的构件类似。

角脊的构造与戗脊的构造类似。

(4)博脊

博脊是歇山山面承托博风板排山脊的两个底脚之间,撒头瓦面与小红山底相交的一个屋脊。它由博脊瓦、博脊连砖(两端的博脊连砖挂尖)、压当条、正当沟组成,并紧靠踏脚木设置(图1-2-78)。

(5)围脊

围脊是重檐建筑下层紧挨承椽枋和围脊板的脊身,由满面砖、蹬脚瓦、博脊连砖、压当条、当沟组成。围脊与戗脊(或角脊)交叉点用合角兽连接,戗脊(或角脊)的末端为燕尾戗脊筒及燕尾盖脊瓦(图1-2-79)。

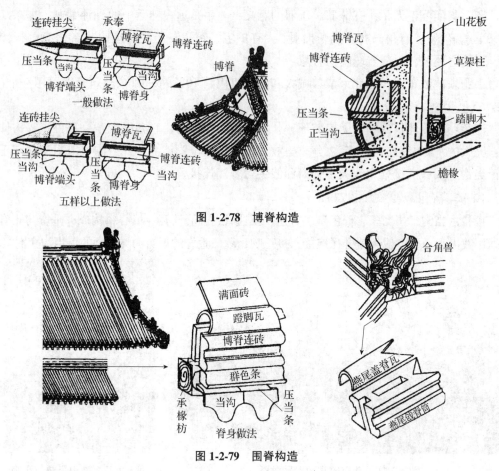

图 1-2-78 博脊构造

图 1-2-79 围脊构造

(6) 屋脊用灰

各脊的用灰是用麻刀灰(灰膏:麻刀=20:1)调脊密缝,用素灰(纯白灰)掺色修缝。

2.2.5 油漆彩画作

2.2.5.1 油漆工艺

(1) 灰油的制作工艺

①灰油 作地仗的配料。

②材料配比 生桐油:土籽灰(MnO_2):樟丹粉(PbO_4)= 25:1.8:1(表1-2-2)。

表1-2-2 灰油配比表

时间	材料		
	生桐油	土籽灰	樟丹粉
春、秋	25	1.8	1
夏、多雨的初秋	20	1.6	1
冬	25	2	1

"冬加土籽夏加丹"，土籽灰的作用是增加热量，延缓油温的冷却速度，樟丹粉是为了减轻桐油的聚合性。

③灰油的熬制方法

a. 定量的土籽灰、樟丹粉入锅焙炒，呈沸腾状撤火。

b. 加入生桐油并搅动，以免热粉糊锅，搅至粉料全部浮起，边升温边搅动至油温到250℃时土籽灰开始炭化。

c. 当油面爆出火星时，微火、续搅、续升温，油内胚芽植物炭化冒烟，颜色逐渐由浅黄变为褐色。

d. 300℃时，撤火，扬油降温，续搅，200℃时油出锅，倒入容器中用牛皮纸盖好，等完全冷却后即可使用。

熬灰油时的注意事项：防溢锅、防暴聚(出现油坨子)。

(2)光油的制作工艺

①光油　用于饰面涂刷的熟桐油。

②光油材料重量比　生桐油∶白苏籽油∶干净土籽粒∶密陀僧粉∶中国铅粉＝40∶10∶2.5∶1∶0.75。

③光油的熬制方法

a. 用一口锅熬生桐油到260℃后撤火降温到160℃，保持此温度待用。

b. 用另外一口锅熬白苏籽油到160℃时加入同温的土籽灰并搅动，油持续升温到260℃时捞出土籽灰，并将油降温到160℃后和刚才熬好的熟桐油混合并加温、搅拌。

c. 当混合油温度到260℃时，油变为橙黄色，停止加温，试油拉丝；如果拉出的丝小于5cm，说明油太稀，可再加温多熬一会儿，直到拉出的丝为5cm左右时就可撤火降温。

d. 当撤火降温到160℃时，在混合油的表面撒上密陀僧粉呈悬浮状态，不要搅动，并保持温度不变，4h后密陀僧粉会慢慢沉淀到锅底，撇出清油，即为光油。

熬光油时的注意事项：防溢锅、防暴聚、防烫伤。

(3)金胶油的制作

金胶油的作用是以油代胶，贴金用。光油涂后12h固化，失去吸附作用，于贴金、扫金不利，金胶油可延长光油结膜、固化时间。

①金胶油的材料重量比　光油∶豆油＝23∶1，高温时光油结膜速度慢，所以高温时稍加28%～43%的豆油，低温时多加14%～43%的豆油。

②金胶油的熬制方法　首先将豆油加热到120℃，在锅内加入光油，搅动不停，继续加温到160℃时开始降温，当降到120℃时停止搅动，将混合油冷却便成金胶油。

注意：金胶油在使用时不能用汽油、松香水稀释，可用鱼油或脂酸调和漆稀释，兑好的金胶油要在10d内用完。

(4)地仗灰工艺(打满)

地仗灰是一种多层次的抹灰，各层次所用的地仗灰的名称为：汁浆、捉缝灰、通灰、黏麻灰、压麻灰、中灰、细灰等。每一层的调制比例参数见表1-2-3所列。

表 1-2-3　各层地仗灰的比例参数表（重量比）

地仗灰	材料	
	膏子灰	灰油
汁浆	1	0.5
捉缝灰	1	0.75
通灰	1	0.6
黏麻灰	1	0.5
压麻灰	1	0.25
中灰	1	0.1
细灰	1	0.07光油

膏子灰是用生石灰加水使其发热粉化，搅动成浆，然后澄出灰浆，去掉灰渣，趁热加入面粉，调成糊状制成。

配合比例为灰油50kg∶水50kg∶生石灰25kg∶面粉25kg。

（5）泥子

泥子的作用是弥补地仗或木材表面光滑度的不足及缺陷。

木材表面常用的是色粉泥子（大白粉加水或大白粉加光油按适当比例调制而成）和石膏泥子（生石膏粉加光油和少量清水调制而成）。地仗表面常用的泥子是浆灰泥子（澄浆细砖加血料和生桐油按适当的比例调制而成）和土粉子泥子（血料∶水∶大白粉＝3∶1∶6）。

血料的制作：鲜猪血用木杆藤瓢搅稀；然后加入5%石灰水、20%清水（夏凉冬温）不停地搅拌，猪血的颜色由红变褐色，质地由液体变成稠性的胶体，放置2～3h便可使用。

（6）油漆的制作

将各种入胶熬制好的无机矿物颜料加入适量的光油搅拌即制成不同颜色的油漆。

（7）油漆工艺

油漆工艺由清理底层、做地仗、刷油漆3道工序构成。

①清理基层　用工具对木材基层进行砍、挠、铲、撕、剔、磨、嵌缝、下竹钉，使木材表面平展、无杂质及空洞。

②做地仗（麻布灰地仗工艺）　一麻五灰地仗工艺：刷汁浆→抹捉缝灰（能盖缝即可）→抹通灰（3～4mm）→汁浆开头浆黏麻（并用1∶1的满油和水混合物将麻丝虚翻扎实）→抹黏麻灰（以覆盖麻丝为度）→抹中灰（2～3mm）→抹细灰（不超过2mm）→磨细钻生→细磨完成地仗。

③刷油漆（光油＋樟丹、银朱、广红等）

a. 批浆灰腻子，干后砂纸打磨，再用布掸子掸净浮灰。

b. 刷头道油漆，干后细砂纸打磨。

c. 刷二道油漆，干后细砂纸打磨。

d. 刷三道油漆，干后细砂纸打磨。

e. 罩清油（光油）：横蹬竖顺、不流不坠、干后光亮成型。

注意：防止在寒、雾、热天罩光油；涂下道油漆时，下道油漆在上道油漆的表面凝聚，这种现象称为"发笑"。为防止"发笑"，可在上道油漆表面用肥皂水、酒精、大蒜汁满擦一遍。

2.2.5.2 彩画工艺

（1）做白底子

在地仗上刷用胶矾水调制的立德粉或钛白粉。这里的胶矾水是用动物骨胶与明矾熬制而成，再加水稀释。胶的作用是防止彩画的颜色向里渗透，矾的作用是防止画作腐烂，胶矾的比例按"涩者矾大，苦者胶大，微甜为宜"的原则配制。

（2）打谱子

打谱子就是将图案的轮廓通过扎小眼用墨粉过到白色的底子上的一种古老工艺。其过程是：丈量配底→起谱子→扎谱子→打谱子（呛活）。

（3）绘画，沥粉贴金

按轮廓线涂色或做浮雕图案。沥粉贴金的步骤是：用白乳胶加白粉拌成膏状装入带针管的囊袋里，用手挤压（像挤牙膏一样）出各种厚度的线条，这个过程称为沥粉。沥粉要饱满、圆润，干后刷金胶油（打金胶），待金胶油干至七八成后，用小镊子将裁好的金箔纸贴在上面，然后用小笤帚状的头发栓赶平、扫紧。

注意：打金胶时有两种做法，一种是打隔夜金胶（今日打，次日贴，夏季可用这种做法）；另一种是暴打暴贴（当日打、当日贴，春、秋季节可用此法）；严冬不能打金胶。

另外，在贴金箔时要四先四后（先整后破、先宽后窄、先直后弯、先外后内）、四准（撕金宽度准、划金力度准、夹子插金口准、贴金准）、四快（快锁口、快划金、快夹金、快贴金）。

清代色彩等级：朱红色用于皇帝理政、朝贺、庆典之殿宇；二朱色用于寝宫、配殿、御用坛庙；铁红用于宫内附属建筑及宫外的佛寺、道观、神社、祀祠；银朱色用于王公勋爵的府邸；羊肝色用于一般衙门及官员的私邸；铁黑或黑绿色用于街市上的铺面及商贾的住宅；生桐油用于一般民舍民宅。除皇家游园外，园林建筑禁用朱红色。

2.2.5.3 彩画的分类及构图

（1）构图

详如图 1-2-80 所示。

（2）分类

①和玺彩画 用于宫殿、坛庙中的主殿、堂门等高级建筑，其特点为：龙凤突出；沥粉贴金；三停线为"Σ"形。

和玺彩画分为以下几类：

a. 金龙和玺（最高级建筑）。枋心：金色二龙戏珠；长藻头；升降二龙戏珠；短藻头：青地升龙，绿地降龙；盒子：坐龙；箍头：可死可活（图 1-2-81）。

b. 龙凤和玺。枋心、藻头、盒子内龙凤相间，龙青地，凤绿地，枋心内一龙一凤（龙凤呈祥，双凤照富）。

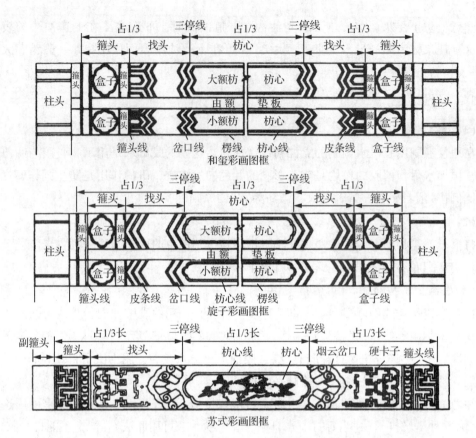

图 1-2-80 梁枋大木彩绘构图

图 1-2-81 金龙和玺

图 1-2-82 龙草和玺

c. 龙草和玺。枋心画龙；枋心、盒子、藻头由龙草调换构图，组图中有大草图案，底色红绿相间，龙画绿地，草画红地，画金轱辘草(图 1-2-82)。

d. 金琢墨和玺。与龙草和玺类似，只是花纹、龙鳞要沥粉贴金，图案更精细。

②旋子彩绘　用于官衙、庙宇的主殿、坛庙的配殿和牌楼上，其特点为：找头内画旋花；三停线为"《"形；箍头为死箍头；盒子内画"栀子花""坐龙""西番莲"；枋心画龙或锦，或青地龙、绿地锦(图 1-2-83)。

③苏式彩绘　用于民宅民舍及园林建筑，其特点为：岔口线分明、多样；枋心、找头可龙、可凤或博古花饰；盒子内皆为花鸟、锦纹、卡子图案。

苏式彩绘分为枋心式苏画、包袱式苏画(特点是：檩、垫板、枋三者统一为地，枋心位

图 1-2-83 旋子彩绘谱子

图 1-2-84 包袱式苏画

置代之以半圆画框，找头红地软卡子、绿地硬卡子，箍头以活箍头为准，画回纹、万字、连珠、方格锦等)、海墁式苏画(除箍头外，模糊了枋心、找头、盒子的界限)(图 1-2-84)。

【技能训练】

技能 2-1　风景区办公楼建筑构造设计

1. 设计题目
×××风景区办公楼建筑构造设计

2. 设计目的
通过本次课程设计，使学生进一步掌握民用建筑构造设计的基本原理和方法，熟悉建筑施工图的内容、表达方式及设计步骤，培养学生综合使用民用建筑构造知识分析和解决工程实际问题的能力。

3. 设计条件
业主提供的场地条件及建筑整体面积、房间数量、房间面积、使用目的、特殊要求等有关数据及图表，设计方案草图，现行设计规范及建筑构造图集。

4. 设计的主要内容
要求根据已给的建筑设计方案草图(或自己进行方案设计)进行砖混结构的建筑设计，全部图纸均应按建筑制图标准规定表示。

(1)建筑设计总说明

①工程概况：包括位置、建筑特点、层数、层(总)高、占地及建筑面积等。

②建筑构造要求及工程做法：包括墙体及屋面保温层厚度、各种构件材料选型以及楼地面、墙面、屋面等装饰工程做法(从建筑标准设计图集 05YJ51 中选取)，工程做法可列表表示。

③门窗表：以表格的方式表示本工程各门窗的编号、门洞尺寸、数量、选用标准图集号等。

(2)底层平面图和标准层平面图(或各楼层平面图，比例尺 1∶100)

①标注建筑物纵、横轴线编号。

②标注建筑各部分尺寸。

a. 外墙分 3 道尺寸：总尺寸(外包尺寸，表明总长度和总宽度)、轴线尺寸和门窗洞口及两端墙体断面尺寸。

b. 内墙：标注墙厚尺寸（表明墙与轴线的关系）、洞口位置及大小。
　　c. 底层室外踏步、台阶、散水等尺寸。
　③标注各层标高及室外地坪标高，一般在入口处或公共走廊上。
　④标注门窗编号，凡高、宽与形式均同者编为同一号，只要有一项不同，必须另编一号，门用 M1、M2…表示；窗用 C1、C2…表示；门连窗用 MC1、MC2…表示；门窗要画出开启方向。
　⑤标注剖面图、详图的位置及索引编号，剖断线只能画在底层平面图上。
　⑥标注房间名称、图名和比例。
（3）立面图（正立面及侧立面，比例尺 1∶100）
　①表明建筑外形、门窗、阳台、雨篷及雨水管的形式和位置。
　②标注 3 道尺寸：
　第一道：总高—从室外地坪至屋顶最高处。
　第二道：层高—各层间尺寸。
　第三道：门窗高度、尺寸。
　另外，尚需标注重要部位的标高，如门廊、雨篷和阳台等的高度位置。
　③标注外墙材料及做法、分格线、立面细部详图索引号。
　④标注立面名称及比例尺，立面名称用所表示立面的边轴线表示。
（4）剖面图（1~2 个，比例尺 1∶100）
　①表明建筑内各部位的高度关系，标出 3 道尺寸：
　第一道：建筑总高。
　第二道：层间尺寸、楼地面层标在面层表面，屋顶标在屋面板表面，当平屋顶找坡时，要标出最低点和屋面坡度。
　第三道：门窗洞及窗下墙尺寸。
　标注标高：包括楼地面、外廊、室外地坪、门窗洞口、雨篷底及楼梯平台等处的标高。
　②标注节点详图索引。
　③标注楼地面、屋顶构造做法。
　④标注内外墙及柱的轴线及其间距。
　⑤标注剖面图名称、比例尺。
（5）屋顶平面图（比例尺 1∶200）
　①标注各转角部位定位轴线及其间距。
　②标注四周的挑檐尺寸及屋面各部分标高。
　③标注屋面排水方向、坡度及各坡面交线（分水线）。
　④标注屋面上人孔或入口、女儿墙等的位置尺寸。
　⑤标注图名及比例尺。
（6）楼梯详图（比例尺 1∶50）
　平面图比例尺 1∶50，要求绘制底层、标准层及顶层 3 个平面图，具体要求如下：

①标注楼梯上、下行指示线。

②标注楼层平台及中间平台标高。

③标注平面尺寸,包括进深及开间方向各 3 道尺寸。进深方向:第一道,平台净宽,步数×步宽=梯段长度;第二道,梯间净长;第三道,轴线尺寸及编号。开间方向:第一道,楼梯净宽和梯井宽;第二道,梯井净宽;第三道,轴线尺寸及编号。

5. 设计方法及步骤

(1)确定门窗大小、规格与形式,其中采光应根据办公楼房间窗地比(窗洞总面积/房间地面净面积),计算出各房间所需的采光面积来确定。

(2)一般先平面,后立面,最后剖面及详图,并反复检查核对各道尺寸是否一致。

6. 设计总体要求

(1)图纸规格:以 A2 幅面(594mm×420mm)为主,必要时可采用 A2 加长幅面,少量图采用 A3 幅面(420mm×297mm),图纸封面和目录采用 A4 幅面。

(2)标题栏:统一采用标准格式,其中图号按"建施-1"、"建施-2"等填写。

(3)图面要求布图均匀、线条清晰、粗细分明,各种符号、线型一律按建筑制图标准表示;汉字一律用仿宋体书写,画图必须用绘图铅笔,禁用自动铅笔。

(4)学生在设计过程中,应尽可能学习各种技术规范,查阅各种技术资料,开阔眼界。

(5)本设计要求在 2 周内完成。

【自主学习资源库】

1. 中国园林建筑施工技术. 2 版. 田永复. 中国建筑工业出版社,2003.
2. 中国古建筑瓦石营法. 刘大可. 中国建筑工业出版社,1993.
3. 论清前期皇宫经典建筑成就及其文化内涵. 王成民. 满族研究,2004(3).
4. 房屋构造. 杨金铎,杨洪波. 清华大学出版社,2001.

【自测题】

1. 简述水磨石地面的施工工艺过程。
2. 简述中国古典建筑彩画装饰工艺过程。
3. 按施工方法不同,可将楼板分为几类?
4. 为何大理石不能用于室外装修?
5. 什么是楼梯的埋步、齐步、错步、明步、暗步?
6. 在园林建筑中如何为老、幼、残、弱者做好无障碍设计?

单元 3　园林建筑设计技法

◇学习目标

【知识目标】

(1) 正确理解园林建筑与各类园林环境之间的关系，能够正确地协调运用建筑形式。

(2) 掌握园林建筑布局的内容与方法，了解园林建筑空间的形式和园林建筑空间营造的手法。

(3) 理解尺度与比例对园林建筑设计的重要性。

(4) 了解色彩与质感的处理与园林建筑空间的艺术感染力之间的密切关系，以及在园林建筑设计中提高园林建筑艺术效果的方法。

(5) 掌握园林建筑方案设计的基本步骤。

【技能目标】

(1) 能进行现代园林建筑的立意、选址、布局、空间组合等方面的设计。

(2) 能正确运用比例和尺度进行现代园林建筑设计。

(3) 能在现代园林建筑设计时正确选配材料和色彩。

3.1　园林建筑与环境

现代园林景观中的环境要素主要包含自然环境要素和人工环境要素。自然环境要素指园林中天然的物质，包括地形地势、植物、动物等，是环境要素中的主导方面，是园林观赏的基本对象。人工环境要素是指园林建筑和有关建筑的处理，包括建筑物、路径、墙垣、棚架、空间等。景观中的这类要素为园林提供了实用价值，如游览休息、赏景活动、遮阳避雨……园林创作中自然环境要素与人工环境要素是相辅相成、有机结合在一起的。

现代园林建筑选址除考虑功能要求外，要善于利用地形，结合自然环境，与山石、水体和植物，互相配合，互相渗透。园林建筑应借助地形、环境的特点，与自然融为一体，建筑位置和朝向要与周围景物构成巧妙的借景和对景的关系。

3.1.1　园林建筑与环境的关系

现代园林建筑与自然环境的协调表现在它自身形象的轮廓、线条、色彩与自然风貌的统一上。处理好建筑物临界部位与周围环境的关系也是使建筑与自然风景融为一体的重要内容。因为临界部位正是建筑的内部空间与外部空间的交汇地带，而一个空间领域的边界，不仅是最能吸引游人视觉的地方，而且也是丰富多样的情绪转换的地方。虚与实，明与暗，人工环境与自然环境之间的相互转换都是在这里展开的。因此，建筑物的临界部位理应受到建筑师们的高度重视，特别是对于园林建筑，要使建筑与自然融为一体，在它们交汇地带使两者之间有机地联系在一起，更是极其重要的。

各类园林建筑与周边环境要处理得当，成为整体园林环境协调统一的重要因素。苏州拙政园西部共有 8 座单体建筑：1 座厅堂(三十六鸳鸯馆)，3 座楼阁，4 座亭子。由于它们的功能需求不同，所处环境条件不同，分别采取了不同的平面形状和立面造型，厅堂为临水的主体建筑，采用鸳鸯厅形式，平面四角还各建有一间耳室，体态更加丰富；倒影楼临水，2 层，方形，歇山顶，其倒影映于清澈的水面，使造型更加生动、醒目；浮翠阁建于土山的最高处，2 层，八角形，攒尖顶，使形体更显挺拔；留听阁则是一座临水的水阁，有宽敞的贴水平台作为过渡；宜两亭、塔影亭、笠亭为六角、八角及圆形，而"与谁同坐轩"则是一座扇面形的敞轩(图 1-3-1)。它们各具特色，既与所在的小环境相协调，又与园林的整体环境相统一。

远香堂　　　　　　　　　　　　　　与谁同坐轩

图 1-3-1　拙政园建筑与环境统一

现代园林建筑继承和保留了古典园林建筑的精华，并根据时代发展的要求把现代园林建设提高到一个新的水平。随着社会的发展，在设计领域，人们越来越注重中国元素的应用。那么在景观方面我们应该怎样充分地应用中国古典元素来体现现代的特色，而不是将古代的景观园林照抄得似是而非，似古非古，似今非今呢？

将古典园林建筑中的古典元素应用于现代景观建筑中并不是简单地照抄古典园林的样式，或者造景元素，而是应该学习其造景手法。将古典园林中的造景手法应用到现代景观当中，运用古代的造景手法、现代的原料，造就能够体现中国古典文化的现代景观建筑。在这一方面，有两座建筑能够淋漓尽致地体现中国古典元素在建筑方面的运用，一个是香山饭店，另一个是苏州博物馆，这两座建筑很好地体现了古典园林元素在现代建筑上的应用(图 1-3-2)，两者充分

香山饭店　　　　　　　　　　　　　　苏州博物馆

图 1-3-2　古典与现代园林建筑要素有机结合

运用古典园林中的造景手法如框景、障景等和运用现代原料、技术等的结合。

现代园林环境中，园林建筑非常重要，常成为园林环境中的焦点，起到组织园林景观的作用，供游人欣赏。

3.1.2 园林建筑与环境的结合

3.1.2.1 园林建筑与山体

园林由山、水、建筑、植物四大要素构成，建筑与山体的结合可体现园林的自然性、艺术性与功能性。依据建筑所处在山体的位置，其设计要点各有不同。

（1）建筑位于山顶

①山顶设置建筑有极目远眺、环视全景之感。因此，在风景区中，山顶常成为游赏景色的高潮，山顶设置建筑可以丰富山峰的立体轮廓，使山更有生气。山顶建筑以亭、塔等集中向上的建筑形象居多，可与山形相协调。

②山顶建筑还起到控制风景线、控制园林空间的作用。如避暑山庄的北枕双峰、锤峰落日、四面云山、古俱亭这4座亭子，不仅控制了山区景域的范围，而且还沟通了平原区和山区以及山区与外八庙之间的关系，成为景观上互补互借的景点。

③在城市园林中假山上建亭，一般起着丰富园林空间构图的作用，它们与周围的建筑物之间形成交叉呼应的观赏线，但建筑体量一般不宜过大，且与山体的动态、环境相结合。

④寺观园林在高山绝顶处常建有寺观以取高高在上之意，建筑也丰富了自然景区的人文景观，使人与自然更为紧密地结合。如峨眉山主峰上金顶大庙华藏寺，建筑基址选在距千丈悬崖仅有2~3m的边缘上，金色的屋顶在阳光下金光闪烁，引人注目，形成极佳的点景效果。

（2）建筑位于山脊

位于山脊上的建筑物，可观赏山脊两面的景色，有时建于山脊的突出部位可观赏到3面景色，具有良好的取景条件，因此，也是园林建筑经常选取的地址。如北京颐和园万寿山山脊东端突出部位的景福阁与山脊西端突出部位的"湖山真意"，它们不仅是万寿山景观的重要点缀，而且一个向东与园外的圆明园相呼应，一个向西与玉泉山互为借景。

（3）建筑位于山腰

①在规模较大的自然风景区中，山腰是园林建筑的常见选址。因其地域大，可选择性也大，正面的视野也很开阔，许多著名风景区中的寺观就常选取山腰中小气候条件好，自然景观好，又有水源的地方兴建。

②另外山腰地带均具有一定的坡度，建筑可随山势的陡、缓、前低后高、旁低中高，分段叠落，参差布置，常能取得极为生动的景观效果。

（4）建筑位于峭壁

临近峭壁的建筑，一般以"险"作为设计的主题。建筑形象总要与陡立的峭壁相结合，给人以惊奇、玄妙的感受。这种"险""奇"最突出的例子就是山西浑源县的悬空寺，它是宗教建筑，创造了奇特的景观，成为著名的恒山十八景之一。它建在北岳恒山下金龙口西崖壁上，上载危岩，下临深谷，30余处殿、堂、楼、阁错落有致地"镶嵌"在翠屏峰的万仞峭壁上。它们以插入洞穴中的悬梁为基，木梁、立柱、斜撑相互连接成为一个整体，使整体结构具有良好的稳定性，楼阁间有栈道相通。登楼俯视，如临深渊；谷底仰视，悬崖若虹……惊险神奇。

常见的园林建筑与山体结合的设计手法大致有以下几种：

①台　结合山体地形，巧妙地采用一些人为手法，如"挖""填"相结合，以最小的土方工程量取得较大的平整地坪效果；在山腰台地处建筑群组时，常做成叠落平台的形式，建筑与院落分列于平台之上，建筑顺山势起伏而错落变化，使景观效果自然、生动(图1-3-3)。

②叠　设计较小的台，并使其层层跌落，多用于建筑纵向垂直于等高线布置的情况；建筑的地面层层下跌，建筑物的屋顶也随之层层下跌。这种形式的屋顶布置有强烈的节奏感，生动、醒目，此种形式最常见的建筑是跌落廊，如承德避暑山庄"梨花伴月"(图1-3-4)。

图1-3-3　山地设置建筑

图1-3-4　承德避暑山庄"梨花伴月"

③吊　吊就是柱子支撑在高低起伏的山地上，以适应地形的变化；常见的是最外层的柱子比室内地坪低落一截，以支柱形式支撑着楼面，这种建筑以采用吊脚楼形式居多，如贵州省台江县展架村苗寨吊脚楼(图1-3-5)。

④挑　利用挑枋、撑拱、斜撑等支承悬伸出来的挑楼、挑廊。它以"占天不占地"的方式扩大了上部空间；在吊柱头、斜撑等结构部位还进行一些简练的装饰处理，构思精巧，手法干练，构件形体与装饰纹样有机结合，达到简朴、精雅的效果，如长沙世界之窗"三月街"的悬挑处理(图1-3-6)。

图1-3-5　贵州省台江县展架村苗寨吊脚楼

图1-3-6　长沙世界之窗"三月街"的悬挑处理

3.1.2.2 园林建筑与水面

人们有喜水和赏水的要求，亲水时会感到轻松、愉悦，心情舒畅。水能使建筑物、景物产生倒影；水具有可塑性，水体可以柔化建筑形态，产生美感；在建筑造型设计中，水可以创造、弥补景观，如将喷泉、瀑布依附于建筑四周，则产生动静结合的效果。

中国园林以自然山水园为上，喜欢用水，因为水总给人以清新、明朗、贴切的感受，给人一种亲切感。水面形式随园林的大小及地势的起伏，或开阔舒展，或萦回曲折，因此，在水边设置园林建筑往往成为园林中重要的景点，也是园林构图不可缺少的一部分。

园林建筑与水面结合的设计手法大致有以下几种：

①点　把建筑点缀于水中，或建置于水中孤立的小岛上。建筑成为水面上的"景"，而要到建筑中去观景则要靠船的摆渡。有的水中建筑或小岛离岸很近，可用桥来引渡。岛上的建筑大多贴近水边布置，以突出它的形象（图1-3-7）。

②凸　建筑临岸布置，三面凸入水中，一面与岸相连，视域开阔，与水面结合更为紧密。许多临水的亭、榭都采取这种方式（图1-3-8）。

③跨　跨越河道、溪涧上的建筑物，一般都兼有交通和游览的功能，使人置身濠涧上，俯察清流，并能丰富自然景观。各种跨水的桥如亭桥及水阁等都采用这种方式（图1-3-9）。

④飘　为了使园林建筑与水面紧密结合，伸入水中的建筑基址一般不用粗石砌成实的驳岸，而采取下部架空的办法，使水漫入建筑底部，建筑有漂浮于水面上的感觉，如各式挑水平台（图1-3-10）。

图1-3-7　亭点缀于水中孤岛之上

图1-3-8　临水而建的亭榭

图1-3-9　亭　桥

图1-3-10　漂浮于水面上的浙江绍兴戏台

⑤引 把水引到建筑之中的方式很多，如杭州玉泉观鱼，水池在中，三面轩庭怀抱，水庭成为建筑内部空间的一部分，江南园林中惯用这种处理方法（图1-3-11）。

图1-3-11 杭州玉泉鱼乐园

园林中的临水建筑常采用水榭、舫、小桥、水亭、水廊等，有波光倒影衬托，视野显得平远开阔，动感较强，产生画面层次丰富的效果。园林中的水有其独特的表现风格，就是突出水的自然景观特征，以少量的水模拟自然界中的江、河、湖、海、溪、涧、潭、瀑、池等，以增加园林的自然情趣。

3.1.2.3 园林建筑与植物

植物是园林的主体，可创造自然美的主题。以植物季相塑造景观主题，如以花灌木塑造"春花"主题，以大乔木塑造"夏荫"主题，以秋叶、秋果塑造"秋实"主题，以松枝挂霜塑造"冬霜"主题。

植物是大自然生态环境的主体，是风景的重要内容，将其用于园林创作，可以创造出一个花木繁茂、充满生机、幽雅秀美的园林环境，为游园者提供更加赏心悦目的自然景观。古今中外园林都以植物作为首要的欣赏对象，生机勃勃的花草树木对于无生命的园林建筑环境来说是非常必要的。建筑、山石的造型线条比较硬、直，而花木的造型线条都是柔软、活泼的；建筑、山石是静止的，而植物有风则动，无风则静，处于动静之间；建筑、山石是一成不变的，而植物是有生命的，它会随着季节的变化而呈现出不同的面貌。因此，巧妙地搭配园林建筑与植物，必然能获得生动的景观效果。

园林中的植物配置可遮阳蔽日，体现季节更替，使游人赏心悦目；还具有独特的景观结构作用，如形成主题或焦点，作为美丽的背景，产生季相色彩的变化等。在进行园林建筑设计时，对其造型和空间往往要考虑到与植物的综合构图关系，植物常作为点睛之笔，起到强化和补足建筑气韵的作用。亭、廊、榭、楼、阁等园林建筑的内外空间，常利用植物的衬托来显示它们与自然的联系。此时，植物作为建筑的陪衬，使人工环境要素与自然环境能够更好地融合。以植物配合建筑时，不仅要注意其色彩与品种，更要注意造型，注意树干、树枝的线条与建筑造型的搭配。

3.1.2.4 园林建筑与园路

园路在园林中是联系各个景点、建筑物以及活动中心的纽带，是园林风景的造景要素。园路的走向对园林的通风、光照、保护环境有一定的影响，它与其他要素一样，具有多方面的实用功能和美学功能（图1-3-12）。

园林功能分区的划分多是利用地形、建筑、植物、水体和园路。对于地形起伏不大、建筑比重小的现代园林绿地，用园路围合、分隔各景区是主要方式。同时，借助园路面貌（线形、轮廓、图案等）的变化可以暗示空间性质、景观特点的转换以及活动形式的改变，从而起到组织空间的作用。园林中的各类园林建筑大多通过曲折迂回的园路来联系，使游

图 1-3-12　园林建筑与园路有机结合

人动静结合，通过园路观赏到优美的建筑；在建筑小品周围、花间、水旁、树下、园路转折处等，可利用园路来联系，并将其扩展为广场，可结合材料、质地和图案的变化，为游人提供休息和活动的场所。

园路与山、水、植物、建筑等共同组成空间，体现了园林的艺术性。如园路优美的曲线、多彩的铺装、精美的图案、强烈的光影效果，均可成景，有助于园林空间的塑造，丰富游人的观赏趣味。同时，通过和其他造园要素的密切配合，可深化园林意境的创造。不仅可以"因景设路"，而且能"因路得景"，路景浑然一体。

园林中的建筑一般面对园路，且适当地远离园路。连接方法是使园路适当加宽或分出支路通向建筑入口，若建筑的人流量较大，可使建筑离园路远一些，建筑和园路之间形成一集散广场，使得建筑与园路通过广场相连。

在建筑的外部空间环境中，园路的铺装不仅能体现出园路的不同用途，而且还能对建筑的外环境起到一定的装点作用。铺装材料的变换是游人辨认和区别休息、运动、娱乐、集散功能的标志。路面铺装的质地、色彩、图案都要与周围的建筑物、环境相协调。

3.2　园林建筑布局

园林建筑布局是指根据园林建筑的性质、规模、使用要求和所处环境地形地貌的特点进行建筑的构思。这样的构思在一定的空间范围内进行，不仅要考虑园林建筑本身，还要考虑建筑的外部环境，按照美的规律去创造各种适合人们游赏的环境。正确的布局来源于对建筑所在地段环境的全面认识，对建筑自身功能的把握，以及对建筑布局艺术手法的运用。

3.2.1　园林布局

（1）因地制宜

园林建筑在布局上要因地制宜。园林建筑应借助地形、环境的特点，设计适宜的建筑，与自然融合。一个好的园林布局，应从客观实际出发，尊重实际地形，因地制宜，扬长避短，发挥地势优势，并要对此地段和周围环境进行深入考察，顺自然之势，宜亭则亭，宜榭则榭，进行合理的建造。同时，一个好的园林布局，还必须突破自身在空间上的局限，充分利用周围环境的优美景色，因地借景，选择适宜的观赏位置和观赏角度，并延伸和扩展欣赏视线和角度，使园内外景色融为一体。

地形地势是园林景观要素的基础，利用园林原有的基址，因高堆山，就低挖湖，使园内具备山林、湖水、平地3种不同的地形。山林地势有屈有伸，有高有低，有隐有显，构成自然空间层次，可依山建楼、阁、塔、庙、亭等建筑；园林中的水自然流动，波光倒影衬托，视线平远开阔，可临水设榭、舫、桥、亭等建筑。

苏州拙政园因地制宜，以水见长。拙政园利用园地多积水的优势，疏浚为池，望若湖泊，形成碧波荡漾、烟波浩渺的特色。拙政园中部现有水面近 $4000m^2$，约占园林面积的1/3，"凡诸亭槛台榭，皆因水为面势"，用大面积水面造成园林空间的开朗气氛，基本上保持了明代园林"池广林茂"的特点。整个园林建筑仿佛浮于水面，加上木映花承，在不同境界中产生不同的艺术情趣，如春日繁花丽日、夏日蕉廊映荷、秋日红蓼芦塘、冬日梅影雪月，无不四时宜人，处处有情，面面生诗，含蓄曲折，余味无尽。

(2) 巧于因借

建筑规划选址除考虑功能要求外，要善于利用地形，结合自然环境，与山石、水体和植物，互相配合，互相渗透。园林建筑应借助地形、环境的特点，与自然融为一体，建筑位置和朝向要与周围景物构成巧妙的借景和对景。

我国明末著名的造园家计成在《园冶》一书中强调"构园无格"，即没有固定不变的模式，但要有"法"可循，这个"法"就是"巧于因借，精在体宜"。"因"即因地制宜，从客观实际出发，"借"即借景，指将园外景物借到园内可视范围，达到收无限于有限的目的，借助周围的景色而丰富其景观效果，包括远借、邻借、仰借、俯借、应时而借。

(3) 追求与自然的融合

中国园林崇尚自然，《园冶》把"虽由人作，宛自天开"看成是造园和园林美的最高准则。建筑在空间布局上追求自然灵活，力求曲折变化，参差错落，结合自然的地形因地制宜地设计。中国古典园林也多采用自由多变的建筑群组合，它们的序列展开不受整齐划一的规则式约束，而是自由灵活，运动流畅，空间变化极其丰富多样，建筑物的形式不拘一格，并和自然景物融合在一起，追求一种自然美。如北京颐和园以万寿山南坡的雄伟建筑佛香阁为主体，在其周围布置了大大小小30余座各式建筑物，并以沿昆明湖北岸的长廊联系起来。所有的建筑依山临湖，又和山水、树木相协调，使整个景区自然融洽、色彩丰富、景色壮阔。

中国园林建筑类型丰富，有殿、堂、楼、阁、厅、馆、轩、斋、亭、廊、榭、桥等，以及它们之间的各种组合形式。不论其性质和功能如何，都能与山水、树木有机地结合起来，协调一致，互相映衬，互相渗透。园林中有些景色以山水、植物作为背景，建筑成为构图中心；有些园林建筑与自然山水融为一体，起到画龙点睛的作用。建筑美与自然美相互融合，达到"你中有我、我中有你"的境界。

3.2.2 园林建筑布局

园林建筑的布局是从属于整个园林环境的艺术构思的，是园林整体布局的一个重要组成部分。我国园林崇尚自然，建筑在布局时应服从于整体园林环境。建筑与环境的结合首先是要因地制宜,力求与基址的地形、地势、地貌结合,做到总体布局做到依形就势、依山就势。建筑体量是宁小勿大,富于变化。在园林规划设计中把建筑作为一种风景要素来考虑,使之和周围的山水、岩石、树木等融为一体,共同构成优美景色。而且风景是主体,建筑是其中一部分。

园林建筑就是景点,"景为人用,人在景中"。由于人与建筑的关系极为密切,因此,建筑空间就是游人活动、休息、赏景的空间,在规划布局时,要考虑到符合游人的心里、生理、意愿的需求,应符合人性化的要求。我国园林历史悠久,类型多样,园林建筑在性质和内容上也有所不同。根据园林类型的不同,园林建筑在布局方式上大体有几下几种:

(1)皇家园林建筑布局

皇家园林建筑具有因地制宜的总体布局,富于变化的群体组合,将较明确的轴线关系或主次分明的多轴线关系带入到因山就势、巧若天成的造园理念中。

我国清代皇家园林,均选择在郊区风景秀丽的地段建造,得自然山水之利。为满足封建帝王宫廷生活的需要,园中的建筑数量多,类型复杂,规模与尺度较大,风格端庄持重,色彩富丽浓艳。在园林内部,由于占地广,空间范围大,具有各种山水地貌,为满足游赏的需要,建筑常以大分散、小集中、成组成团的形式进行布局。

北京颐和园是我国最大的皇家园林,集传统造园艺术之大成,借景周围的山水环境,既饱含中国皇家园林的恢宏富丽气势,又充满自然之趣,高度体现了"虽由人作,宛自天开"的造园准则。万寿山、昆明湖构成其基本框架。园中主要景点大致分为3个区域:以庄重威严的仁寿殿为代表的政治活动区,是清朝末期慈禧太后与光绪皇帝从事内政、外交政治活动的主要场所。以乐寿堂、玉澜堂、宜芸馆等庭院为代表的生活区,是慈禧太后、光绪皇帝及后妃居住的地方。以长廊沿线、后山、西区组成的广大区域,是供帝后们澄怀散志、休闲娱乐的苑园游览区。万寿山南麓的中轴线上,金碧辉煌的佛香阁、排云殿建筑群起自湖岸边的云辉玉宇牌楼,经排云门、二宫门、排云殿、德辉殿、佛香阁,终至山巅的智慧海,重廊复殿,层叠上升,贯穿青琐,气势磅礴。建筑群依山而筑,万寿山前山,以八面三层四重檐的佛香阁为中心,组成巨大的主体建筑群(图1-3-13)。

(2)私家园林建筑布局

我国私家园林主要分布于江南地区,其形式多是宅园一体,将自然山水浓缩于住宅之中,是可居、可赏、可游的城市山林空间。江南园林的叠山石材以太湖石和黄石为主,宜仿真山峰峦之势。园林建筑以形式多样来适应园主人日常游憩、会客、宴友、读书、听戏等的要求。我国私家园林用地范围有限,缺乏真山真水,周围环境也较为封闭,所以建筑体量较小,建筑色彩素雅,以灰、白、褐色等为主,体现江南水乡文人气息。住宅中的庭院位于厅堂或书房前后,其中种植花木,点缀山石,或开小池,或建亭廊。各种木装修、家具、砖雕、漏窗、月洞、匾联、花街铺地等均能显示其精致的艺术水平。并在院角、墙边、廊侧、厅旁的小空间内散植花木,配以假山石,构成小景画面,使人流连忘返。

中国私家园林由于庭院空间较小,平面简单,建筑布局以静观为主。在建筑布局上的主要特点是:建筑开路,统一安排,疏密得当,曲折多变。

苏州拙政园是江南园林的代表,也是苏州园林中面积最大的古典山水园林。拙政园的

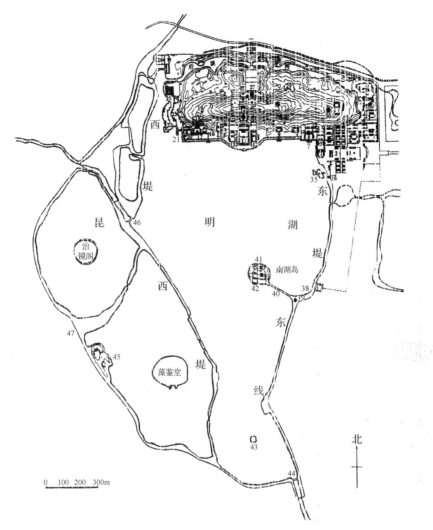

图 1-3-13 北京颐和园建筑布局

1. 东宫门 2. 仁寿殿 3. 玉澜堂 4. 宜芸馆 5. 德和园 6. 乐寿堂 7. 水木自亲 8. 养云轩 9. 无尽意轩
10. 写秋轩 11. 排云殿 12. 介寿堂 13. 清华轩 14. 佛香阁 15. 云松巢 16. 山色湖光共一楼
17. 听鹂馆 18. 画中游 19. 湖山真意 20. 石丈亭 21. 石舫 22. 小西泠 23. 延清赏 24. 贝朗
25. 大船坞 26. 西北门 27. 须弥灵境 28. 北宫门 29. 花承阁 30. 景福阁 31. 益寿堂 32. 谐趣园
33. 赤城霞起 34. 东八所 35. 知春亭 36. 文昌阁 37. 新宫门 38. 铜牛 39. 廊如亭 40. 十七孔长桥
41. 涵虚堂 42. 鉴远堂 43. 凤凰礅 44. 绣绮桥 45. 畅观堂 46. 玉带桥 47. 西宫门

布局疏密自然，其特点是以水为主，水面广阔，景色平淡为真、疏朗自然。它以池水为中心，楼阁轩榭建在池的周围，其间有漏窗、回廊相连，园内的山石、古木、绿竹、花卉，构成了一幅幽远宁静的画面，代表了明代园林建筑风格。拙政园形成的湖、池、涧等不同的景区，把风景诗、山水画的意境和自然环境的实境再现于园中，富有诗情画意。森森池水以闲适、旷远、雅逸和平静氛围见长，曲岸湾头，来去无尽的流水蜿蜒曲折、深容藏幽而引人入胜；平桥小径为其脉络，长廊透迤填虚空，岛屿山石映其左右，使貌若松散的园林建筑各具神韵。中部是拙政园的主景区，为其精华所在。总体布局以水池为中心，亭台楼榭皆临水而建，有的亭榭则直出水中，具有江南水乡的特色。池广树茂，景色自然，临水布置了形体不一、高低错落的建筑，主次分明。总的格局仍保持明代园林浑厚、质朴、疏朗的艺术风格（图1-3-14）。

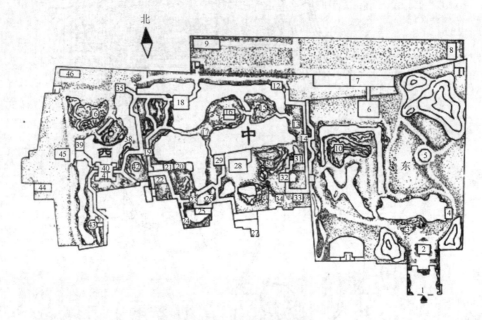

图1-3-14　拙政园建筑布局

1. 大门　2. 兰雪堂　3. 缀云峰　4. 芙蓉榭　5. 天泉亭　6. 秫香馆　7. 办公区　8. 工作间　9. 花房　10. 放眼亭　11. 涵清亭　12. 绿漪亭　13. 梧竹幽居　14. 倚虹亭　15. 待霜亭　16. 雪香云蔚亭　17. 荷风四面亭　18. 见山楼　19. 别有洞天　20. 香洲　21. 澂观楼　22. 玉兰堂　23. 得真亭　24. 志清意远　25. 小沧浪　26. 听松风处　27. 二门　28. 远香堂　29. 倚玉轩　30. 绣绮亭　31. 海棠春坞　32. 玲珑馆　33. 听雨轩　34. 嘉实轩　35. 倒影楼　36. 浮翠阁　37. 笠亭　38. 与谁同坐轩　39. 留听阁　40. 卅六鸳鸯馆　41. 十八曼陀罗花馆　42. 宜两亭　43. 塔影亭　44. 花房　45. 接待室　46. 花房

(3) 风景名胜园林建筑布局

风景名胜园林是以自然山水为基础，建筑的布局主要是因景而设，从观景和点景两个角度进行设计。建筑与自然山水环境结合，顺其自然，依山就势，傍水而建进行布局。风景名胜区园林根据其自然景色的不同特点，划分为不同景区。每个景区在最能形成"景"的地方常建有以建筑为中心的小园林或独立的点景建筑物，即景点。它是自然风景区的精华、核心，一般都控制着一个具有明显静观特色的环境范围。风景名胜区的园林建筑布局主要表现为在划分景区的基础上，选择好景点的位置，依据这些景点所处的自然景色的特点及地形条件合理地进行布局。

杭州西湖是我国著名的风景名胜园林之一，在自然景色中依山傍水散布着许多文物古迹和景观建筑，形成各具特色的景点。许多景点，如西泠印社、黄龙洞、平湖秋月等以西湖为中心，根据每个景点的特色，分别设计不同建筑布局。

西湖位于杭州城西，三面环山，东面濒临市区。苏堤和白堤将湖面分成里湖、外湖、岳湖、西里湖和小南湖5个部分。西湖处处有胜景，概括起来西湖风景主要以一湖、二峰、三泉、四寺、五山、六园、七洞、八墓、九溪、十景为胜。西湖十景形成于南宋时期，基本围绕西湖分布,有的就位于湖上,分别是苏堤春晓、曲苑风荷、平湖秋月、断桥残雪、柳浪闻莺、花港观鱼、雷峰夕照、双峰插云、南屏晚钟、三潭印月,它们各擅其胜,组合在一起又能代表古代西湖胜景的精华。不同的园林建筑分布于胜景之中,起到了画龙点睛或主题景观的作用,如"断桥残雪"胜景中的断桥、"雷峰夕照"胜景的雷峰塔等。长 1km 的云栖竹径,两旁翠竹成荫,小径蜿蜒深入,潺潺清溪依径而下,娇婉动听的鸟声自林中传出,整个环境幽静清凉,与闹市相比,使人感到格外舒适轻松,赏心悦目(图 1-3-15)。

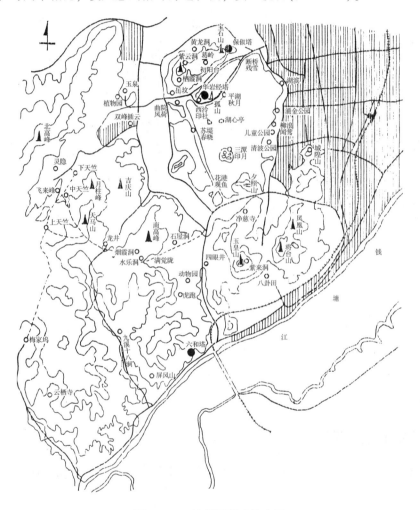

图 1-3-15　杭州西湖建筑布局

(4)寺观园林建筑布局

寺观园林结合自然环境,巧妙地进行建筑布局。其占有"地偏为胜"的有利条件,在布局上以依山就势、随地势构筑为基本原则。由于结合了不同的自然地形,因地制宜,从而创造出各具地域特色的寺观园林。风景名胜园林中每一座寺观即是一个"点",它们分别占有风景区中各具景观特色的景域,游览路线又把这些"点"联系起来,形成一个景接一个景的观赏整体面,这种布局方式可概况为以线连点、以点带面。寺观园林中的建筑布局大体有以下特点:因势而筑,与环境融为一体;突出重点,以殿堂为中心向纵、横发展;以楼、阁、塔作为点缀，丰富建筑群的造型轮廓；运用空间序列，突出寺观园林各个景点的特色。

山西晋祠博物馆的建筑布局就是重点突出，以殿堂为轴线中心。晋祠从屋宇式的大门入口开始，各景点之间都互为对景，并且都处于中轴线上。水镜台→会仙桥→金人台→献殿→鱼沼飞梁→圣母殿，其中圣母殿是主景，不仅是园内最古老、最壮丽的大型建筑，也是国内较大的宋代建筑。它是重檐歇山顶建筑，面阔七间，进深六间，殿身周围建有回廊，处于中轴线的端点（图1-3-16）。

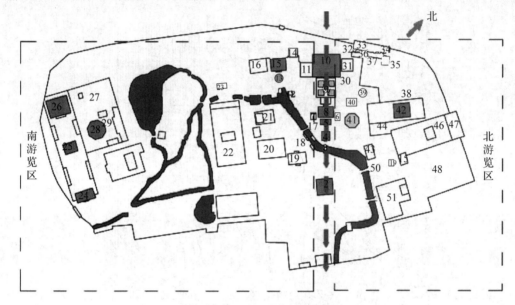

图1-3-16 山西晋祠建筑布局

1. 大门 2. 水镜台 3. 会仙桥 4. 金人台 5. 对越坊 6. 钟楼 7. 鼓楼 8. 献殿 9. 鱼沼飞梁 10. 圣母殿 11. 驺台庙 12. 真趣亭 13. 难老泉 14. 公输子祠 15. 水母楼 16. 难老艺苑 17. 双桥挂雪 18. 流碧榭 19. 胜瀛楼 20. 傅山画馆 21. 三圣祠 22. 晋溪书院 23. 王琼祠 24. 景清门 25. 奉圣寺 26. 芳林寺大殿 27. 留山园 28. 舍利塔 29. 浮屠院 30. 周柏 31. 苗裔堂 32. 老君堂 33. 顾亭 34. 三台阁 35. 待凤轩 36. 朝阳洞 37. 开源洞 38. 景宜园 39. 善利泉 40. 松水亭 41. 莲池映月 42. 唐督虞祠 43. 钧天乐台 44. 唐碑亭 45. 东岳庙 46. 关帝庙 47. 三清洞 48. 昊天洞 49. 工艺门市部 50. 锁虹桥 51. 文昌官

3.2.3 建筑的造景手法

园林空间中园林建筑常借助各类园林造景手法来丰富园林环境，美化园林构图。园林中常借助的造景手法有以下几种：

（1）主景

在园林中起控制作用的景称为主景，它是整个园林空间或局部空间的重点、核心、主题，是全园或局部景区的焦点。通常主景设计为楼、阁等建筑，为突出主景常使其地势升高或降低，处于轴线位置，占据重心，成为视线交点。例如，北京颐和园佛香阁位于万寿山前山中央部位，运用了主体升高的方法。它是全园的建筑中心，组成巨大的主体建筑群，华丽雄伟、气势磅礴，形成了一条层层上升的中轴线。

（2）对景

对景就是园林内的主要观景点与游览路线的前进方向所面对的景物，可在轴线或风景线的端点设计景物。设于游览路线前方的对景为正对景观；在风景视线两端分别设景的为互对景观。例如，北京颐和园佛香阁与龙王庙形成正对景观，显得端庄严正；由知春亭看佛香阁形成侧对景色，有"犹抱琵琶半遮面"的艺术效果；佛香阁与十七孔桥形成互对景观，达到有景可赏的效果。

（3）框景

利用门框、窗框、亭廊等建筑、山石、树冠的缝隙所形成的框，有选择地将园林景色作为画框中的风景，这种组景的方法即为框景。游人可通过框欣赏景色。框景能将园林绿地的自然美、建筑美、艺术美高度统一，高度提炼，巧妙融合。例如，苏州拙政园中的枇杷园，通过"晚翠"圆洞门，望见池北雪香云蔚亭掩映于林木之中，形成良好的框景效果，增加了空间层次感，增强了拙政园的景观效果。

（4）隔景

隔景是指利用漏窗、景墙、栏杆、廊、花架等建筑和山石、树丛、绿篱将园林分为不同的景区，形成不同空间效果的方法。隔景能够避免各景区的相互干扰，增加园景构图层次，达到小中见大的效果。隔景可利用山石、园墙、建筑等隔断视线，为实隔；可利用廊、花架、漏窗、树木等构成通透空间，为虚隔；还可利用桥梁、林带等构成若隐若现的效果，为实虚隔。例如，苏州拙政园的水池中，有两个起伏的岛屿，将水面分隔成南北两个景区，北面景区呈现出山清水秀的江南水乡情调，南面景区则呈现出峻峭山色，形成两种不同风格的景色。两区之间通过两岛相连的山凹之处，可以互相透漏，形成了既隔又连、富有空间层次变化的优美景观。

（5）障景

障景是指利用屏障景物，抑制游人游览视线，屏障空间，引导游览路线的景物。障景的高度通常要高于人的视线，如假山、树丛、照壁等是园林建筑中常用的景物。障景是我国造园的特色之一，使人的视线因空间拘束而受抑制，达到欲扬先抑的效果，"山重水复疑无路"，给人有遐想的空间。例如，无锡寄畅园入口的障景是一座绵延的假山，八音涧作为入园的前奏，出八音涧，眼前突然一亮，是一个南北长、东西窄的水面，其池水的北面，建有七星桥和廊桥，曲折幽深，令人难以猜测水流的去向。沿池还建有郁盘亭、知鱼槛、清响月洞、涵碧亭等建筑，丰富的园景令水面显得分外宽阔，极尽曲岸回沙的艺术效果。

（6）引景

引景是采用门、窗、洞口等框景手段，把相邻空间的景色引入到室内，所引的景是间接的。在处理整体空间时，可将室外景物引入室内，或把室内景物延伸到室外，使园林景色与建筑空间更好地穿插融合为有机的整体。例如，北京北海濠濮间位于北海东侧，坐落于一个突起的山丘上。其空间处理很好地运用了引景。建筑本身平面布局并不奇特，但通过游廊连接建筑物，呈曲尺形，属于外向布局形式，较为开敞，并将四周景物引入。

（7）借景

根据园林造景的需要，将园外景物借到园内可视范围，成为园景的一部分，达到收无限于有限的目的,称为借景。借景能扩大空间,丰富园景,增加空间变化。借景的内容包括借形、声、色、香组景,借景的方法有远借、邻借、仰借、俯借、应时而借。借景的目的是借形、声、色、香增添艺术情趣,丰富园林构图。借景可将建筑物、山石、植物等借助漏窗、门洞、树木等纳入画面,并通过一定的声、色、香使组景效果更加自然、完美。例如,苏州拙政园就很好地运用了借景。荷风四面亭邻借雪香云蔚亭、香洲之景,远借浮翠阁、倒影楼景色,仰借蓝天之色,俯借荷花池景色,池水清澈广阔,遍植荷花,因四季景色各不相同而借景。通过借景创造出景外有景,处处生情,面面皆诗,含蓄曲折,余味无尽的意境。

3.3 园林建筑空间

园林建筑作为公共建筑的特殊形式,不仅要遵循建筑的基本构成特征,赋予空间某种特定的使用功能,而且还得满足园林环境中的造型美、意境美、灵活性、艺术性等要求,因此,园林建筑空间的塑造要虚实结合,以人为本,曲直有度,层次错落。空间大小应根据空间的功能要求和艺术效果而定,塑造不同个性的建筑空间需要采用不同的处理方式,空间处理应从单个的空间本身和不同空间之间的相互关系两方面考虑。单个空间应注意处理好空间的大小与尺度、封闭围合性、构成方式、构成要素的特征(如形状、色彩、大小、质感等)、空间所要表达的意境等;多个空间的处理则应注意空间之间的融合、渗透、对比、序列连续等。

3.3.1 园林建筑空间及空间对比

为创造丰富多彩的园景和给人以视觉上的享受,中国园林建筑的空间组织常采用对比手法。在不同的景区之间、两个相邻而内容又不尽相同的空间之间,在一个建筑组群的主、次空间之间,都常形成空间上的对比。园林建筑空间的对比主要包括体量的对比、形状的对比、虚实的对比、明暗的对比、建筑与自然景物的对比等几方面。

空间是通过人的视觉感受的,园林建筑空间是以游人的某一视点为中心,以阻挡游人视线的建筑实体为界面所围合成的空间。空间上的对比体现在两个不同的景区之间,两个类别不同而又相互毗邻的空间之间,一个建筑群的主次空间之间,同一个建筑个体的不同位置之间。

中国园林建筑空间对比的主要内容有空间大小的对比、空间虚实对比、幽深空间与开阔空间的对比、空间形体的对比、主次空间的对比、空间色彩的对比、空间层次的对比、纵深空间与横向空间的对比等。主次空间产生的对比,也是园林建筑空间对比的一种手段。在中国园林之中,一般有主次景点、主次景区、主次园林空间之分,只要分清园林建筑空间的主次地位,然后在建筑的体量、尺寸、形体、色彩上加以渲染,即可形成一种主次建筑空间的对比效果。

(1)空间体量的对比

园林建筑空间体量的对比,主要包括各个单体建筑之间的体量大小对比和由建筑物围合的庭院空间之间的体量大小对比。通常是用小的体量来衬托和突出大的体量，使空间富于变化，有主有从，重点突出。

巧妙地利用空间体量大小的对比关系可以取得小中见大的艺术效果。常采用欲扬先抑的方法，人们通过小空间转入到相对大的空间，由于瞬间大小对比强烈，会使原本不太大的空间显得特别开阔。一个体量较大的建筑在几个体量较小建筑的衬托下，会显得更大。因此，在建筑构图中常用若干较小体量的建筑与一个较大体量的建筑进行对比，以突出主题，强调重点。

许多传统名园采用空间体量对比的手法，如苏州网师园占地面积仅约 5000m^2，其布局就是一个相对较大的院落空间与园中其他小院落空间形成强烈的对比，从而突出主体空间。水池面积约 300m^2，水池周边建有亭、廊、楼、阁、石桥等临水建筑。水池体量较小，但显得十分开阔，且有源远流长之感。东侧厅堂部分院落采用小空间的形式，建筑较为密集。由厅堂转入主庭院后，空间在明暗、大小、收放、严整与自然等各方面，都采用了较强的对比手法，增加了空间层次感，增添了艺术感染力，达到了小中见大的效果。

(2) 空间形状的对比

园林建筑空间形状的对比，一是单体建筑之间的形状对比，二是建筑围合的庭院空间的形状对比。空间形状的对比往往形成空间的开合变化，设计要处理得当，以达到良好的赏景效果。如苏州拙政园，从大门进入后首先有一座假山作为障景，然后经过曲折的游廊，穿插于狭长的园林空间中，之后进入主体建筑——远香堂，园内的景物基本以360°全景展开。经过这一收一放，园林的空间显得更加幽邃深远。

幽深空间与开阔空间也可以产生对比效果，空间形态处理得当，会有另一番滋味。如颐和园山前湖景区的开阔与后湖景区的幽深形成了鲜明的对照。不同建筑类型在园林中采用不同的布局形式，这样在园林建筑的空间上可以产生许多丰富的对比变化。规整与不规整建筑物融合，大型建筑与小品相互搭配，游赏性建筑与服务性建筑的有机结合以及建筑物与周围环境的有机统一等，属于园林建筑空间的形体对比。

(3) 空间虚实的对比

建筑空间的虚实对比在中国园林中运用也较多。一般而言，对于一个单体建筑而言，门窗是"虚"，墙体是"实"；对于建筑与其周围的景物而言，如果建筑空间被认为是"实"，则建筑周围的环境以及它们所围合的空间是"虚"，一些半开半闭的建筑在其中就构成了半虚半实的空间。此外，空间虚实的对比还表现在建筑物的质感、形体、色彩等的变化，中国的园林建筑空间大多为半虚半实有机组合的整体。

园林建筑与池水、山石构成的园林外部空间、园林建筑自身的空间，以及园林建筑之间的空间都存在着虚实的关系。有时在光线的作用下，水面与建筑物之间可产生虚实对比关系，在园林建筑空间处理时，可利用它们之间的明暗虚实关系，以及建筑物与水面倒影的虚实关系来创造各种艺术意境。

为了求得空间的虚实对比，应避免虚实各半、平分秋色，应力求使其一方居主导地位，而另一方居从属地位；其次，还应使虚实两种因素互相交织穿插，并做到虚中有实、实中有虚。有些建筑由于功能要求形成大片实墙，但艺术效果不需要强调实墙面的特点，注重虚实结合的效果，所以常设漏窗、花格、门洞等，或以空廊代之，利用虚实对比的方法打破实墙的沉重与闭塞感，使得另一空间的光影和景色可以漏得进来，使空间之间相互融合渗透。

(4) 建筑与自然景物的对比

在园林建筑设计中，严整规则的建筑物与形态万千的自然景物之间包含着形态、色彩、质感等种种对比因素，可以通过对比突出构图中心，获得良好的静观效果。建筑与自然景物之间的对比，也是有主有从的，或以自然景物烘托突出建筑，或以建筑烘托突出自然景物，使二者结合形成和谐的整体。风景区中，亭、楼、阁、水榭等建筑空间是主体，四周自然景物是陪衬；利用建筑物围合的庭院空间环境，则水池、山石、树丛、花木等自然景物是赏景的兴趣中心，建筑物反而成了烘托自然景物的背景和陪衬了。

园林建筑空间在大小、形状、虚实、色彩、建筑与自然景物等方面的对比手法，经常互相联系、互相渗透、交叉运用，使园林建筑空间层次错落、灵活多变、幽邃深远，达到园林建筑实用功能与造景功能高度结合的境界。

3.3.2 空间处理手法

在园林建筑空间处理上，尽量避免轴线对称、整形布局，而力求曲折变化、参差错落。空间布局要灵活，忌呆板，追求空间流动，虚实穿插，互相渗透，并通过空间的划分，形成大小空间的对比，增加空间层次，扩大空间感。运用空间的"围"与"透"，使建筑空间互相流通、渗透，内外空间相融合。

为使游人在园林环境中有较好的视觉效果，需精心组织空间序列。即将一系列不同形状、不同性质的空间按一定的观赏路线有秩序地贯通、穿插、组织起来，使园林空间更加富于层次变化、曲折变化。空间序列常表现为对称规则式和自然式。

3.3.2.1 园林建筑空间的围合

园林建筑空间常利用一些墙体、栏杆、游廊、花架、假山石、树木、展览栏等来围合空间，使其构成不同的可游、可憩、可赏的特色空间。这种空间具有不同的大小、形状、高低、色彩、气氛等特征，根据视点的变化，其外部也发生着空间节奏韵律的改变。

(1) 由建筑物围合而成的庭院空间

①由建筑物围合而形成的庭院空间是我国古典园林建筑常用的造园手法。庭院可大可小，围合庭院建筑物的数量、面积、层数均随环境而定；布局可以是单一庭院，也可以由几个大小不等的庭院组合、穿插、渗透而形成统一的空间。

②由建筑物围合而成的庭院，在传统设计中大多是以厅、堂、轩、馆、亭、榭、楼、阁等单体建筑为主体，利用廊、院墙、园路等来连接围合而成，并尽可能使其曲折变化，参差错落，丰富观景效果。

③由建筑物围合的庭院空间，一方面要使单体建筑配置得体，主从分明，重点突出；另一方面则要善于运用廊、桥、墙、路等线形建筑，联系空间，组织构图，点线结合，动静相随，使园林景观富于丰富变化。

(2) 由建筑物围合而成的天井式空间

①天井式空间属于庭院空间的一种，但还有所区别。一是空间体量较小，只宜采用小

品性的绿植和造景；二是在建筑整体空间布局中，多用以改善局部环境，作为点缀和装饰用。人工照明和玻璃天窗采光的室内景园也属此空间。

②小天井庭院空间的景物更加强调内聚性。利用明亮的小天井与四周相对的阴暗空间所形成光影的对比，会获得意想不到的奇妙景观效果。

（3）由建筑物围合而成的小广场空间

①在小广场周边常利用坐凳、栏杆、展览栏、绿篱、花坛等围合形成小广场空间，半封闭半开敞，虚实结合，围透结合。

②由建筑物围合所形成的小广场空间内，可开展文化娱乐活动，如聊天、跳舞、踢毽子、下棋、打牌等，也可就座休息，构成可游、可憩、可赏的空间。

总之，园林中利用建筑物来围合空间是十分自由灵活的，因景而异，围景处理得当，整个园林空间会显得自然活泼，生动有趣。

3.3.2.2　园林建筑空间的渗透与层次

园林建筑空间布局为了避免单调，并获得建筑及其周围环境空间的变化，除采用对比手法外，还经常会组织空间的渗透与层次。空间无论大小，在设计时都要布局合理，有空间的分隔和层次，获得更优美的画面，游人置身于层次丰富变化的空间中，使其在目不暇接的视觉感受过程中忘却空间的大小限制。因此，处理好空间渗透与层次，可以突破有限空间的局限性，取得大中见小、小中见大的变化效果，从而增强艺术的感染力。我国许多占地面积不大的古典园林，在空间处理中常采用渗透与层次的手法，营造出视觉感受较为开阔的空间（图1-3-17）。

图1-3-17　园林建筑空间的渗透

相邻空间的渗透与层次主要是利用门、窗、洞口、空廊等作为相邻空间的联系媒介，使空间彼此渗透，增加空间层次。

（1）利用对景

①利用对景渗透是指在特定的视点，通过门、窗、洞口，从一个空间欣赏另一个空间的特定景色。

②对景景物的选择和处理很重要，所组成的景色画面构图必须完整优美。视点、门、窗、洞口和景物之间要形成一条固定的欣赏视线。

③可以利用门窗洞口的形状和式样来加强画面的装饰效果，其式样与尺寸应服从艺术和意境的需要，切忌随意套用。

④注意推敲景框与景色对象之间的距离和方位，使其在主要视点位置上能获得最理想的画面。

(2) 利用流动景框

①利用流动景框渗透是指人们在流动中通过连续变化的景框而观景，从中获得多种变化着的画面，取得扩大空间的艺术效果。

②在水面上的船舱中就座可透过一个固定的花窗观赏流动的景色，以获取多种画面。

③在平地，由于建筑物不流动，而又想达到流动观景的目的，只能在人的游览路线上考虑。可以通过设置一系列不同形状的门窗、洞口去摄取景框外的各种不同的风景画面。

(3) 利用空廊

①利用空廊渗透是指人们通过空廊分隔空间，使两个相邻空间通过互相渗透把另一空间的景色吸收进来，以丰富画面，增添空间层次，取得交错变化的效果。

②利用空廊互相渗透时，廊不仅要在功能上起联系交通的作用，还要作为分隔建筑空间的重要手段，使其通过分隔空间达到丰富空间层次，互相渗透的效果。

③利用廊分隔空间形成渗透效果，要注意推敲视点的位置、透视的角度、廊的尺度及其造型的表现。

(4) 利用曲折、错落

①相邻空间可利用曲折、错落、变化增添空间层次。在园林建筑空间组合中采用高低起伏的曲廊、折桥、弯曲的池岸、自然的山石等景物来划大为小，分隔空间，增添空间层次与渗透。

②在整体空间布局上，常把各种建筑物和园林环境进行曲折变化、高低错落的布置，以求丰富空间层次。尤其是在利用厅、堂、亭、廊、榭、楼、阁等单体建筑围合庭院的空间处理上，更需曲折变化，参差错落。

③在处理空间曲折、错落变化时，应曲折有度，错落合理，在功能与视觉上能够使人获得优美的画面和高雅的情趣。

④在空间曲折、错落的设计中，要把握好曲折的方位、角度和错落的距离、高度、尺寸等。

建筑空间室内外的划分是由传统的房屋概念所形成的。所谓的室内空间一般是指具有顶、墙、地围护的内部空间，在其外并与之相联系的空间称为室外空间。园林建筑室内外空间的处理要得当，既要使室内空间灵活多变，又要与室外空间环境相协调。

在以园林建筑围合的庭院空间布局中，中心露天庭院一般视为室外空间，四周围合的厅、堂、亭、廊、榭、楼、阁等单体建筑视为室内空间；还可将厅、堂、亭、廊、榭、楼、阁等单体建筑所围合的空间作为一个无顶的半封闭的"室内"空间，庭院之外则为"室外"空间；同理，还可把由建筑组群围合的整个园内空间视为"室内"空间，把园外空间视为"室外"空间。因此，室内外空间是相对而言的，在空间处理时可将室内外空间相互渗透。

3.3.2.3 园林建筑空间的序列

园林建筑空间的设计，需要从总体上考虑空间环境的组织程序，使之在功能和艺术上均能获得良好的效果。将一系列不同形状、不同性质的空间按一定的观赏路线有序地贯穿、组织起来，就形成了空间的序列。在园林中，如果能巧妙地组织园林空间，精心地组织好园林空间的序列，就能够使得园林景观更加丰富，从而激发游人游览的兴趣，满足游人的赏景要求。在一些风景区中，为赏景和短暂歇息而设置亭、廊、榭等建筑，它们的空间序列较简单，主题作为点景，多集中在建筑物上，四周配以山石、溪泉、板桥、树丛、草坪、石阶等，道路、广场、长廊的走向、形状等要精心设计，在连续的空间序列中不断展开优美的风景画面（图1-3-18）。

图1-3-18　园林建筑空间序列的延伸

北海公园的白塔山东北侧有一组建筑群，空间序列的组织先由山脚攀登至琼岛春阴，次抵见春亭，穿过洞穴上楼为敞厅、六角小亭、与院墙围合的院落空间，再穿过敞厅旁曲折洞穴至看画廊，可眺望北海西北角的五龙亭、小西天、天王庙、远处的钟鼓楼等许多秀丽景色，沿弧形陡峭的爬山廊再往上攀登，达交翠亭，空间序列到此结束。这就是一组沿山地高低布置的建筑群体空间，在艺术处理手法上，随地势高低采用了形状、方向、显隐、明暗、收放等多种对比处理手法，从而获得了丰富的空间变化和迷人的画面。主题思想是赏景寻幽，功能是登山的交通道，因此，不需要有特别集中的艺术高潮，主要依靠别具匠心的各种空间序列的安排，以及各空间序列之间有机和谐的联系而取得美感。

中国园林建筑空间序列是一连串室内空间与室外空间的交错，包含着整个园林的范围，层次多，序列长，曲折变化，幽邃深远。主要表现为以下两种方式：

(1) 对称规则式空间序列

规则式空间序列，是以一条主要轴线贯穿整个建筑空间向纵深发展，此过程有发展、高潮、结尾，且这种序列观赏路线沿着中轴延伸，给人庄严肃穆之感。对称规则式空间序列的显著特点是观赏路线一般沿中轴布置，因此，一进进庭院和一座座建筑物都是一点透视的对称效果，显得比较庄重。例如，北京颐和园万寿山前山中轴部分排云殿—佛香阁一组建筑群，从临湖的云辉玉宇牌楼起，经排云门、二宫门、排云殿、德辉殿至佛香阁，穿过层层院落，地形随山势逐层升高，至佛香阁大平台提高约40m，平台上的佛香阁为全园山湖景区的构图中心。其后的众香界、智慧海则是高潮后的必要延续。

(2) 不对称自由式空间序列

不对称、不规则的空间序列，空间布局较自然，以迂回曲折见长，其轴线是一个循环的过程，在其空间中有若干个重点空间，在这些重点空间又有一个重点作为高潮，这种形式在我国园林建筑空间中大量存在。例如，苏州留园入口部分的空间序列处理上，轴线的曲折，围透的交织，空间的开合、明暗的变化，都运用得极为巧妙。它从园门入口到园林内的主要空间之间，由于建筑空间处理手法恰当和高明，使这条两侧有高墙夹峙、由厅门和甬道分段连续而成的长约50m的建筑空间形成大小、曲直、虚实、明暗等不同空间效果的对比。这条狭长的空间并不显得单调，而总是高潮迭起，非常吸引游人。

园林建筑空间序列一般都是多种形式并用，不论是对称规则式的空间，还是不对称、不规则的空间，都可以将其有序地组合起来，形成一个完整的空间序列。为了增强艺术表现力，园林建筑在组织空间序列时，应综合运用空间对比、空间的相互渗透等设计手法，并注意处理好序列中各个空间在前后关系上的连接与过渡，形成完整而连续的观赏过程，获得多样统一的视觉效果。

3.3.2.4 建筑空间序列的运用手法

（1）组织恰当的路线

园林建筑空间是供游人游览、活动、休息、赏景的空间，所以建筑空间在设计时既要符合功能的人性化原则，又要让游人游览时步步有景，因此，环境优美的建筑空间，恰当的游览路线，是园林空间序列的重要因素。

（2）利用空间大小对比手法

①园林建筑空间无论采用何种空间序列，设计时都会运用到空间对比和层次处理的手法。

②利用空间的大小对比来取得艺术效果，多用小空间，突出大空间，以形成艺术高潮和构图中心。

③利用不同大小的建筑体量对比，取得较好的艺术效果。较大体量的建筑容易形成构图中心，而体量小巧造型精美的建筑也可形成风景序列供游人欣赏。

（3）利用空间方向变化手法

建筑空间序列可利用空间方向的变化取得艺术效果。空间轴线有横有竖，有曲有直，它们彼此有规律地交织在一起，既对比又和谐，力求建筑空间各部分相互融合，构成和谐的整体空间。

（4）利用空间明暗对比手法

可利用空间明暗对比取得空间层次变化的艺术效果，在园林中通常用暗的空间来衬托明的空间，因为明的空间一般是艺术体现的重点和主题，通过先收后放的手法，达到欲扬先抑的赏景效果。

（5）利用空间地势对比手法

①利用空间地势的高低对比来组织空间序列。通常利用低地衬托高地，使其成为构图中心，或利用高地来衬托低洼的地势，使其成为游人视线的交汇点。

②利用地势高低可使园林建筑空间序列具有高低起伏、层次错落的景观效果。

3.4 园林建筑的尺度与比例

园林建筑中的尺度和比例是受多种因素影响的。无论是面积较大的皇家园林，还是精巧的私家园林，它们各自之间的比例和尺度，与周围环境之间的比例和尺度都是相协调的。

3.4.1 尺度

园林建筑中的尺度是指建筑空间的各个组成部分与具有一定自然尺度的物体的比例，是设计时不可忽视的一个重要的因素。建筑的功能、审美观念和环境特点是决定建筑尺度的依据，正确的尺度应与建筑的功能、审美要求相一致，并与环境相协调。园林建筑是供人们休憩、游乐、赏景的场所，空间环境应轻松活泼，富于情趣和艺术氛围，所以尺度必须亲切宜人。

3.4.1.1 园林环境中的尺度

园林空间环境中不仅包括园林建筑，还有山石、水体、植物等造园要素。因此，要研究园林建筑的尺度，除要考虑建筑物和周围景物自身的尺度外，还要考虑它们之间的尺度关系。山水是自然要素，建筑在结合山水设计时尺度要合宜。用高大乔木或低矮的灌木丛、小巧玲珑的曲桥或平直的宽阔的石拱桥来组织空间，在尺度效果上是完全不同的。一般建筑的尺度，需要注意门、窗、墙阶、柱廊等各部分的尺寸以及它们在整体上的相互关系，如果这些关系符合人们的习惯和视觉感受，可给人以亲切感。如面对宽广的昆明湖，就需要尺度宏大的佛香阁建筑群与之配合，才能构成控制全园景色的主景线；面对网师园小巧的水池，则应设计体量精巧的亭、廊等与之相吻合。

3.4.1.2 尺度的设计

（1）人与空间尺度

人的尺度即人体工程学，是指人与其他物体、空间之间的关系。设计建筑物时首先要符合人体工程学，尺度合宜，还要满足人的功能要求，如休息、游览、赏景、活动等空间要设计得人性化。

功能、审美和环境特点决定园林设计的尺度。园林中的一切景物、建筑物都是与人发生关系的，都是为人服务的，所以要以人为标准，处处考虑人的使用习惯、与环境的关系。如供成人使用和供儿童使用的座凳，就应该有不同的尺度。人对园林建筑的习惯尺度见表1-3-1所列。

如果人工造景尺度超过人们的习惯尺度，可使人感到雄伟壮观；如果尺度符合一般习惯要求或较小，则会使人感到小巧紧凑，自然亲切。有时为了达到造景效果，园林中采用夸张手法，利用景物将人的习惯尺度放大或缩小。如北京颐和园佛香阁到智慧海的一段假山磴道，其踏步高差设计为300~400mm。这种夸大的尺度增加了登山的难度，利用了人的错觉增强了山和佛寺高耸庄严的感觉。

表 1-3-1　人对园林建筑的习惯尺度

园林建筑	人的习惯尺度
坐　凳	凳面高 350~450mm，儿童活动场坐凳高约 300mm
台　阶	台阶踏面宽 280~400mm，踏面高 120~180mm
栏　杆	围护性栏杆高 900~1200mm，分隔性栏杆高 600~800mm，装饰性栏杆高 200~400mm
围　墙	围护性墙体高度不小于 2.2m
展览栏	展览栏欣赏视线中心距地面 1.5~1.6m，展览窗上下边线宜在 1~2m，展览栏总高度一般为 2.2~2.4m
园　灯	出入口、广场灯柱高 6~8m，一般园路灯柱高 4~6m，小路径灯柱高 3~4m
月洞门	直径约 2m，高约 2m
园　路	主干道宽度：特大型园林 6~8m，大型园林 4~6m；次干道宽度：大型园林 3~4m，中小型园林 2~3m；小路宽度：1.2~2m 或 0.8~1.2m
亭	方亭面宽 2.7~3.6m，六角亭开间 1.8~2.4m，八角亭总面宽（指两个平行面之间）3.6~4.5m；柱高 2.4~3m
廊	开间 2~3m；柱高 2.5~2.8m；进深：两面柱廊 1.8~2.5m，半壁廊 1.2~1.6m，复廊 2.5~3.5m
花　架	开间 2.5~3.5m，柱高 2.5~3.5m，进深 2~4m
大门出入口	大出入口宽 7~8m；小出入口：单股人流 600~900mm，双股人流 1200~1500mm，三股人流 1800~2000mm

（2）建筑尺度要与周围环境相协调

景观建筑所依存的就是环境，我们在设计一个建筑的尺度时，首先要依据环境的大小，将其作为衡量建筑尺度的标准。较大环境空间应设计体量较大的建筑，较小环境空间则应设计体量较小的建筑，这样才能与环境相协调，使人感觉舒服。如北京颐和园是我国最大的皇家园林，其内很多建筑都与环境相协调，以体量大、气势恢宏而著称。位于昆明湖边十七孔桥东端的廊如亭，占地面积 130m²，高约 20m，为八角重檐攒尖顶亭，亭内由 24 根圆柱和 16 根方柱支撑。亭体态舒展开阔，颇为壮观，与开阔的昆明湖相协调，并与十七孔桥、龙王庙相协调。

园林建筑空间尺度是否正确，没有一个绝对的标准，不同的艺术境界要求有不同的尺度。要想取得理想的亲切尺度，一般除考虑适当地缩小建筑体的尺度使建筑物与山石、树木等景物配合协调外，室外空间大小也要处理得当，一般不宜过分空旷或闭塞。过分空旷显得室外空间太单调、太呆板、缺少生机；过分闭塞又使得室外空间过于狭窄，给人一种沉闷的感觉。中国古典园林中的游廊，多采用小尺度的做法，廊宽一般 1.5m 左右，高度伸手可及横楣，坐凳栏杆低矮，一排或两排细细的柱子支撑着不太厚的屋顶，给人一种空灵之感，游人步入其中倍感亲切、舒适。此外，在建筑庭院中还常借助小尺度的游廊烘托较大尺度的厅、堂等主体建筑，并通过这样的尺度处理，来取得更为生动的效果。要使建筑与自然景物尺度协调，还可以把建筑上的某些构件，如柱子、屋顶、基座、踏步等直接用自然的山石、树枝等来替代，使建筑和自然景物更加相互交融。

（3）园林建筑空间赏景的视觉规律

①赏景最佳视域　人在观赏前方的景物时的视角范围称为视域。人眼的视域为一个不规

则的圆锥体。人的正常静观视域在垂直方向上为 130°，在水平方向为 160°，超过以上视域则要转动头部进行观察，此范围内看清景物的垂直视角为 26°~30°，水平视角约为 45°（图 1-3-19 至图 1-3-22）。最佳视域可用来控制和分析空间的大小与尺度，确定景物的高度和选择观景点的位置。如苏州网师园，从月到风来亭观赏对面的射鸭廊、竹外一枝轩和黄石假山时，垂直视角为 30°，水平视角约为 45°，均在最佳视域范围内，观赏效果较好。

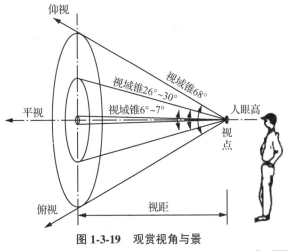

图 1-3-19　观赏视角与景

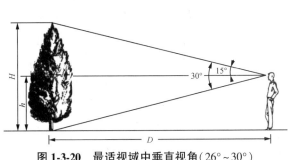

图 1-3-20　最适视域中垂直视角（26°~30°）

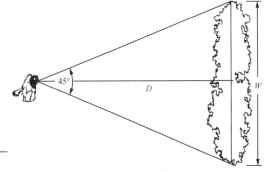

图 1-3-21　最适视域中水平视角（45°）

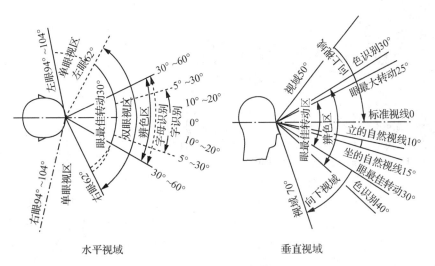

图 1-3-22　视觉规律

②适合的视距　以景物高度和人眼的高度差为标准，合适视距在此差值的 3.7 倍以内。建筑师认为，欣赏全景的最佳视距为景物高的 3 倍；欣赏景物主体的最佳视距为景物高的 2 倍；欣赏景物细部的最佳视距为景物高的 1 倍（图 1-3-23）。以景物宽度为标准，合适视距为景物宽度的 1.2 倍。

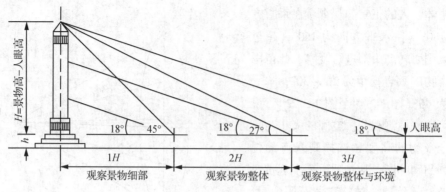

图 1-3-23 适合的视距

当景物高度大于宽度时,依据高度来考虑;当景物宽度大于高度时,依据宽度和高度综合考虑。

③视觉规律 通常在各主要观景点赏景的控制视锥为 60°~90°,或视角比值 H/D(其中 H 为景物自身的高度,包括园林建筑、山石、树木等景物的高度;D 为视点距景物的距离)在 1∶1~1∶3。在庭园空间设计中 H/D 大于 1∶1,则使人心理上产生一种压抑、沉闷、闭塞之感;若 H/D 小于 1∶3,则使游人产生空旷、单调、呆板之感。所以在设计园林外部空间尺度时,应充分考虑 H/D 的大小,在 1∶1~1∶3,才能产生更好的观景效果。我国古代的一些优秀的庭园设计,如苏州的网师园、北京的颐和园中的谐趣园、北海的画舫斋等庭园的尺度基本上都符合以上视觉规律。但故宫乾隆花园以堆山为主的两个庭园中,其园四周被大体量的建筑所包围,在小面积的庭园中堆了太满太高的假山石,使得其 H/D 大于 1∶1,给人以闭塞、沉闷、压抑之感(图 1-3-24)。

图 1-3-24 平视观赏使人感觉平静、舒适
(拙政园远借园外之北塔寺)

园林建筑室外的空间尺度,使之不至于因空间的过分空旷、闭塞而削弱景观的效果,还要注意整体和局部的关系。一般情况下较小的室外空间建筑物的尺度应适当缩小才能取得亲切的尺度效应;在范围较大的室外空间中的建筑物尺度也应该按比例加大,这样才能使其整体与局部的尺度关系更加协调,但是在功能和造景有特殊要求时,可以适当地对其整体与局部的关系做调整,如为了突出某一局部,可适当地夸大其尺度。

3.4.2 比例

如何灵活运用建筑的比例是园林建筑空间所要研究的一个重要方面。比例是建筑物本身的相互关系,主要是长、宽、高的相互关系,同时也指建筑物与其周围环境的对比关系。如果说尺度决定了单个建筑或建筑群组的大小问题，比例则是用来分析单个建筑自身或群组之间的高度、长度、宽度之间的协调关系。

3.4.2.1 园林建筑环境与比例的关系

园林建筑环境中的水型、树姿、石态优美与否，同其本身的造型比例，以及建筑物的组合关系密切相关，同时也受到人们主观审美要求的影响。在人工园林建筑环境中的建筑物周围，景物究竟用何种比例，决定于它与建筑物在配合上的需要，而在自然风景区则是由建筑物配合周围环境，即建筑物的比例决定于其周围环境的尺寸。如树石配置，无论是孤植、群植或密植，都要根据建筑物周围的需要考虑其造型和比例。南宋的瞻园，经我国园林建筑专家刘敦桢先生修整，山体、水池造型比例及其中每一实体的形状、大小、位置、尺度和比例都更加完美，使得瞻园至今仍深受广大游客的喜爱。

园林建筑与植物、园路、广场、水体、山石等组成部分之间都应有良好的比例、肯定的外形，这样就更易于吸引游人。所谓肯定的外形，就是形状的周边"比率"和位置不能做任何改变，只能按比例放大或缩小，不然就会丧失此种形状的特性。例如，正方形、圆形、等边三角形都有肯定的外形，而长方形的边长可以有种种不同的比例，仍不失为长方形，所以长方形是一种不肯定的形状，但是人们经过长期的观察和实践，探索出理想的长方形应是符合"黄金分割"比例的，其长宽比值大约是 1∶0.168。如台阶的宽度不小于 280mm（人脚长），高度以 120~180mm 为宜；栏杆及台高 1m 左右；人的肩宽决定路宽，一般园路宽能容两人并行，宽度以 1.2~1.5m 为宜。

3.4.2.2 影响比例的因素

(1) 工程技术和材料

比例主要受建筑的工程技术和材料的制约，如木材、石材、混凝土梁柱式结构的桥梁所形成的柱、栏杆比例就不同。

(2) 建筑结构

美的比例应能够反映出材料的力学特征和结构的合理性。结构合理，比例就适当，比例与结构之间是相辅相成的。如古希腊的石柱和中国古典的木柱，二者都正确地反映了各自材料特性和结构的比例美。

(3) 建筑功能

建筑功能的要求不同，表现在建筑外形的比例形式也不相同。如向游人开放的展览室和仅作为休息赏景功能的亭子对室内空间大小、门窗大小的比例要求就有所不同。

(4) 传统习俗

不同的民族由于自然条件、社会条件、文化背景、传统习俗等的不同，建筑的风格、比例各具特色。如中国和日本的古建筑结构与材料大体相同，但因传统习俗的影响，在比例上各自保持着独特的风格；中国和西方的拱券，同是砖石材料，中国古建筑拱券的高跨比接近 1∶1，而西方的拱券则为 2∶1，两者相比，中国古建筑的拱券要低矮得多。即使在同一个国家，地域文化不同，建筑的比例也大不相同。如我国北方的亭，亭柱∶亭顶≈

1∶1，南方的亭，亭柱∶亭顶＝1∶1.2～1∶1.5。

　　园林建筑在设计时，很难采用数学比率等方法归纳出一定的建筑比例规律，人们只能从建筑的功能、结构构造以及传统的园林建筑的审美观念去认识和感知。我国古典的江南园林建筑造型式样大多轻盈舒展，采用纤细的木架结构：纤细的柱子，不太厚实的屋顶，高翘的屋角，精致的门窗栏杆细部纹样等，在处理上一般采用较小的尺度与比例；而北方皇家园林中则是粗大的木框架结构：较粗壮的柱子，厚重的屋顶，低缓的屋角起翘和较粗实的细部纹样，一般采用较大的尺度与比例，这就反映了皇家园林建筑风格的浑厚、端庄、持重，从而突出了至高无上的皇权地位。

　　总之，比例和尺度是紧密关联的，都涉及建筑空间的自身、建筑各部位的尺寸关系，与周边环境和相关建筑的关系。比例与尺度掌握较好的例子是苏州古典园林，它们是明清时期江南私家山水园，园林各部分造景都师法自然山水，并把自然山水经提炼后缩小在园林之中，建筑道路曲折有致，尺度也较小，整个园林中建筑、山、水、树、道路等比例是相称的。就当时的少数人起居游赏来说，其尺度也是合适的，但是现在，随着旅游事业的发展，园林内外的游客大量增加，游廊显得矮而窄，假山显得低而小，庭园不敷回旋，其尺度就不符合现代功能的需要。所以，不同的功能要求不同的空间尺度，不同的功能要求不同的比例，如颐和园是皇家园林，气势雄伟，殿堂山水比例均比苏州园林的大。

3.5　园林建筑的色彩与质感

　　园林建筑中设计中，色彩和质感的运用是很重要的。色彩和质感处理得当可加强园林空间的艺术感染力，无论建筑物、山石、池水，还是花木都应通过色彩和质感体现其不同的艺术效果。不同的色彩，给建筑带来不同的风格；不同的质感，为园林建筑平添不同的感受，达到不同的景观效果，使游人有不同的审美情趣。

3.5.1　色彩、质感与园林空间的艺术关系

　　色彩和质感的处理与园林空间的艺术感染力密不可分。色彩和质感的不同，往往会为园林空间增添不同的艺术效果。

3.5.1.1　色彩在园林空间中的运用

　　色彩美主要是情感的表现，要领会色彩美，主要应领会色彩所表达的情感，如红色使人感觉兴奋、热情、活力、喜庆，黄色使人感觉华丽，绿色使人感觉希望、健康、和平，蓝色使人感觉深远、宽广……组成园林构图的各种要素的色彩表现，是园林色彩构图，它能够代表人一定的情感。园林色彩包括天然山石、土地、水面、天空的色彩，园林建筑构筑物的色彩，道路、广场的色彩，植物的色彩。

　　(1)天然山石、土地、水面、天空的色彩运用

　　天然山石、土地、水面、天空的色彩一般作为背景处理，要注意主景与背景色彩的调和、对比。山石的色彩多为灰、白、褐色等暗色调，所以主景色彩宜用明色调；水面的色

彩主要反映周围环境和水池颜色，水岸边植物、建筑的色彩可通过水中倒影反映出来；天空的色彩晴天以蓝色为主，还有阴雨天、多云等天气的灰色调，早晚的朝霞和夕阳，天空色彩丰富，因而是借景的重要因素。

(2) 园林建筑构筑物的色彩运用

园林建筑色彩在设计时要与环境相协调，如水边建筑以淡雅的米黄色、灰白色、褐色等为主，绿树丛中以红、黄等形成色相的对比；要结合当地的气候条件设色，寒冷地带宜用暖色，温暖地带宜用冷色，如北方地区建筑多采用红、绿、黄色，南方地区建筑多采用灰、白、褐、赭石色，以形成色度的对比；建筑的色彩能够反映建筑的总体风格，如游憩性建筑应能激发游人的安静雅致或愉快轻松的感觉。

(3) 道路、广场的色彩运用

道路、广场的配色主要以温和、暗淡的色彩为主，不宜设计成明亮、刺目的明色调。道路、广场的常用色有灰色、青灰、黄褐、暗绿等，显得沉静、稳重。

(4) 植物的色彩运用

植物的色彩非常丰富。园林设计时主要依靠植物的绿色来统一全局，辅以丰富多彩的其他色彩。观赏植物中对比色的运用，如红与绿、黄与紫、橙与蓝的对比，可形成明快醒目、对比强烈的景观效果。植物的对比色适用于广场、游园、主要入口和重大的节日场面。观赏植物中同类色，如红与橙、橙与黄、黄与绿等，在色相、明度、纯度上都比较接近，容易取得协调，体现一定的层次感和空间感，能够形成宁静协调的景观效果。为了达到烘托或突出建筑的目的，常选用明色、暖色的植物。如绿地中绿色的草坪上配置大红色的月季、白色的雕塑、白色的油漆花架，效果很好。

3.5.1.2 质感在园林空间中的运用

园林由山、水、植物和建筑四大要素所构成，其艺术效果和感染力与质感的关系非常紧密。中国古典园林建筑以木结构为主，辅以砖、石、瓦等；现代园林建筑在木结构的基础上，还采用钢筋混凝土、玻璃、塑料、金属、帆布和其他新型建筑装饰材料。

不同的建筑材料带给游人不同的质感，体现园林建筑不同的意境。如木材使人感觉自然、纯朴、温馨、亲切；砖使人感觉自然、休闲、朴实、文化；瓦使人感觉古典、民俗、韵味、传统；水泥使人感觉光华、宁静、朴实、素雅；混凝土则使人感觉牢固、坚硬、现代、冷静；玻璃使人感觉透明、通透、明朗、现代……

质感表现在景物外形的纹理和质地两个方面，纹理有直曲、宽窄、深浅之分，质地有粗细、刚柔、隐显之别。质感虽不如色彩能给人多种情感上的联想、象征，但是质感可以加强某些情调上的气氛，可使建筑获得苍劲、古朴、柔美、轻盈的风格。

现代园林建筑采用玻璃、钢材和各种新型建筑装饰材料，造型简洁、色彩明快，建筑材料的变化引起了建筑形、色的重大变化，建筑风格也因此发生着很大的变化。现代园林建筑在建筑材料、造型等方面都有了很大的发展，特别是以金属、钢筋混凝土、砖石等结构为骨架的建筑物，在园林中的运用越来越广泛。这些结构不仅坚固耐久，不易腐蚀，可塑性强，而且也体现了新材料、新结构在现代园林中的作用。

随着科技的进步，园林材料种类不断丰富、应用不断拓展是一种必然趋势。园林建设者在选用材料的过程中，一方面，要坚持因地制宜、就地取材的基本原则；另一方面，要有与时俱进的精神，勇于推陈出新，不断探索和尝试新材料的使用和推广。

3.5.2　我国园林建筑色彩处理的差异

我国南北方有文化、地域的差异，所以在园林建筑的设计上也有较大的差异。我国传统园林建筑以木结构为主，北方建筑造型浑厚，色彩艳丽；而南方建筑风格体态轻巧，色彩淡雅。

(1) 北方园林建筑色彩风格

北方园林中的建筑由于其历史背景，建筑色彩上比较富丽、鲜艳。构成建筑的色彩大体为：黄色的屋顶瓦，也有不少建筑采用青瓦；红色、绿色的柱；红墙，也有很多建筑采用白墙；苏式彩绘。这样的色调显得富丽堂皇，色彩亮丽，在园林中易使建筑物突出，成为景色中心。北方园林建筑的色彩多用暖色，减弱了冬季园林萧条的感觉。

(2) 南方园林建筑色彩风格

与北方园林建筑相比，江南私家园林的建筑在色彩上比较朴素、淡雅。构成建筑的色彩大体为：深灰色的小青瓦作屋顶；全部木作一律呈褐色、栗色或深棕色，个别建筑的部分构件施墨绿或黑色；所有墙垣均为白粉色。这样的色调显示江南文人高雅淡泊的情操，与北方皇家园林金碧辉煌、皇家气派的色调，形成了鲜明的对比。由于灰色、褐色、墨绿色等色调均属调和、稳定而又偏冷的色调，所以不仅易与自然中的山、水、树木等相调和，而且还能给人以幽雅、文化、宁静的感觉。白粉墙自身洁白，正好可以调节黑色、褐色等偏重色调的沉闷感，形成色彩的对比美。

3.6　园林建筑方案设计步骤

园林建筑在园林中常作为造景的重要手段，在园林环境中起到至关重要的作用，因此，建筑在设计时不仅要满足使用功能，而且还得符合园林环境的景观效果。也就是在建筑在创作设计时要符合人性化，以科学的、先进的技术来保证使用功能，并且要运用各种造景手法来达到丰富景观艺术效果的要求。

3.6.1　调研分析与资料收集

在进行方案设计前，首先，要进行调研分析，分析其空间要求，功能要求，游人活动的需求、形式、特点、经济能力、技术要求等；其次，进行现场调研，如周边环境、人文环境、历史背景等调研；然后通过相关部门、互联网、实例、相关书籍等收集资料；最后，将调研分析及收集资料进行归纳、分析、总结。

3.6.2　设计构思与方案优选

3.6.2.1　方案立意

设计前要对设计方案进行构思，要有主题思路，即要有方案立意。它是方案设计的行动原则和境界追求。设计立意包括基本和高级两个层次。基本设计立意是以指导设计、满足最基本的建筑功能、环境条件为目的；高级设计立意则是在此基础上通过对设计对象深层意义的理解和把握，力图把设计推向一个更高的境界。

园林建筑设计是一种占有时间、空间，声、色、形、香皆俱的立体空间的塑造，因此比其他建筑设计更加需要巧妙的构思，并需要一些艺术技法来完成。设计立意要能够把握问题的立足点高度，判别其现实可行性。

3.6.2.2 方案构思

(1) 在立意的基础上，需综合考虑的园林建筑与园林环境等因素

① 园林建筑风格与园林环境的有机结合；

② 园林建筑的体量、造型与环境空间在尺度上的协调；

③ 园林建筑与周围环境、构筑物的主次关系和构图关系；

④ 外围欣赏该园林建筑的地点、视线、角度，即园林建筑的造景效果；

⑤ 园林建筑与地形、水体、小气候的适应程度，拟建园林建筑原地的植被情况确认，对于古树名木的现场更得重点考察，慎重考虑。

以上问题在设计时需要进行整体设计和统筹安排，需要把握设计方案的总体发展方向，并形成明确的设计构思和意图。

(2) 方案构思过程

方案构思是方案设计过程中一个至关重要的环节。如果设计立意侧重于观念层次的理性思维，并呈现为抽象语言，那么方案构思则是借助于形象思维的力量，在立意的思想指导下，把第一阶段分析研究的成果落实成为具体的园林建筑形态，由此完成了物质需求→思想理念→物质形象的过程，发生了质的转变。

以形象思维为其突出特征的方案构思依赖的是丰富多样的想象力和创造力，它所呈现的思维方式不是单一和固定不变的，而是开放的、多样的，是不拘一格和出乎意料的。优秀的园林建筑能给人们带来很强的感染力和莫大的震撼力。要想培养想象力和创造力，首先，要加强平时的学习和训练；其次，要多看资料，多画草图，多做草模等方式来启发诱导，刺激思维，促进想象力的提高。形象思维的特点决定了具体方案的构思切入点是多样的，可以从环境特点、具体功能等多方面入手，由点及面，逐步发展，形成方案雏形。

① 从环境特点入手进行方案构思　富有个性特点的环境因素，如地形、景观要求、朝向、道路交通等均可成为方案构思的启发点和切入点。如四川忠县的石宝寨在认识并利用环境方面堪称典范。该建筑选址于风景优美的长江边的一座孤峰上，峻石巍然，壁立崖峭，层层叠叠的巨大岩石构成其独特的地形地貌特点。在处理建筑与景观的关系上，不仅考虑了对景观利用的一面——使建筑的主要朝向与景观方向相一致，成为一个理想的观景点；而且有着为环境增色的更高追求——将建筑紧贴陡立如削的岩壁之上，为长江平添了一道新的风景线。又如卢浮宫扩建工程，把新建建筑全部埋于地下，外露形象仅为一个宁静剔透的金字塔形玻璃天窗，从中所显现出的是建筑师尊重人文环境，保护历史遗产的可贵追求。

②从具体功能特点入手进行方案构思　园林建筑在进行方案构思、设计时，应从其功能特点出发。如何更完美、更合理、更富有新意地满足功能需求，一直是园林建筑设计师所追求的。在具体设计实践中，它往往是进行方案构思的主要突破口之一。园林建筑根据其功能的不同，大体分为服务性建筑、游憩性建筑、文化性建筑、管理类建筑、观赏性建筑，每类建筑根据其功能特点的不同，来进行方案的构思。

除了从环境特点、功能特点入手进行方案构思外，还可根据任务需求的特点、结构形式、经济因素、地方特色等方面，作为设计构思的可行切入点和突破口进行方案构思。需要强调的是，在具体方案设计中，从多个方面进行构思寻求突破口时，同时考虑功能、环境、经济、结构等方面，或者是在不同的设计构思阶段选择不同的侧重点时，在总体布局时从环境入手，在平面设计时从功能入手等，都是最常用、最普遍的构思手段。这样既能保证构思的深入性和独特性，又可避免构思流于表面、片面，走向极端。

(3) 多项方案优化选择

在进行园林建筑设计时，要考虑多项方案，之后将它们进行比较、选择、优化，以确定最佳方案。

①多方案的必要性　多方案构思是建筑设计的本质反映。中学的教育内容与学习方式在一定程度上养成我们认识事物解决问题的定式，即习惯于方法结果的唯一性与明确性。然而对于建筑设计而言，认识和解决问题的方式结果是多样的、相对的和不确定的。这是由于影响建筑设计的客观因素众多，在认识和对待这些因素时，设计者任何细微的侧重都会导致不同的方案对策，只要设计者没有偏离正确的建筑观，所产生的方案就没有简单意义的对错区分，而只有优劣之别。

多方案也是建筑设计目的性所要求的。无论是对于设计者还是建设者，方案构思是一个过程而不是目的，其最终目的是取得一个尽善尽美的实施方案。然而，我们又怎样去获得这样一个理想而完美的实施方案呢？我们知道，要求一个"绝对意义"的最佳方案是不可能的。因为在现实的时间、经济以及技术条件下，不具备穷尽所有方案的可能性，我们能够获得的只能是"相对意义"上的，即在可及的数量范围内的最佳方案。在此，唯有多方案构思是实现这一目标的可行方法。

另外，多方案构思是民主参与意识所要求的。让使用者和管理者真正参与到建筑设计中来，是建筑以人为本这一追求的具体体现，多方案构思伴随而来的分析、比较、选择的过程使其真正成为可能。这种参与不仅表现为评价选择设计者提出的设计成果，而且应该落实到对设计的发展方向乃至具体的处理方式提出质疑，发表见解，使方案设计这一行为活动真正担负其应有的社会责任。

②多方案构思的原则　为了实现方案的优化选择，多方案构思应满足如下原则：

● 应提出数量尽可能多、差别尽可能大的方案。如前所述，供选择方案的数量大小以及差异程度是决定方案优化水平的基本因素：差异性保障了方案间的可比较性，而适当的数量则保障了科学选择所需要的足够空间范围。为了达到这一目的，必须学会从多角度、多方位来审视题目，把握环境，通过有意识、有目的地变换侧重点来实现方案在整体布局、形式组织以及造型设计上的多样性与丰富性。

- 任何方案的提出都必须是在满足功能与环境要求的基础之上的，否则，再多的方案也毫无意义。因此，在多方案构思过程中就应进行必要的筛选，随时否定那些不现实、不可取的构思，以避免造成时间和精力的无谓浪费。
- 当完成多方案的比较与优化选择后，要对方案进行分析比较，从中选择理想的发展方案。

分析比较的重点应集中在以下3个方面：

- 比较设计要求的满足程度。是否满足基本的设计要求(包括功能、环境、结构等诸因素)是鉴别一个方案是否合格的基本标准。一个方案无论构思如何独到，如果不能满足基本的设计要求，也绝不可能成为一个好的设计。
- 比较个性特色是否突出。一个好的方案应该是优美动人的，缺乏个性的方案肯定是平淡乏味，难以打动人的，因此也是不可取的。
- 比较修改调整的可能性。虽然任何方案或多或少都会有一些缺点，但有的方案的缺陷虽不是致命的，却是难以修改的。如果进行彻底的修改不是带来新的更大的问题，就是完全失去了原有方案的特色和优势。因而，对此类方案应给予足够的重视，以防留下隐患。

3.6.3 调整发展与深入细化

初步方案虽然是通过比较选择出的最佳方案，但此时的设计还停留在大想法、粗线条的层次上，某些方面还存在各式各样的问题。为了达到方案的最终要求，还需要一个调整和深化的过程。

全局是由局部组成的。一个良好的构思，一个很有发展前途的初步方案，如果没有对各个局部进行慎重而妥善的处理，就会像做文章一样，虽有好的立意，却出现过多的败笔，终究算不得一个完美的设计。

如何在原方案的基础上，做好每一个布局，这对提高整个设计的质量具有重要的意义。比如，一个服务性园林建筑门厅中的楼梯，就是一个重要的布局，它直接关系到垂直交通的组织和门厅的建筑艺术效果。因此，基本方案中所确定的位置是否合理，结构形式的选择是否恰当，楼梯的坡度、踏步的尺寸是否合乎规范的要求等，都必须进一步做细致推敲。又比如，该建筑中公共使用的厕所，最初方案只是考虑到位置、面积的合理可行，并没有详细到前室的分隔，侧位的布置等具体问题。要处理好诸如此类的问题，就要进行大量艰苦细致的工作，有时为了某个局部，要画出很多草图，进行比较，才能做出决定或取得改进，这也就是所谓推敲，此项工作应从整体到局部，从粗到细。没有这种方案的推敲和发展，设计便无法在原有的基础上得到提高。

【技能训练】

技能 3-1　园林建筑立意选址布局

1. 目的要求

掌握园林建筑的立意选址与布局设计。

2. 材料用具

各种绘图工具。

3. 方法步骤

(1)了解给定园林建筑的环境地段的特点。

(2)熟悉园林建筑立意选址及布局的要求和特点。

(3)构思方案,设计功能布局。

(4)绘制设计正式图纸。

4. 实训成果

要求:方案设计图纸1套、设计说明书1份。

技能3-2　园林建筑的空间设计

1. 目的要求

掌握园林建筑的布局特点和空间设计。

2. 材料用具

各种绘图工具。

3. 方法步骤

(1)了解园林建筑的空间类型与特点。

(2)熟悉园林建筑空间布局的要求和特点。

(3)构思方案,设计空间布局。

(4)绘制设计正式图纸。

4. 实训成果

要求:方案设计图纸1套、设计说明书1份。

技能3-3　园林建筑材料色彩的运用

1. 目的要求

掌握园林建筑设计中材料和色彩的具体运用。

2. 材料用具

各种绘图工具。

3. 方法步骤

(1)了解园林建筑中常用材料的种类和特性。

(2)了解园林建筑的色彩及其特性。

(3)确定材料选择方案与色彩运用方案。

(4)绘制设计正式图纸。

4. 实训成果

要求:方案设计图纸1套、设计说明书1份。

【自主学习资源库】

1. 中国园林建筑. 冯钟平. 清华大学出版社,1988.

2. 中国古典园林分析. 彭一刚. 中国建筑工业出版社，1986.
3. 园林建筑. 梁美勤. 中国林业出版社，2003.

【自测题】

1. 园林建筑的特征有哪些？
2. 园林建筑环境的构成要素有哪两大类？分别阐述二者之间的关系。
3. 简述园林建筑立意在园林建筑设计中所起的作用。
4. 如何进行园林建筑选址？
5. 园林建筑空间布局的主要手法有哪些？
6. 如何理解园林建筑设计中的统一与对比的关系？
7. 如何营造园林布局中空间的渗透与延伸？
8. 园林空间主要有哪些形式？
9. 园林建筑空间主要有哪些组合形式？
10. 园林建筑借景的有哪些主要方法？其作用有哪些？
11. 如何理解园林建筑空间序列的特点？
12. 园林建筑空间序列的类型有哪些？
13. 什么是园林建筑的比例与尺度？
14. 园林建筑设计中的决定性依据是什么？
15. 南北方的园林建筑的比例与尺度有何差异？它们在色彩处理上有哪些差别？
16. 园林建筑使用色彩与质感手法来提高艺术效果时，需要注意哪些问题？
17. 结合实例，简述我国园林建筑的特点。

模块 2
项目技术

项目1 游憩建筑设计与施工技术

◇ **学习目标**

【知识目标】
(1) 正确认识游憩建筑的功能与形式。
(2) 正确处理好游憩建筑与周围环境之间的关系。
(3) 掌握游憩建筑的设计要点。
(4) 掌握游憩建筑设计图的绘制方法。
(5) 掌握游憩建筑的施工技法。

【技能目标】
(1) 能绘制游憩建筑的平面图、立面图、剖面图及效果图。
(2) 能熟练运用游憩建筑的设计技法、设计尺寸与材料选择。
(3) 能够识读游憩建筑的施工图。

任务1.1 景亭设计与施工技术

【工作任务】

景亭在园林建筑中运用特别广泛,无论是传统的古典园林,或是新建的园林游览区,到处都可以看到亭,它与园林中的其他建筑、山水等相结合,构成一幅幅生动的画面(图 2-1-1)。它是园林建筑中运用最为广泛的类型之一,是园林建筑中最基本的建筑单元,可满足人们在游赏过程中驻足休息、纳凉避雨和极目远眺之需,并且还可以成为园中一景供游人欣赏。通常亭子成为满足人们观景与点景要求而选用的一种建筑形式。

某小游园的一套景亭设计施工图如图 2-1-2 所示。要求学生能够结合所学的有关知识,按照项目建设单位的要求,完成项目中景亭的方案设计、施工图设计或项目施工任务。

图 2-1-1 杭州郭庄赏心悦目亭

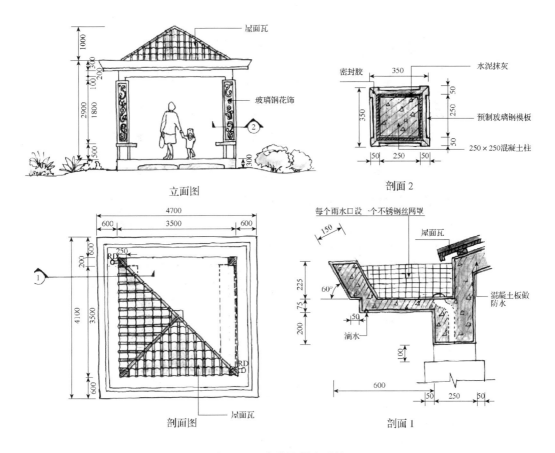

图 2-1-2 小游园景亭设计

【理论知识】

1.1.1 概述

1.1.1.1 传统亭

亭是一种有顶无墙的小型建筑物,供行人停留休息。亭最大的空间构成特点是虚、空,苏东坡有诗曰:"唯有此亭无一物,坐观万景得天全。"

"亭,停也,人所停集也。"园林中的亭,有聚会、赏景、送别之意。秦汉时期,"十里一亭",可作街亭、旗亭、邮亭、驿亭等,如浙江绍兴的会稽山阴的兰亭。北宋皇家园林艮岳中有30多处亭,其建筑造型、周围环境、意境各不相同。元明清时期,亭的形式更为丰富,园林中应用更为广泛,如万寿山的万春亭、江南园林中的沧浪亭、网师园中的月到风来亭等,都久负盛名(图2-1-3)。

(1) 亭的构造

亭由地基、亭柱、亭顶以及附设物等组成(图2-1-4)。

①地基 多以混凝土为材料,地上部分重者,需加钢筋、地梁;地上部分轻者,如用竹柱、木柱盖以稻草的凉亭,在亭柱部分掘穴以混凝土做成基础即可。

绍兴兰亭

拙政园涵青亭

大唐芙蓉园自雨亭

恭王府花园流杯亭

景山公园万春亭

网师园月到风来亭

图 2-1-3 传统亭

②亭柱 构造因材料而异，有水泥、石块、树干、砖、木条、竹竿等，由于凉亭无墙壁，支撑和美观要求极为重要。柱的形式有方柱、圆柱、多角柱、格子状柱等；色泽丰富，并可在其表面绘成花纹。

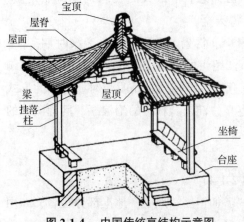

图 2-1-4 中国传统亭结构示意图

③亭顶 顶部梁架可用木料、钢筋混凝土或金属架做成。亭顶分攒尖顶和平屋顶，形状有方形、圆形、多角形、梅花形、十字形、不规则形；顶盖材料有瓦片、稻草、茅草、树皮、树叶、竹片、柏油纸、石棉瓦、塑胶片、铝片、铁皮等。

④附设物 在景亭旁边或内部设桌椅、栏杆、盆钵、花坛等，以适量为原则。此外，亭的梁柱上常用各种雕刻装饰，墙柱上有各种浮雕、刻像或对联、题词等。

(2) 亭的造型特点

亭的造型主要取决于其平面形状、平面上的组合、屋顶形式。平面形状是亭造型的出发点；屋顶，尤其是传统亭的精华；亭身是建筑空间的主体，或开敞或封闭，表现出亭身之美；基座具有烘托作用。亭立面及平面形式如图 2-1-5、图 2-1-6 所示。

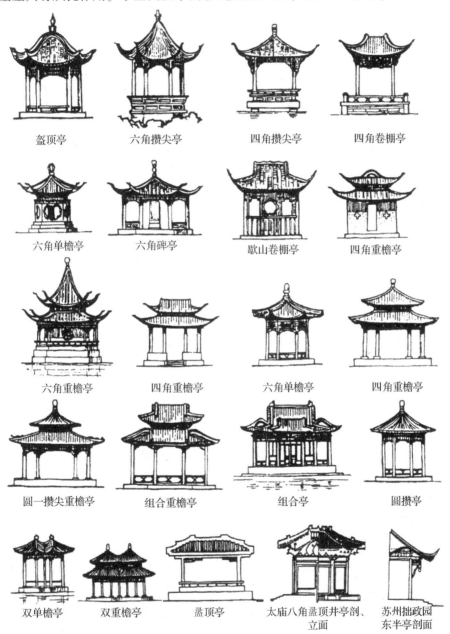

图 2-1-5　亭的立面形式

①亭的平面形状

正多边形平面　有正三角形、正方形、正五角形、正八角形、正十字形。特点是各边相等，且有对称轴。

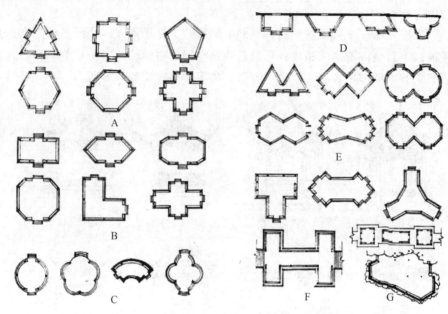

图 2-1-6 亭的平面形式
A. 正多边形平面 B. 不等边多边形平面 C. 曲边形平面 D. 半亭平面
E. 双亭平面 F. 组亭及组合亭平面 G. 不规则形平面

不等边多边形平面 有矩形、扁八角形、不等边八角形、十字形、曲尺形。特点是有对称轴，但各边不相等。

曲边形平面 有圆形、梅花形、海棠形、扇形等。特点是有对称轴，各边均为曲线。

半亭平面 有半方形、半六角形、半矩形、半菱形、半圆形、半海棠形，特点是平面为完整平面之半。

双亭平面 有双三角形、套方形、双六角形、双八角形、双圆形、双五角形，由两个相同的平面连成一体。

组亭及组合亭平面 组亭是由相同平面的亭或不同平面的亭，组成组群，一般不连成一体；组合亭则由数亭连成一体，屋顶相连，亭身连成一体。

不规则形平面 亭的平面布置呈不规则形状，通常随环境地段不同来设计各种形状。

②亭的屋顶形式

图 2-1-7 云南石林望峰亭

攒尖顶 应用于正多边形和圆形平面的亭子上。攒尖顶的各戗脊由各柱向中心上方逐渐集中成一尖顶，用顶饰结束，外形呈伞状。屋顶的檐角一般反翘。具有向上升起的趋势，适宜在高处或需强调向上感的环境中建亭。云南石林的望峰亭，是建在高约 30m 的石峰顶上的六角亭，站在亭上，石林美尽收眼底，真正体会到"万笏朝天"的情趣(图 2-1-7)。

正脊顶亭 如歇山、庑殿等，具有平稳、开阔的特点，故在具有横向的空间，在正轴主景位置设以正脊。拙政园的雪香云蔚亭以矩形、歇山屋顶的造型位居主轴线上，作为园中主要中轴线的对景(图 2-1-8)。

盝顶亭 适宜于井亭或现代亭，可结合正方形、六角形、八角形、矩形、圆形等，用作桥亭或两山之间、两亭之间、两建筑之间的连接。

十字脊亭 具有一定的体量感，适合做中心主景。

重檐顶亭 体量大，屋顶轮廓丰富，有明显的竖向上升感，常作园林中的主景。一组组亭中的主题亭常采用重檐顶，以突出其主体地位(图 2-1-9)。

图 2-1-8 拙政园雪香云蔚亭

图 2-1-9 重檐顶亭作为组亭的主体

1.1.1.2 现代亭

(1) 现代亭的特点

现代亭在结构、空间、形式和材料等方面与传统亭相比都有了很大的变化。

① 新结构、新材料的使用，使得现代亭在造型上灵活多样，新颖、简洁 现代亭往往已无翼角起翘，而且造型新颖别致，运用现代结构和材料，以及全新的设计理念和空间形式。由于钢筋混凝土材料以及各种轻型材料、薄膜材料的运用，现代亭的设计无论从平面上，还是立面上都更加灵活自由，无固定模式，因而产生了大量造型独特的景亭。它们点缀于现代园林中，往往成为该园林的标志或主题。

上海延中绿地的立意为"蓝绿交响曲"，亭分布在几块相邻的绿地之中，设计时统一进行了考虑，均采用长方体立柱、金属亭顶，但在统一中求变化，位于中间绿地的景亭顶采用圆顶，区别于其他的方顶(图 2-1-10)。景亭按照绿地主题立意设计，景亭顶部开一天窗，以便水柱从中窜出并流下，这就是"蓝绿交响曲"中"蓝"的篇章(图 2-1-11)。

② 考虑周围环境的设计，满足大量人流的使用 现代亭可以单独成景，也可以与花架、景墙、坐凳、植物等组合成景(图 2-1-12)。注重人与环境融合的空间，景亭不再局限于其本

图 2-1-10 延中绿地中景亭(刘福伟，2007)

图 2-1-11　景亭中"蓝"的篇章　　　　图 2-1-12　华侨大学承露泉
（刘福伟，2007）

身，而是将亭与楼、台、廊、榭这些园林建筑组合成一体，并且将其与周围景物有机地穿插、交错、结合起来。

③具有现代建筑形式特征　现代亭将古代的、传统的、西方的构图形式、空间形式结合现代建筑审美、材料、技术等加以抽象、隐喻、综合，最终实现亭的艺术构图。西安紫薇都市花园里不锈钢亭给人以轻巧、灵便、活泼的现代建筑小品印象（图 2-1-13）。

图 2-1-13　造型新颖的现代亭

④材料上的多样化　现代亭可采用各种建筑材料，如钢筋混凝土、玻璃钢、竹、石、茅草及复合材料等，用以表现不同的景亭建筑特征，因而富有个性。一组张拉膜结构的休息亭（图 2-1-14），由于材料的特性而使景亭建筑的形式极富力度感和曲线美，而且景亭的

图 2-1-14　造型各异的膜结构亭

造型丰富多样，给人以潇洒、轻逸与愉悦的感受。

(2)现代亭的形式(图 2-1-15)

①坡顶亭　可做成双坡的悬山顶及四坡顶或六坡顶等，不做屋角起翘及屋面变坡，均为直坡斜屋面。

②平顶亭　采用平屋顶，较常见，檐口较厚。屋顶简单，注重亭身装饰，如花格、漏窗。

③单柱及束柱亭　亭身仅为单柱或数柱集结而成，简洁，有坡顶、平顶、圆顶、折板顶等。

④构架亭或空架亭　屋顶为通透的构架或是通天的空顶，能遮阳不能避雨。

坡顶亭　　　　　　平顶亭　　　　　　单柱亭

束柱亭　　　　　　构架亭　　　　　　空架亭

图 2-1-15　简洁丰富的现代亭

其他形式的亭还有膜结构亭、喷水亭等。

现代园林由于传统和现代的交融及各种文化的结合，亭的设计越来越多样化，景亭虽小巧却必须深思熟虑才能出类拔萃。首先，要选择所设计的景亭是传统形式或是现代形式，是中式或是西式，是体现自然野趣或是奢华富贵？例如，同样是植物园内的中国古典景亭，牡丹园和槭树园不同，牡丹亭采用重檐起翘，大红柱子；槭树亭采用白墙灰瓦足矣，这是因其所在的环境氛围不同而异。同样是欧式古典圆顶亭，高尔夫球场和私家宅园的大小有很大不同，这是因其所在环境的开阔性、郁闭性不同而异。其次，所有的形式、功能、建材是在演变进步之中的，常常是相互交叉的，必须重在创造。例如，在中国古典景亭的梁架上，以卡普隆阳光板作顶代替传统的瓦，可以获得很好的效果。

1.1.2　景亭设计

1.1.2.1　景亭设计构思

园林建筑设计是一种占用时间空间、有形有色以至有声有味的立体空间塑造，因此，与其他一般建筑设计相比更加需要意匠。传统园林的设计形成了一整套设计构思的程序，设计序列主要有以下环节：明旨、立意、问名、相地、布局、理微和余韵。当然这只是创作序列的模式，而不是死板而一成不变的，实践中完全可以交叉或者互换（孟兆祯，1999）。这种创作构思的程序不仅体现在整个园林的创作上，而且还体现在传统园林的单体建筑设计上。景亭的布局和构思也表现出这样的特点，其创作之本是对环境特点的理解和洞察，设计理法的根本理念是"景以境出"。

图2-1-16　荷风四面亭

布置中国传统景亭时，首先对周围环境特点进行调查和分析，然后再根据设计意图完成对亭的设计。如苏州拙政园中有个亭子名为待霜亭，上面就挂了一块取自唐代诗人韦应物"书后欲题三百颗，洞庭须待满林霜"中"待霜"的匾额来指出亭子的意境，由于亭子周围种满了橘子，每当过霜后橘子变黄成熟，味道甘美，园主人经常坐于此亭，期待霜期的到来，吃上可口的橘子。荷风四面亭则道出了亭周围遍植荷花，盛夏园主人坐在亭中，微风吹来，荷香四溢，举目清凉（图2-1-16）。塔影亭系单檐八角形攒尖顶亭，此亭建在水池中心，亭影倒映在水里，宛如亭亭一塔，故名塔影亭。雪香云蔚亭以梅构景，是赏梅胜境。且因梅有"玉琢青枝蕊缀金，仙肌不怕苦寒侵"之迎霜傲雪的品性，故而隐喻建亭构景者追求一种心性高洁、孤傲清逸的境界。

1.1.2.2　景亭设计要点

（1）亭的平面设计

①亭的平面形状　常见亭的平面形状有正多边形、曲边形、不等边形、不规则形、半亭、双亭、组亭等（见图2-1-6）。

②亭的平面应用　首先，亭的平面形状需顺应、烘托环境，突出环境特点，以加强其表现力。其次，亭的平面形状可加深园林环境主题的表现，使环境寓意更为鲜明。第三，大空间大体量，小空间小体量，园林主景、重点景物的亭，体量大，园林局部小景的亭，体量较小。第四，亭的平面形状应结合园林空间的性质，严肃的园林空间，形状单一、规整；活泼的空间，形状自由、灵活。杭州西湖"三潭印月"的三角桥亭，在曲桥中段转角处设三角亭，巧妙地利用了转角空间，给游人以小憩之处（图2-1-17）。颐和园中的扇形扬仁风亭，以亭的形状表现环境主体（图2-1-18）。

图2-1-17　西湖三角亭

图2-1-18　颐和园扬仁风亭

亭的平面形状应结合周围环境，并与园林环境取得协调统一。通常正方形亭最严谨、最规整，用于强调庄重、严肃的环境，适宜布置在园林中轴线上，以强调其空间轴线中心；长方形亭，具有通过性与联系性，可设置在桥亭、两山之间的山脊上；而扇面亭适宜布置在弯曲地段、转弯处（图2-1-19）；六角形、八角形、圆形因其具有多边形的多向性，多建于多向视线交集处的山顶、湖心、小岛、突向水体的岸边、数条道路的交集点以及空间中的趣味中心等（图2-1-20）。

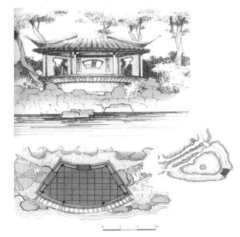

图2-1-19　苏州拙政园扇面亭位于道路转弯处，顺应地形的走势

图2-1-20　南京药圃荷花亭位于湖心，视角开阔，形成趣味中心

（2）屋顶与立面

①屋顶形式　常见的中国传统亭的屋顶形式有攒尖顶、歇山顶、盝顶、十字脊顶及各种组合屋顶等。除一般的单檐外，尚有重檐顶、三重檐顶等。

②比例　在传统形式亭的造型上，屋顶、亭身及开间三者的大小、高低在比例上有密切的关系（图2-1-21）。其比例是否恰当对亭的造型影响很大，如有的亭其形象给人以头重脚轻的感觉，有的亭则给人以头小躯庞之感，其主要原因就是这三者比例不当。此外，亭的形象感还与周围环境、气候、地区及人们的习惯等因素有关，所以亭的比例关系不是固定不变的。因此，屋顶、亭身、开间三者之间的比例虽密切相关，但又难找到绝对的、固定的数值关系，现仅从一些实例中探求其大致的规律，以供参考。

从图2-1-21可知，以单檐攒尖顶亭为例，屋顶与亭身大致相等，即屋顶高度约等于亭身高度。但南式亭屋顶较高大，因而屋顶高度略大于亭身高度，而北式亭则相反。有时因为视觉关系，处于高处的亭，因仰角大，屋顶应增高些。同样，位于低处的亭，因俯视的关系，其屋顶应矮小一些，以其达到预期的效果。

开间与柱高的比例关系，因亭的平面形状不同又各有区别，一般存在如下比例关系：

四角亭　柱高：开间＝0.8：1；

六角亭　柱高：开间＝1.5：1；

八角亭　柱高：开间＝1.6：1。

③屋面坡度　传统亭的屋面系一曲面，因此自檐口至宝顶其屋面有坡度变化，常设两

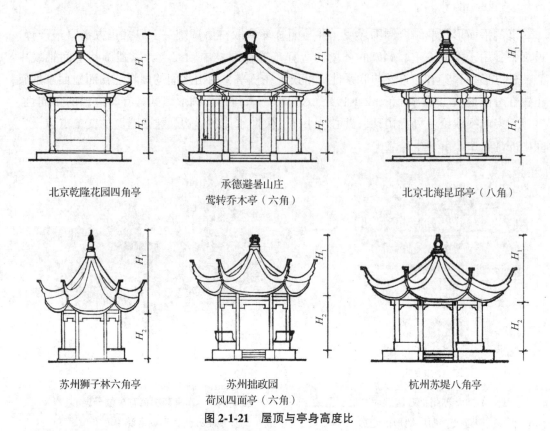

图 2-1-21　屋顶与亭身高度比

个坡度(图 2-1-22)。

$\alpha_1 \approx 25° \sim 30°$(檐口屋面坡度)，$\alpha_2 \approx 40° \sim 45°$(金檩屋面坡度)。

④屋顶翼角　南北方亭的屋顶翼角做法不同。

北方亭的翘角不高，一般是仔角梁贴伏在老角梁上，前段稍稍昂起，翼角的出椽斜出并逐渐向角梁处抬高，构成向上的趋势(图 2-1-23)。

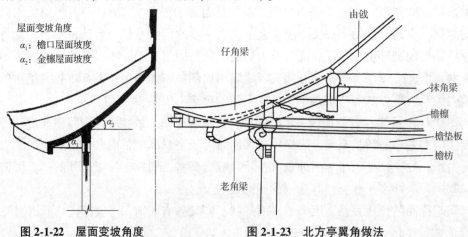

图 2-1-22　屋面变坡角度　　图 2-1-23　北方亭翼角做法

南方亭的翘角较高，通常有嫩戗发戗和水戗发戗两种做法(图 2-1-24、图 2-1-25)。嫩戗发戗的特点是在老戗尽端向上斜出镶合嫩戗，用棱角木、扁檐木等把嫩戗与老戗固定在一起，使翼角有较大的升起，有展翅欲飞之势。水戗发戗的特点比较简单，只有老戗而没有嫩

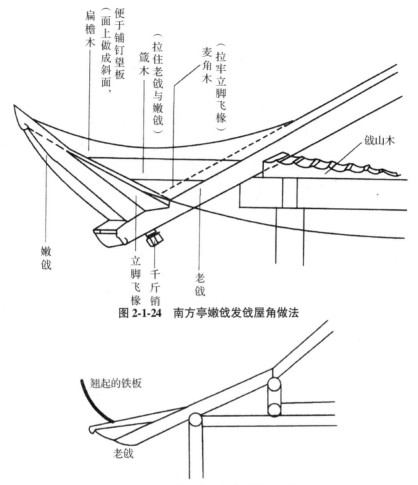

图 2-1-24 南方亭嫩戗发戗屋角做法

图 2-1-25 南方亭水戗发戗屋角做法

戗,构件本身不起翘,仅戗脊端部利用铁件及泥灰形成翘角,屋脊基本上是平展的。

1.1.2.3 景亭选址与布局

亭的设计主要考虑两个方面的问题:位置的选择和亭子本身的造型。其中,第一个问题是园林空间规划上的问题,是首要的。第二个问题是选定基址之后,根据所在地段的周围环境,进一步研究亭子本身的造型,使其能与环境很好地结合起来。

亭的位置极为灵活,几乎到处可用,但又不可随意而设,"宜亭斯亭,宜榭斯榭"(《园冶》),说明适宜是确定亭的位置的首要原则。首先,从园林总体布局出发,考虑其主次、疏密、动静的关系,不能将亭看成各自孤立的单体,而应将亭看作是在整体中互相关联的各个节点,通过视线、园路、互相借对等将单体亭连成网络整体;其次,园林中的自然因素(植物、水体等)及人文因素,都是亭设置的重要影响因素;最后,从亭的主要功能出发确定其位置。

(1)亭在园林中的布局方式

①散点式布局　在园中散点布置,并在必要地段做疏密调整。从亭的休息功能考虑,最宜均匀布置在全园,供旅游驻足休息之用;从景观及各种活动考虑,则需要在必要地段做疏密调整,以适于点景、赏景之用。

②规则式布局　亭作为景观的主体，其位置随轴线布局而确定，常见的有在中心主轴或局部主轴上设亭，作为景观的中心、主体，可连续布亭，层层展开；在对称轴上设亭，以衬托主体，加强主轴的表现；在交叉轴上设亭，成为多向视线的集中交点；在转折轴上设亭，有明显的引导方向的作用(图2-1-26)。

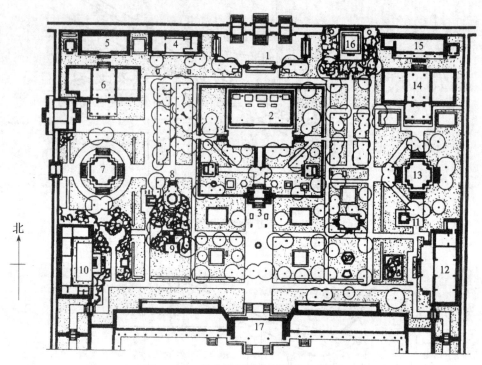

图2-1-26　故宫御花园主要建筑布局图
1. 承光门　2. 钦安门　3. 天一门　4. 延晖阁　5. 位育斋　6. 澄瑞亭
7. 千秋亭　8. 四神祠　9. 鹿囿　10. 养性斋　11. 井亭　12. 绛雪轩
13. 万春亭　14. 浮碧亭　15. 离藻堂　16. 御景亭　17. 坤宁门

(2) 亭的位置选择

①山上建亭　如果小山的高度在5~7m，一般将亭布局在山顶的位置，以增加山形的体量和高度，更加突出山形轮廓。但是一般不应布局在整体山形的几何中心线顶端，否则将造成构图呆板。例如，苏州拙政园的雪香云蔚亭、留园的可亭等，都是设计在山顶偏一侧的位置。如果山坡高度为中等，一般将亭布局在山脊、山腰或山顶的位置。建亭必须满足一定的体量或者组合设置，与园林景观形成整体效果，突出山形轮廓；如果山坡高度较高，一般将亭布局在山脊、山腰台地或者山道旁，以体现局部山形的地势美貌，同时对游人发挥引导作用。上海长风公园的听泉亭建于公园石山之上，为六角攒尖顶亭，造型轻巧，清新挺丽，与自然环境协调统一(图2-1-27)。绿色琉璃顶加上红色柱身，与周围的山石形成视觉对比，显得幽静而又醒目。

图2-1-27　长风公园听泉亭
(刘福伟，2007)

②临水建亭　由于不同园林的水体条件各不相同，为了突出景观效果，一般小水面的亭布局应低临水面，便于细致观察水面涟漪；在大水面中，则应将亭建在较高的石矶上或者临水高台的位置，实现观远山、赏近景的要求。一般临水建亭，可以选择一边临水、多边临水、完全伸入水中等多种形式，选择岸边石矶、湖心台基、小岛等位置，如果在桥上建亭，则可形成水面的空间层次感，起到锦上添花的作用。上海长风公园怡红亭建于长风公园2号门边，与听泉亭不同，由于所处的环境较开敞，亭子采用了重檐的手法，使建筑更加高大俊秀，立于水边可与水中倒影交相辉映，增加了亭子的观赏效果（图2-1-28）。

③平地建亭　平地建亭是城市环境中最为常见的手段之一。一般平地建亭的形式，不能发挥远眺的作用，更多是供游人休憩、游览、纳凉使用。应使其尽量与园林中的其他要素相结合，如水塘、树木、山石等，形成独特的景观；花丛水畔、密林间、疏梅竹影等位置都是平地建亭的首选位置；也可在道路交叉处与游览路线相结合建亭，供游人游览；在广场、草坪、绿地中可与喷泉、水池、山石相结合建亭，供游人休憩（图2-1-29）。

图2-1-28　长风公园怡红亭
（刘福伟，2007）

图2-1-29　苏州留园冠云亭

另外，还可在园林中的丘壑、山泉、巨石、洞穴等特殊地形地貌位置建亭，以期获得更加奇特的景观效果。

1.1.3　景亭施工

下面以木制凉亭为例，介绍景亭施工过程（图2-1-30）。

1.1.3.1　定点放线

根据景亭设计图和地面坐标系统的对应关系，用测量仪器把亭子的平面位置和边线测放到地面上，并用白灰做好标记。

1.1.3.2　基础施工

工艺流程：素土夯实→200mm厚大片夯实→50mm厚碎石回填→100mm厚C15素混凝土垫层→钢筋混凝土独立基础。

(1) 素土夯实

①基础开挖时，机械开挖应预留10~20cm的余土使用人工挖掘。

②当挖掘过深时，不能用土回填。

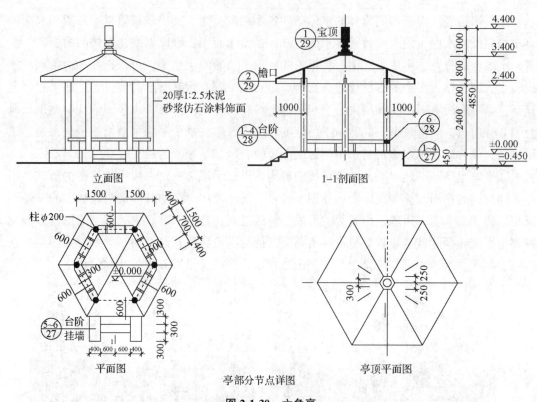

图 2-1-30 六角亭
（引自《国家建筑标准设计图集》04J012-3 部分图集）

③当挖土达到设计标高后，可用打夯机进行素土夯实，达到设计要求的密实度。

(2) 50 厚碎石回填

①采用人工和机械结合施工，自卸汽车运 50mm 厚碎石，再用人工回填平整。

②在铺筑碎石前，应将周边的浮土、杂物全部清除，并洒水湿润。

③摊铺碎石时无明显离析现象，或采用细集料作嵌缝处理。经过平整和整修后，人工压实，达到要求的密实度。

(3) 铺设素混凝土垫层

①混凝土的下料口距离所浇筑的混凝土表面高度不得超过 2m。

②混凝土的浇筑应分层连续进行，一般分层厚度为振捣器作用部分长度的 1.25 倍，最大不超过 50cm。

③采用插入式振捣器时应快插慢拔，插点应均匀排列，逐点移动，顺序进行，不得遗漏，做到振捣密实。

④浇筑混凝土时，应经常注意观察模板有无走动情况。当发现有变形、位移时，应立即停止浇筑，并及时处理好，再继续浇筑。

⑤混凝土振捣密实后，表面应用木抹子搓平。

⑥混凝土浇筑完毕后，应在 12h 内加以覆盖和浇水，浇水次数应能保持混凝土有足够的润湿状态。养护期一般不少于 7d。

(4)浇筑钢筋混凝土独立基础

①垫层达到一定强度后,在其上画线、支模、铺放钢筋网片。次下部垂直钢筋应绑扎牢,并注意将钢筋弯钩朝上,连接柱的插筋,下端要用90°弯钩与基础钢筋绑扎牢固,按轴线位置校核后用方木架成井字形,将插筋固定在基础外模板上。底部钢筋网片应用与混凝土保护层同厚度的水泥砂浆垫塞,以保证位置正确。

②在浇筑混凝土前,应将模板和钢筋上的垃圾、泥土和钢筋上的油污等杂物清除干净。模板应浇水加以润湿。

③浇筑现浇柱下基础时,应特别注意柱子插筋位置的正确,防止造成位移和倾斜。在浇筑开始时,先满铺一层5~10cm厚的混凝土,并捣实,使柱子插筋下段和钢筋片的位置基本固定,然后对称浇筑。

④基础混凝土宜分支连续浇筑完成。

⑤基础上有插筋时,要加以固定,保证插筋位置的正确,防止浇筑混凝土时发生移位。

⑥混凝土浇筑完毕,外露表面应覆盖浇水养护。

1.1.3.3 地坪施工

主要施工流程:素土夯实→500mm厚塘渣分层夯实→80mm厚碎石垫层→100mm厚C20素混凝土垫层→30mm厚1:3水泥砂浆结合层→30mm厚花岗石铺面。

具体做法类似于石材料类铺面的施工工艺。

1.1.3.4 亭身木结构施工

施工工艺流程:材料准备→木构件加工制作→木构件拼装→质量检查。

(1)木料准备

采用菠萝格成品防腐木,外刷清漆两度。

(2)木构件加工制作

按施工图要求下料加工,需要榫接的木构件要依次做好榫眼和榫接头。

(3)木构件拼装

所有木结构采用榫接,并用环氧树脂黏结,木板与木板之间的缝隙用密封胶填实。施工时要注意以下几点:

①结构构件质量必须符合设计要求,堆放或运输中无损坏或变形。

②木结构的支座、支撑、连接等构件必须符合设计要求和施工规范的规定,连接必须牢固,无松动。

③所有木料必须经防腐处理,面刷深棕色亚光漆。

(4)质量检查

亭子属于纵向建筑,对稳定性的要求比较高,拼装后的亭子要保证构件之间的连接牢固,不摇晃;要保证整个亭子与地面上的混凝土柱连接良好。

【任务实施】

1. 目的要求

了解园林中各种不同类型的景亭,掌握景亭的设计方法与技巧。

2. 材料用具

测量仪器、绘图工具等。

3. 方法步骤

(1) 了解地形、地貌、地质、气候和水文等自然条件,并了解城市人文、城市历史和室内庭园所在建筑的性质(功能作用)等。

(2) 测绘设计地段地形图。

(3) 构思设计方案。

(4) 多方案比较与选择、深入与调整。

(5) 正式绘制设计图纸。

4. 考核评价

完成分析报告 1 份(包括亭的布局形式、所采用的造景手法、结构分析等)、设计图纸 1 套(包括平面图、立面图、效果图、结构图等)、设计说明书 1 份。

【自主学习资源库】

1. 园林建筑设计. 卢仁,金承藻. 中国林业出版社,1991.
2. 中国园林建筑施工技术. 田永复. 中国建筑工业出版社,2002.
3. 园林建筑设计. 杜汝俭,李恩山,刘管平. 中国建筑工业出版社,1986.
4. 网易园林 http://co.163.com/index_yl.htm.
5. 筑龙网 http://www.zhulong.com.
6. 园林在线 http://www.lvhua.com.

任务 1.2 景廊设计与施工技术

【工作任务】

园林中的廊是亭的延伸,是联系各风景点建筑的纽带,随山就势,曲折迂回,逶迤蜿蜒。廊既能引导视角多变的导游交通路线,又可划分景区空间,丰富空间层次,增加景深,是中国园林建筑群体中的重要组成部分(图 2-1-31、图 2-1-32)。

图 2-1-33 是某小游园的景廊方案设计图。要求学生能够结合所学的有关知识,按照项目建设单位的要求,完成项目中的景廊方案设计、施工图设计或项目施工任务。

图 2-1-31　苏州拙政园小飞虹

图 2-1-32　长沙岳麓书院碑廊

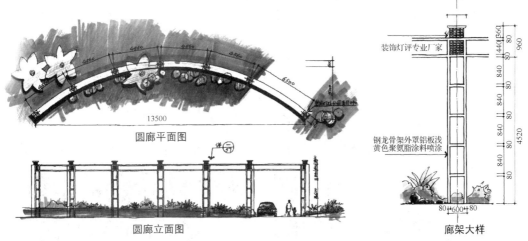

图 2-1-33　圆廊方案设计

【理论知识】

1.2.1　概述

1.2.1.1　传统廊

(1) 概念

廊包含两部分(图 2-1-34)，一部分是屋檐下的过道，另一部分是独立有顶的通道。景廊在园林中可以起到分隔景致，划分空间，组成景区，形成透景、借景等多种形式布局的作用，同时其本身亦是园中一景。它是从室内走向室外的过渡空间，现代建筑空间理论中称为"灰空

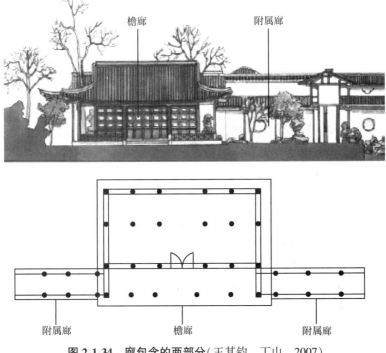

图 2-1-34　廊包含的两部分(王其钧，丁山，2007)

间"。可以说，如果没有廊，就不会有今天我们所看到的极富空间感与层次感的建筑群。

廊是中国传统建筑中极其重要的建筑形式，广泛应用于宫殿、寺庙、住宅、园林中。廊以其多变的形态，在建筑群体组合中发挥着重要作用，同时也体现了中国社会传统的价值观念、生活方式、审美情趣及建筑思想。

在苏州网师园中，从看松读画轩到月到风来亭，再到濯缨水阁，又到小山丛桂轩和蹈和馆，都用廊相连（图2-1-35）。一者，如此做雨天可不走湿路；二者，可以成景，廊的形象也很生动。北京颐和园里有长廊，在万寿山南、昆明湖边，长达728 m，是世界上最长的廊（图2-1-36）。此廊做得相当考究，雕梁画栋，属皇家园林建筑风格。

图2-1-35　网师园中联系景点的景廊　　　图2-1-36　颐和园中装修讲究的长廊

（2）功能

在园林中，廊不仅作为个体建筑联系室内外的手段，而且还常成为各个建筑之间的联系通道，成为园林内游览路线的组成部分。其作用主要体现在以下几个方面：

①联系交通。廊是具有线形的空间形态，游人在通道或行走中，其发生的活动是具有明显指向的交通联系活动。

②作为室内各处联系的过渡空间，增加建筑的空间层次。

③提供遮阴、避雨、休息、赏景的场所。

④长廊还可用来划分空间、组织景区，在廊墙之间形成肩部小空间，打破墙面的闭塞、单调，使虚实相间，景色渗透，增加风景深度。上海豫园从方亭出发向东，有两条紧靠在一起的廊，中间隔一面墙，墙北可通万花楼，墙南则达两宜轩。隔墙上有漏窗，两者可望而不可及，情趣非凡。

（3）类型

廊最初是作为建筑间的连接体而出现的，中国廊的形式和设计手法丰富多样。按不同的分类标准，景廊可以分为不同的形式（图2-1-37）。

按材质可以分为木结构、砖石结构、钢及混凝土结构、竹结构等。按结构形式可分为双面空廊、单面空廊、复廊、双层廊、单支柱廊。按平面形式可分为直廊、曲廊、回廊。按其与地形、环境的关系可分为平地廊、抄手廊、山地廊、叠落廊、水廊、桥廊。

①双面空廊两侧均为列柱，没有实墙，在廊中可以观赏两面景色。双面空廊不论直

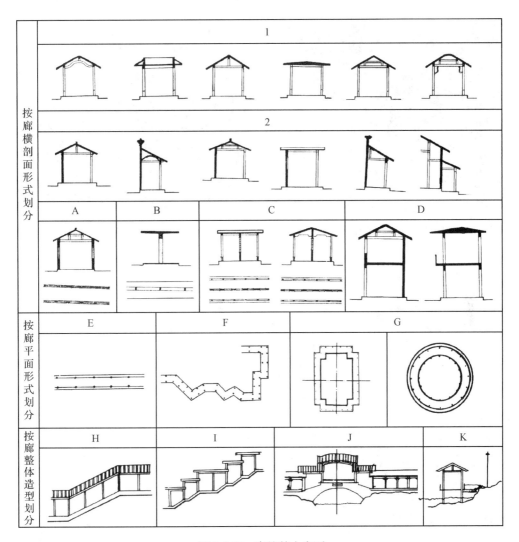

图 2-1-37 廊的基本类型
1. 双面空廊 2. 单面空廊 A. 暖廊 B. 单支柱廊 C. 复廊 D. 双层廊
E. 直廊 F. 曲廊 G. 回廊 H. 爬山廊 I. 叠落廊 J. 桥廊 K. 水廊

廊、曲廊、回廊、抄手廊等都可采用，不论在风景层次深远的大空间中，或在曲折灵巧的小空间中都可运用。

廊两边景色的主题可相应不同，但当沿着廊引导游览路线时，必须有景可观。图2-1-38为东莞粤晖园的绕翠廊，廊为双面空廊结构，绕园而建，廊宽近3m，廊柱高3m，全长3.2km。廊随形而弯，依势而曲，穿花透树，蜿蜒曲折，把粤晖园内的几组建筑群在水平方向上联系起来，增强了景色的空间层次和整体感，成为游园的交通纽带。

②单面空廊有两种，一种是在双面空廊的一侧列柱间砌上实墙或半实墙而成的；一种是一侧完全贴在墙或建筑物边沿上（图2-1-39）。单面空廊的廊顶有时做成单坡形，以利排水。江南园林因园常紧连住宅而设，使用较多。网师园立面中，如果没有廊子只有近景会因后面的大面积实墙造成压抑感。廊子和亭榭粉墙结合形成中景，丰富了轮廓并造成光影

图 2-1-38　粤晖园双面空廊　　　　　图 2-1-39　单面空廊

变化，产生多重韵律感。另外，当两面景观质量有较大差异或一侧需要封闭时亦可用单面空廊加以分割，视情况而决定是否在墙面一侧设置漏窗。

③复廊　在双面空廊的中间夹一道墙，就成为复廊，又称为里外廊（图 2-1-40）。它的作用是兼顾两边景观，同时还可以延长游览线。因为廊内分成两条走道，所以廊的跨度大些。当两边景物不宜同时出现时就可以引用复廊，在中间墙上开有各种式样的漏窗，从廊的一边透过漏窗可以看到廊另一边的景色，一般设置两边景物各不相同的园林空间。苏州沧浪亭的复廊就是一例，它妙在借景，把园内的山和园外的水通过复廊互相引借，使山、水、建筑构成整体。

 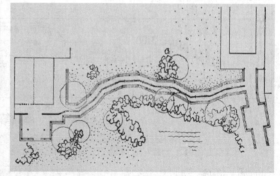

图 2-1-40　苏州怡园复廊

④双层廊　上下两层的廊，又称为楼廊、阁道。顾名思义，在古代木结构建筑适于平面延伸布置和垂直点式安排的条件下，它既有楼阁高起的形象，又可供人长久游览，富于变化。它为游人提供了在上下两层不同高程的廊中观赏景色的条件，也便于联系不同标高的建筑物或风景点，以组织人流，可以丰富园林建筑的空间构图，如扬州寄啸山庄（图 2-1-41）。也可以双层廊分隔住宅和园林，其主要一段采用游廊结合复廊的形式，在中间隔墙上开窗便能同时俯视两侧景观，立面上也尽量让廊顶有所变化。

⑤单支柱廊　只在中间设一排列柱的廊子，这种形式的廊轻巧空灵。

⑥山地廊　很多山地建筑组群内都设有廊。不仅可以使山坡上下的建筑之间有所联系，而且廊随地形有高低起伏变化，以丰富园景。这类景廊宜在面积较大的园林内布置。

较为成功的有颐和园内的排云殿和画中游爬山廊(图2-1-42)、北海的濠濮间等处。濠濮间是一处以幽谷静水引人怀古深思的地方，四周用土山围合，廊由景区西南角开始进入，起到了引导作用。在到达山顶开始下行时，曲廊顺着山势逶迤而下，濒临水榭而终结，与起伏的山坡浑然一体。爬山廊的蜿蜒曲折还可以强调山势，丰富山地空间构图。它一般可分为斜坡式和阶梯式。

图 2-1-41　扬州寄啸山庄双层廊　　　　图 2-1-42　颐和园画中游爬山廊

⑦平地廊　小空间中(如江南私家园林)常将廊沿界墙设置。大空间中廊常作为划分景区的主要手段之一，如北海画舫斋。

⑧水廊　苏州拙政园"小飞虹"向上拱起，有轻盈飘动之感，既深化了"小沧浪"前的层次，本身也成为观赏的对象。

1.2.1.2　现代廊

现代廊的制作材料及做法灵活多样，与传统廊相比，现代廊往往有更大的空间以容纳更多的人休憩和活动，设计更人性化。

(1)现代廊形式

①休息廊　目前休息廊主要有两种类型，一种休息廊和传统园林廊类似，主要利用廊两侧座椅供人们休息。一般应布置在风景比较优美的环境当中，使人们在休息的过程中有佳景可观，同时，休息廊自身的造型要生动，使之不仅有观景的作用，还有点景的功能。

②游廊　和传统园林景廊类似，起到引导和暗示的作用。起导游作用的走廊，沿廊也须有佳景可赏，最好采用曲折回廊，以便使游人左顾右盼，使两边景色各具特点。近些年来，在一些公园或风景区的开阔空间环境中新建的游廊，既着眼于利用廊围合与组织空间，又常在廊赏两侧柱间设置座椅，提供休息环境。将游廊与休息廊相结合，廊的平面围合方向则面向主要景区，如杭州花港观鱼公园的游廊(图2-1-43)。

③展览廊　和各种展室和陈列室结合，形成以展览为主要目的的廊空间，如书画展览廊、金鱼廊等。

④门廊　廊与大门结合，充分利用线形的廊，可以形成各种形状。结合大门设计，可以限定出入口空间，使空间具有领域性，同时，可利用廊的围透关系，将园内的景色引入园外，引起游人参观的兴趣。同时廊可和休息座椅结合，使入口空间满足等候休息的需求。如扬州瘦西湖的入口采用亭廊结合的方式，园内的景色与园外的景色相融。

图 2-1-43　杭州花港观鱼公园的游廊

此外，现代园林中还经常会出现构架廊、柱廊等，强调装饰效果（图 2-1-44、图 2-1-45）。

现代廊尤其在立面造型上较传统廊有了很大的发展，主要有平顶廊、折板顶廊、拱顶廊、十字拱顶廊、伞状顶廊、斗状顶廊等（图 2-1-46）。

图 2-1-44　以装饰为目的构架廊　　图 2-1-45　具有西方古典建筑的柱廊

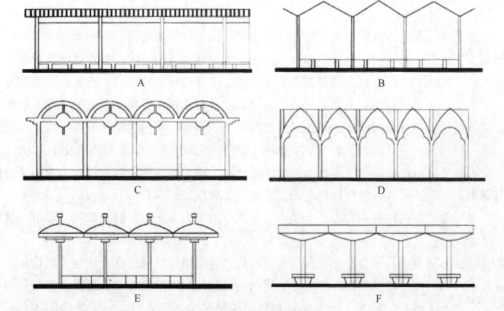

图 2-1-46　现代廊立面造型

A. 平顶廊　B. 折板顶廊　C. 拱顶廊　D. 十字拱顶廊　E. 伞状顶廊　F. 斗状顶廊

(2)现代廊设计特点

①功能突出、类型多样　由于现代园林空间一般较大,园林建筑的比重减小,而且较为分散,景廊一般不再以连接和联系功能为主要功能。现代园林建筑以满足游人的需要为目的,更注重其功能的属性。因此,园廊常常和其他功能的建筑组合而形成新的功能。如与小卖部、休息室、陈列室结合等形成多种功能的景廊。

②结构先进、造型新颖　现代科技对新材料、新技术、新工艺的有力支持,使景廊设计更加多样化,创造出具有时代特征的新的形式风格。如在现代园林景观中可采用张拉膜结构形成廊的空间,使得廊的结构轻巧简单,造型新颖,与周围现代建筑相协调,形成遮阳挡雨和引导广场人流的廊空间。

1.2.2　景廊设计

1.2.2.1　设计手法

景以境出是中国传统园林创作之本,廊的布局和构思也同样表现出这样的特点。

据资料记载,越王勾践因战败赴吴作人质,并向吴王夫差进贡大量珍贵财富和美女。夫差宠爱西施,为了让她表演,在御花园的一条长廊中,命人把廊下挖空,放进大缸,插上木板,取名"响屐廊"。同时,夫差又为她在灵岩山兴建了一座规模宏大的大型离宫——馆娃宫,依山设廊,蜿蜒而下,宛若游龙,在山间形成一道人工长廊(图2-1-47)。

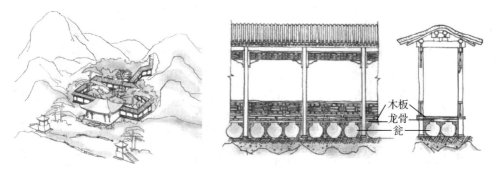

图 2-1-47　响屐廊想象(张晓燕,2008)

1.2.2.2　造型设计

(1)廊的平面设计

①廊的平面类型　从平面构成的角度来看,廊是园林中的线性元素,其平面形式可分为直廊、曲廊、回廊和抄手廊(图2-1-48)。

直廊　廊呈一直线向前延伸,这是廊最原初的平面形态。廊的其他各种不同形态都是由基本的直廊组成。由于本身所具有的规则感和秩序感及理性、庄重等特性,因此,直廊多用于皇家园林和私家园林的住宅部分。同时,直线在凸显整个空间构图的完整性中具有重要作用,如简洁地分隔空间、形成块面的整体效果等。另外,直廊具有节约空间的作用,因此,在面积较小或密度较大的空间中,也常常使用直廊,如小型私家园林的沿墙走廊等。

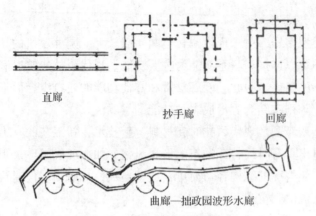

图 2-1-48　廊的平面类型

曲廊　曲线形的廊称为曲廊。例如，大唐芙蓉园中的水边休息长廊就是采用弧形的唐式曲廊（图 2-1-49）。"曲径通幽"是中国传统园林对空间意境的追求，由于中国很多私家园林面积有限，而又讲究无限的空间，因此园林中更多使用曲廊。这种曲廊多采用空廊的形式，多无所依傍，较少牵制，更可以在山水和建筑物之际的空间里按照美的法则自如地布形。园林中大量存在由直廊转折而形成的曲廊，即廊以 90°角转弯，这种曲廊和直廊之间没有严格的分划，在很多情况下强调廊的连续性和整体性时多使用此种形式，而曲廊的每一段实际上都是直廊组成的。因此这样的廊子也多用在皇家园林，以体现皇家的庄重、严整的气氛。而私家园林则在园林住宅部分占较多比重，山池面积较小的园林中尤为多见。

图 2-1-49　大唐芙蓉园休息长廊

抄手廊和回廊　应该是由直廊所组成最为常见的形式，常见于住宅和宫殿的布局当中。回廊是通过直廊旋转所得。一般布置在建筑物周围，大树周围或水池周围。回廊能够较好地围合、组织空间，达到多样统一的空间效果。如北京公园画舫斋中的廊。

②廊的平面尺度与比例　传统园林的廊在平面尺度上追求"雅"，即与环境相融合。建筑的平面尺度较小，表现在廊子的宽度较小，进深也不大，像用在庭院里的廊，一般的是进深 1m 有余，有"四尺廊子"之说。因此，园林中廊的形式以玲珑轻巧为上，尺度不宜过大，一般净宽 1.2~1.5m，柱径 15cm 左右，柱高 2.5m 左右。柱距则往往在 3m 以内，一

方面是结构的限制，另一方面也是空间效果的需要，过疏则削弱了其深远的空间感；过密则失其通透空灵。

(2) 廊的立面设计

①为开阔视野四面观景，立面多选用开敞式的造型，以轻巧玲珑为主。在功能上需要私密的部分，常常借加大檐口出挑，形成阴影。为了开敞视线，亦做漏明墙处理。

②在细部处理上，可设挂落于廊檐，下设置高1m左右的栏杆或在廊柱之间设空间设0.5~0.8m高的矮墙，上覆水磨石砖板，以供坐憩，或用水磨石椅面和美人靠背与之相配。

③传统的复廊，厅堂四周的围廊，结顶常采用各式轩的做法。现代的廊一般不做顶，如采用吊顶装饰也以简洁为宜。

④亭廊组合是我国园林建筑的特点之一，廊结合亭可以丰富立面造型。扩大平面重点地方的使用面积，设计时要注意建筑组合的完整性与主要观赏面的透视景观效果，使亭廊形成有统一风格的整体。

(3) 廊的剖面设计

①廊的剖面类型　从廊横剖面来划分，廊主要有双面、单面、复廊、双层廊(见图2-1-41) 4类。

②廊的剖面结构　廊多为四檩卷棚，其基本构造由下而上为：廊柱，柱头之上在进深方向支顶四架梁，梁头安装檐檩，檩与坊之间装垫板，四架梁之上安装瓜柱或柁墩支撑顶梁(月梁)，顶梁上承双脊檩，脊檩之下附脊檩枋。屋面木基层钉檐椽、飞椽，顶步架钉罗锅椽。游廊常常数间连成一体，为增加廊的稳定性，每隔三四间将柱子深埋地下(图2-1-50)。廊的结构是极其简单的，正因为其简单的结构，才可以在平面上自由组合，立面上高低错落，形成变化统一的廊空间，从而在建筑组群和园林中担当了重要的角色。

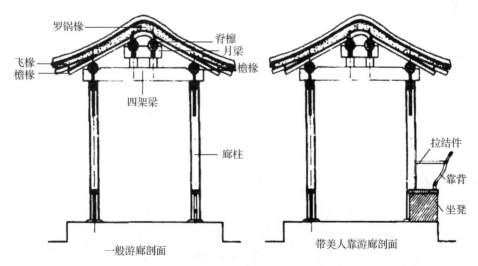

图 2-1-50　廊的剖面结构(张晓燕，2008)

③园廊的剖面尺度与比例　传统园林中的廊常常"踩山腰，落水面"，因此，廊只有以较小的尺度才能烘托出山的雄伟、水的开阔。园林中的廊，高度往往不大，一般天花板净高不大于3m，常在2.15m左右，使人感到其为亲切，也使游客的注意力不至于向上分散。园廊

的总高度一般在 4m 左右，配合不宽的平面，整体小巧（图 2-1-51）。同时廊各部分的尺度有一定的比例关系，这种比例来自人的活动和感觉的舒适性，所以能产生人情味。廊的两侧若开敞，常设墙或空栏，其高度往往在 70~80cm，廊内的空栏距地面高 40~50cm。这个高度在视觉上正好能有效地使人产生空间界定感，而且也恰好能使游人舒适地坐下小憩。

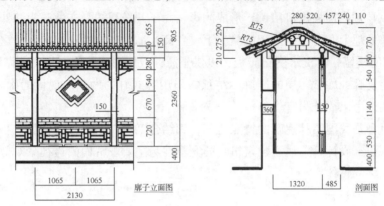

图 2-1-51　颐和园长廊剖面尺寸示意图（张晓燕，2008）

(4) 廊的装饰

廊的装饰应与功能、结构密切结合。檐枋下的挂落（北方称楣子）在古典园林中多采用木制，雕刻精细；而现代园林中多取样简洁坚固，廊下部设置坐凳栏杆，在休息椅凳下设置花格（又称坐凳楣子），既能休息防护，又与上面的花格相呼应构成框景效果。在南方园林中，为了防止雨水溅入及增加廊的稳定性，将坐凳做成实体矮墙。一面有墙的廊，在墙上尽可能开些漏花窗，达到取景、采光、通风的效果。另外，在廊的内部梁上、顶上可绘制苏式彩画，从而丰富游廊内容。廊的装饰有坐椅、美人靠、花格、额枋。

在色彩上，由于历史传统原因，南方与北方大不相同。南方与建筑配合，多以灰蓝色、深褐色等素雅的色彩为主；而北方多以红色、绿色、黄色等艳丽的色彩为主，配合苏式彩画的山水人物丰富装饰内容，以显示富丽堂皇。在现代园林中，较多采用水泥材料，色彩以浅色为主，以取得明快的效果。

(5) 廊的材料

新材料、新结构的使用，给园林中廊的造型提供了多种可能（图 2-1-52 至图 2-1-55）。

图 2-1-52　昆明世博园候车廊

图 2-1-53　广场张拉膜连廊

图 2-1-54　街头游园休息廊

图 2-1-55　巴黎凡尔赛宫宫苑中圆形柱廊之局部

用钢筋混凝土结构塑成传统的形式，但做成平顶，方便简洁，与近代建筑配合适宜，可以不要装饰，梁也可做在屋顶上（反梁）。平面也可做成任意曲线，立面利用新结构可做成各种薄壳、折板等丰富多彩的造型。利用廊的统一单元性，钢筋混凝土结构可实现单元标准化、制作工厂化、施工装配化。

此外，利用新型轻质高强复合材料与软塑料防水材料可以做成悬索、钢网架等造型各异的廊。因为廊只有防雨遮阳而无保温要求，这使利用复合材料做顶更加方便，因此，可以利用塑料的弯曲自由的特性做成各式新颖美观的造型。

1.2.2.3　廊与环境

《园冶》："廊基未立，地局先留，或馀屋之前后，渐通林许。蹑山腰，落水面，任高低曲折，自然断续蜿蜒，园林中不可少斯一断境界。"可见，布置园廊，要先留出地基位置，可置于房前屋后，也可在山地和水面自由布置。因此，园林建筑设计时，一种是廊与其他建筑配合，主要起到连接和围合的作用，园廊处于衬托地位；另一种是在恰当环境中，园廊成为主要点景建筑，完善景物的构图。

（1）平地建廊

在园林的小空间中或小型园林中建廊，常沿建筑的界墙和建筑物以"占边"的形式布置，形式上有一面、二面、三面和四面建廊的，利用廊、墙、房等围合庭院组景，形成四面环绕的向心布局，争取中心庭院具有较大的空间。平地建廊还可作为动观的游览路线来设计，连接各景点，廊随形而弯，依势而曲。沧浪亭中随意曲折的复廊，使廊的两面相隔而又相连（图 2-1-56）。

复廊内侧　　　　　复廊外侧

图 2-1-56　沧浪亭中随意曲折的复廊

(2) 就水建廊

廊与水面的关系可以分为临水而建、架水而建和跨水而建（图2-1-57）。

①临水而建　廊基或紧临水面，景廊的平面大体贴紧岸边，尽量与水接近；或大致顺延于水岸，在水池自然曲折的情况下，景廊大多沿边成自由式格局，顺自然地势与环境融体，以求自由活泼。廊可直可曲，水岸规整者，景廊以岸壁为基而紧邻于水。水岸曲折自然者，园廊大致沿水边成自由式布局，廊基也不同于砌成整齐的驳岸，可以采用湖石形成高低起伏的驳岸。

②架水而建　景廊如同漂浮在水面，为了使景廊与水面紧密结合，伸入水中的廊基一般不用粗石砌成实的驳岸，而采用下部架空的方法，使水漫入建筑底部，建筑有漂浮于水面上的感觉。具体做法可以用湖石包住基础，形式自然，有的从临近建筑挑出飞梁，承托浮廊，也有从界墙上伸出跳板，从外观上看不到支撑。如拙政园的波形廊。

③跨水而建　是指跨越河道、水面上的廊，有的可成为桥廊，一般都兼有交通和游览的功能。人置身廊上，俯瞰水面，具有很好的观赏条件，分隔水面，形成丰富的景深。如上海豫园积玉水廊（图2-1-58），使人感到水源深远。

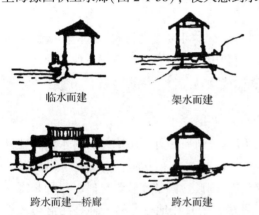

图 2-1-57　廊与水面之间的关系

图 2-1-58　豫园积玉水廊跨水而建

(3) 因山建廊

由于园廊的结构简单，构件尺寸小，组合灵活，因而不仅从平面上讲可以任意转折，从高程上讲还可以起伏自如地做成倾斜度各不相同的"爬山廊"，供游人登山观景和联系山坡上下不同高程的建筑物之用，也可借以丰富山地建筑的空间构图。爬山廊有的位于山之斜坡，有的依山势蜿蜒转折而上。廊子的屋顶和基座有斜坡式和层层跌落的阶梯式两种。有时把俗称的"爬山廊"细分为爬山廊和迭落廊两种。爬山廊是联系不同标高上建筑空间的，往往需要做一定的土方工程，使之形成梯级；迭落廊一般用于地形变化不大，而又希望获得较大空间落差的院落中，这种廊呈阶梯状，其外观有高低错落和明显的韵律感。

1.2.3　景廊施工

1.2.3.1　定点放线

根据景廊设计图和地面坐标系统的对应关系，用测量仪器把景廊的平面位置和边线测放到地面上，并打桩或用白灰做好标记。

1.2.3.2 基础施工

根据放线,比外边缘宽20cm左右挖好槽之后,用素土夯实,松软处要进行加固,不得留下不均匀沉降的隐患,再用150mm厚级配三合土做垫层,依次铺筑热层:150厚三合土、100厚C20素混凝土和150厚C20钢筋混凝土做基础。

1.2.3.3 柱身施工

安装模板,浇筑下为460mm×460mm、上为300mm×300mm的钢筋混凝土柱子。混凝土的组成材料为:石子、沙、水泥和水按一定比例均匀拌和,浇筑在所需形状的模板内,经捣实、养护、硬结成景廊的柱子。

1.2.3.4 装饰施工

清理干净浇筑好的混凝土柱身后,用20mm厚1:2砂浆粉底文化石贴面。

1.2.3.5 廊顶施工

采用专用塑料花架网格安装120mm×360mm的菠萝格,作为景廊的顶部。

【任务实施】

1. 目的要求

了解园林中各种不同类型的景廊,掌握景廊的设计方法和技巧。

2. 材料用具

测量仪器、绘图工具等。

3. 方法步骤

(1)了解地形、地貌、地质、气候和水文等自然条件,并了解城市人文、城市历史和室内庭院的所在建筑的性质、功能、作用等。

(2)测绘设计地段地形图。

(3)构思设计方案。

(4)多方案比较与选择、深入与调整。

(5)正式绘制设计图纸。

4. 考核评价

完成分析报告1份(包括廊的类型、所采用的造景手法、结构分析等)、设计图纸1套(包括总平面图、立面图、效果图等)、设计说明书1份。

【自主学习资源库】

1. 园林建筑设计.卢仁,金承藻.中国林业出版社,1991.
2. 中国园林建筑施工技术.田永复.中国建筑工业出版社,2002.
3. 园林建筑设计.杜汝俭,李恩山,刘管平.中国建筑工业出版社,1986.
4. 网易园林 http://co.163.com/index_yl.htm.
5. 筑龙网 http://www.zhulong.com.
6. 园林在线 http://www.lvhua.com.

任务 1.3　花架设计与施工技术

【工作任务】

花架是为支持蔓生植物生长而设置的构筑物，既是攀缘植物的棚架，又是人们消暑纳凉的场所。花架在园林中具有亭、廊的功能，做长线布置时，就像游廊一样能发挥建筑空间的脉络作用，形成导游路线；做点状布置时，就像亭子一样，形成观赏点。在我国传统园林中很少采用花架，但在现代园林中融合了中国传统园林和西方园林的诸多技法，因此，花架这一建筑形式日益为造园师所乐用(图2-1-59)。

图2-1-60是某广场休闲花架方案设计图。要求学生能够结合所学的有关知识，按照项目建设单位的要求，完成项目中的花架方案设计、施工图设计或项目施工任务。

图 2-1-59　既能休息又能展示植物的花架

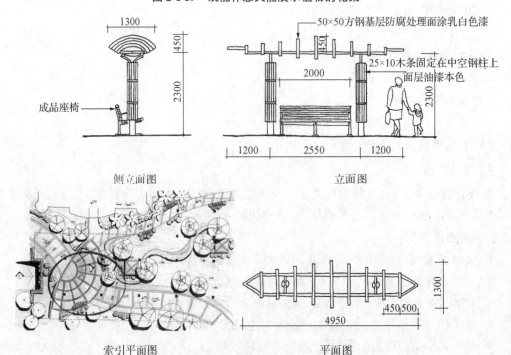

图 2-1-60　江信国际花园五彩船形花架设计图

【理论知识】

1.3.1 概述

花架结构简单，用材少，组合灵活，施工便捷，工程造价低廉。在园林中，不管用地形状、空间大小、地形的起伏变化如何，花架都能组成与环境相协调的构架。既可建成数百米长的长廊，也可以是一小段花墙；既可以是地处一隅的一组环架，也可以建于屋顶花园之上；可以沿山爬行，也可以临水或立于草地中央。因此，近年来应用相当普遍，不仅在园林绿地中广泛设置，甚至在室内、商店、屋顶、天井内也有所见，成为美化与丰富生活环境的重要手段(图 2-1-61)。

图 2-1-61 造型优美的花架

1.3.1.1 作用

花架是园林景观中以建筑与植物相结合的组景素材。

①花架为攀缘植物提供生长的支架。保证植物正常生长，是花架本身造型美的重要体现之一。

②花架是一个通透的游憩空间，尤其在植物生长季节，花架可以提供一个理想的休息及观赏周围景物的场所。

③花架可以用来引导交通或阻止车行，在园中可以构成一条绿色步廊式的导游线。

④花架可以作景框使用，将园中最佳景色收入画面。

⑤花架可以遮挡陋景，用花架的墙体或基础把园内既不美观又不能拆除的构筑物隐蔽起来。

⑥花架还可以用于划分空间和增加景深、层次，是一种较理想的造园艺术手法。

1.3.1.2 类型

①按平面形式分，有直线形、曲线形、三角形、四边形、五边形、六边形、八边形、圆形、扇形以及它们的变形图案。

②按柱的支撑方式分，有单柱式、双柱式、圆拱式。

③按顶部形式分，有平顶式、坡顶式（单面坡、双面坡、四面坡）。

④按组合形式分，常见的有以下几种：

单片式花架　这种花架是最简单的网格式，一般布置在面积较小的环境内，特别是一些庭院。主要作用是为攀缘植物提供生长的支架，在高度上可根据环境需要而定，在长度上可任意延长。材料采用木条或钢铁，对植物要求高，通常选择以观花植物为主。如藤本月季、金银花、多花蔷薇等，植物叶形或株形较好的也可使用（图2-1-62）。

独立式花架　以各种材料做空格，构成墙垣、花瓶、伞亭等形状，用藤本植物缠绕成型，供观赏用。这种花架造型要求高，一般布置在视线的焦点处。因为花架本身的观赏效果较好，所以攀缘植物不宜过多，只要达到装饰和陪衬的效果即可（图2-1-63）。

直廊式花架　最常见的形式，先立柱再沿着柱子排列的方向布置梁，在两排梁上按照一定的间距布置花架枋条，两端向外挑出悬臂，在梁与梁间布置坐凳或花窗隔断，游人不仅可入内休息，还具有良好的装饰效果（图2-1-64）。

组合式花架　一般是直廊式花架与亭、景墙或独立式花架结合，形成一种更具有观赏性的组合式建筑。这种组合要求结合实际，安排好个体之间的位置，同时在体量上注意平衡（图2-1-65）。

图2-1-62　单片式花架

图2-1-63　独立式花架

图2-1-64　直廊式花架

图2-1-65　组合式花架

1.3.2　花架设计

1.3.2.1　位置选择

花架在园林中布局时，首先，要按照所栽植物的生物学特性，确定花架的方位、体量、花池的位置及面积等，尽可能使植物得到良好的光照及通风条件。其次，根据需要和环境条件选址，常设置在风景优美的地方供休息和点景。一般设置在以下位置：

①地形起伏处布置花架，花架本身可随地形的变化而变化，形成一种类似爬山廊的效果，这种花架在远处观赏具有较好的效果。

②环绕花坛、水池、山石布置圆形的单挑花架，可以为中心的景观提供良好的观赏点，或起到烘托中心主景的作用。

③在园林或庭院中的角隅布置花架，可采用附建式，也可采用独立式。附建式属于建筑的一部分，是建筑空间的延续，在此布置可以起到扩大空间的作用。如果花架半边沿着墙面来设置，还可以在墙面上开设窗洞，使其更富有情趣，同时也对封闭或开敞的空间起到良好的作用。

④与亭廊、大门结合形成一组内容丰富的小品建筑，可使之更加活泼。

1.3.2.2 材料选择

建造花架常用的建筑材料有以下几种：

①竹木材　朴实、自然、价廉、易于加工，但耐久性差。竹材限于强度及断面尺寸，梁柱间距不宜过大。

②钢筋混凝土　可根据设计要求浇灌成各种形状，也可做成预制构件，现场安装，灵活多样，经久耐用，使用最为广泛。

③石材　厚实耐用，但运输不便，常用块料做花架柱。

④金属材料　轻巧易制，构件断面及自重均小，采用时要注意使用地区和选择攀缘植物种类，以免灼伤嫩枝叶，并应经常涂油漆养护，以防脱漆腐蚀。

1.3.2.3 造型设计

造型要简洁、轻巧、开敞、通透，不应有复杂的装饰，体量应适宜，与周围环境协调统一。如中国坡顶建筑，花架可配以起脊的椽条。西方柱式建筑，花架也可用柱式造型。

花架的基本构架主要是柱、梁和枋条。花架柱是对花架整体特色最具影响力的一个因素，最简单的是四方柱或圆柱（图2-1-66）；梁大致分为直梁和曲梁；枋条可根据柱的支点位置分为两大类，一类是支点位于中间，一类是支点位于一侧。

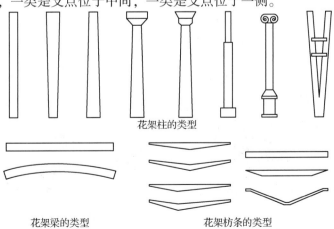

图 2-1-66　花架柱、梁及枋条的类型

现代园林中绿化面积较大，花架在形态、体量、色彩上都较易与环境形成鲜明的对比，引起游人的注目，能显著地表现花架组景、造景的美化艺术效果。花架的造型美往往表现在线条、轮廓、空间组合变化及选材和色彩的配合上。常见的花架平面组合形式如图 2-1-67 所示。

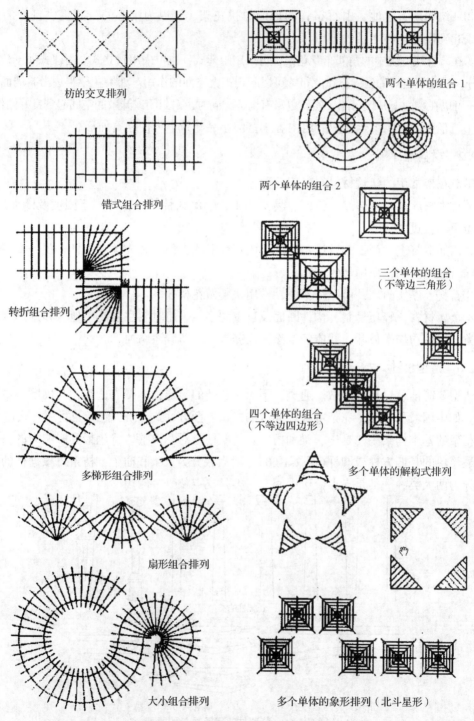

图 2-1-67　花架平面的排列组合形式

1.3.2.4 尺度设计(图 2-1-68 至图 2-1-70)

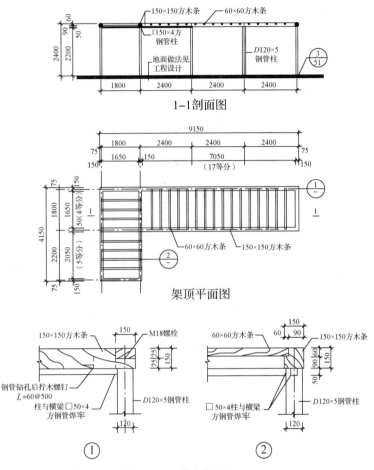

图 2-1-68 花架详图(1)

(1)花架的开间与进深

开间一般设计在 3000~4000mm,过大构件就显得笨拙臃肿。进深通常用 2700mm、3000mm、3300mm。

(2)花架的高度

控制在 2500~2800mm 之间,具有亲切感,一般采用 2300mm、2500mm、3000mm。

(3)花架的枋间距

一般以 300~400mm 为好,最窄不要低于 200mm,最宽不超过 450mm。这是由花架的特性与绿化攀缘植物的生长习性决定的。枋间距太小,不利于阳光射入,太大则植物的枝叶容易掉落。

(4)附属设施

多数花架中附有坐凳、靠背、踏步等设施,由于它们与人的使用有关,在设计中有各自固定的尺度大小。如坐凳宽 450mm,高 450mm;台阶高 120~190mm,宽大于 300mm;靠背高 900mm 左右,等等。

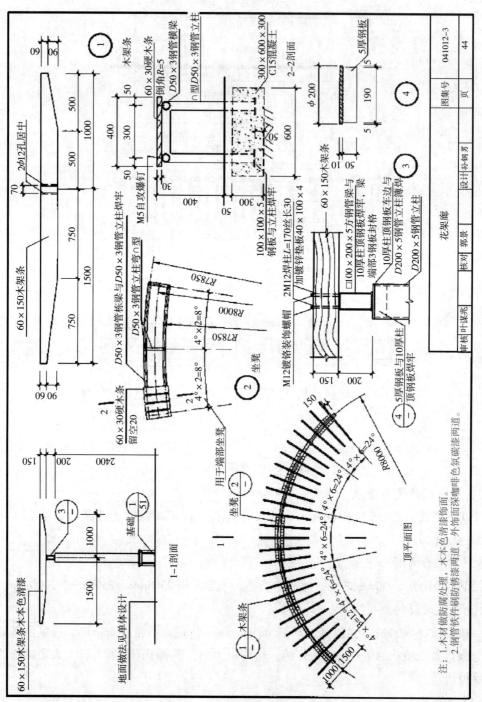

图2-1-69 花架详图（2）

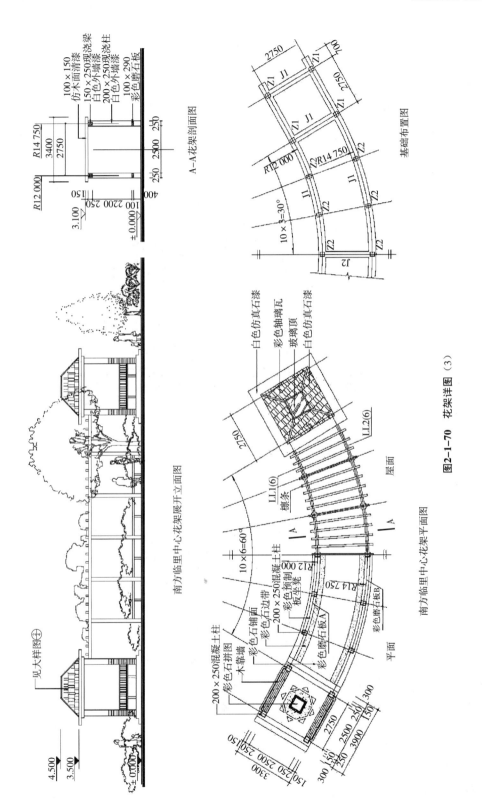

图2-1-70 花架详图（3）

1.3.3 花架施工

下面以木花架施工为例简单介绍花架施工过程(图2-1-71)。

1.3.3.1 材料规格及性能

木花格通常用实木制作，在材料选用时应注意以下几点：

①木质花格宜选用硬木或杉木制作，选用的硬木或杉木要求疖疤少，无虫蛀、无腐蚀现象，并且应干燥(含水率小于12%)。

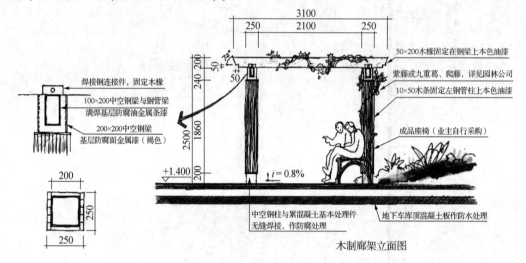

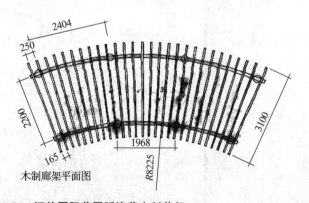

图2-1-71 江信国际花园听涛苑木制花架

②由于木质花格除了榫接方式制作外，还可使用铁板、铁钉、螺栓、胶黏剂等材料，因此，设计与施工要认真选用各种金属联结件、紧固件。

1.3.3.2 施工要点

(1)操作程序

锚固准备→车间预制拼装→现场安装→打磨涂饰。

(2)操作要点

①锚固准备　结构施工时，根据设计要求在墙、柱、梁或窗洞等部位准确埋置防腐木

砖或准确设置金属埋件。

②车间预制、拼装

制作程序　下料→刨面、起线→划线、开榫→连接拼装(装花饰)→打磨画。

制作要点(用实木制作)

- 配料　按设计要求选择符合要求的木材。先配长料，后配短料；先配框料，后配花格料；先配大面积板材，后配小块板材。
- 下料　毛料断面尺寸应比净料尺寸3~5mm，长度按设计尺寸放长30~50mm，锯成段备用。
- 刨面、起线　用刨将毛料刨平、刨光，并用专用刨刨出装饰线。刨料时，不论手工制作还是用机械刨均应顺木纹刨削，这样刨出的刨面才光滑。刨削时先刨大面，后刨小面。刨好的料，其断面形状、尺寸都应符合设计净尺寸的要求。
- 画线开榫　榫结合的形式很多，如双肩斜角明榫、单肩斜角开口不贯通双榫、贯通榫、夹角插肩榫等。画线时首先检查加工件的规格、数量，并根据各工件的颜色、纹理、疖疤等因素确定其内外面，并作好记号。然后划基准线，根据基准线，用尺度量划出所需的总长尺寸或榫肩线，再以总长线或榫肩线完成其他所对应的榫眼线。画好一面后，用直角尺把线引向侧面。划线之后，应将空格相等的两根或两块木料颠倒并列进行校正，检查画线和空格是否准确相符，如有差别即说明其中有错，应及时查对校正。

开榫时先锯榫头，后锯榫眼。凿榫眼时，应将工作面的榫眼两端处保留画出的线条，在背面可凿去线条，但不可使榫眼口偏离线条。榫眼和榫头的配合要求：榫眼的长度要比榫头短1 mm左右，榫头插入榫眼时木纤维受力压缩后，将榫头挤压紧固。榫头不能过松过紧，只能让顺木纹挤压一些，而不能让横木纹挤压过紧，否则会造成榫眼膨胀，影响质量。

拼装　将制作好的木花格的各个部件按图拼装好备用。为确保工程质量和工期，木花格应尽可能提高预制装配程度，减少现场制作工序。

打磨　拼装好的木花格应用细砂纸打磨一遍，使其表面光滑，并刷一遍底油(干性油)，防止受潮变形。

③木花格安装　预制配制好的木花格，可以直接安装到已做成的洞口。其安装方法同普通木格安装方法。

需要注意的是：若采用金属连接件安装木花格，金属连接件表面应刷3遍防锈漆。否则应采用镀锌金属连接件或不锈钢连接件。要求螺钉、铁件等金属紧固件不得外露。

【任务实施】

1. 目的要求

了解园林中各种不同类型的园林花架，掌握园林花架的设计方法与技巧。

2. 材料用具

测量仪器、绘图工具等。

3. 方法步骤

（1）了解地形、地貌、地质、气候和水文等自然条件，并了解城市人文、城市历史和室内庭园的所在建筑的性质(其功能作用)等。

（2）测绘设计地段地形图。

（3）构思设计方案。

（4）多方案比较与选择、深入与调整。

（5）正式绘制设计图纸。

4. 考核评价

完成分析报告1份(包括花架的造景手法、做法、结构分析等)、设计图纸1套(包括总平面图、立面图、效果图等)、设计说明书1份。

【自主学习资源库】

1. 园林建筑设计. 卢仁，金承藻. 中国林业出版社，1991.
2. 中国园林建筑施工技术. 田永复. 中国建筑工业出版社，2002.
3. 园林建筑设计. 杜汝俭，李恩山，刘管平. 中国建筑工业出版社，1986.
4. 网易园林 http://co.163.com/index_ yl.htm.
5. 筑龙网 http://www.zhulong.com.
6. 园林在线 http://www.lvhua.com.

任务 1.4　水榭设计与施工技术

【工作任务】

避暑山庄水心榭建于清康熙四十八年(1709)，横跨于下湖和银湖之间，由5个单体建筑组成，有中心轴线。位于正中间的是一座平面呈矩形的重檐卷棚歇山顶亭式建筑，四面开敞，左右各是一座平面呈方形的重檐四角攒尖顶亭式建筑，亦四面开敞，再左右各是一座牌坊。远望水心榭，石梁横上，亭榭参差，后面又有高山相衬，层次分明，赏心悦目(图 2-1-72)。

图 2-1-73 是桂林杉湖水榭方案设计图。要求学生能够结合所学的有关知识，按照项目建设单位的要求，完成项目中的水榭方案设计、施工图设计或项目施工任务。

图 2-1-72　避暑山庄水心榭

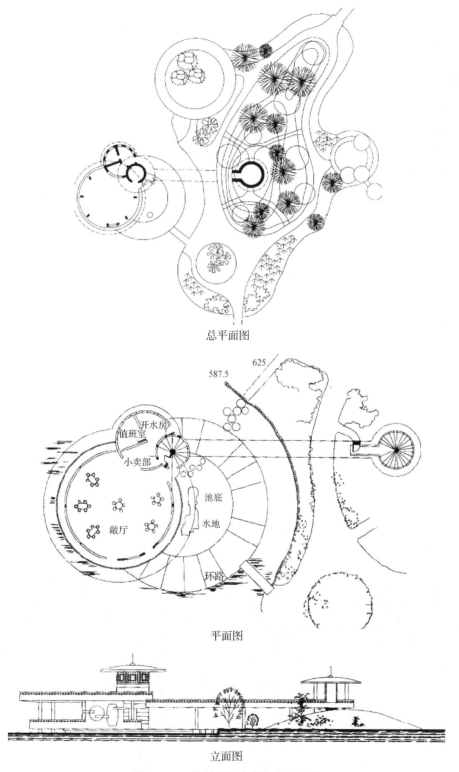

图 2-1-73 桂林杉湖水榭方案设计图

【理论知识】

1.4.1 概述

榭的本意是指土台上的一种木构建筑。《园冶》中曰："《释名》云榭者，籍也。籍景而成者，或水边，或花畔，制亦随态。"榭是凭借的意思，是凭借景境构筑的，或临水际，或隐花间，榭的形式根据环境的不同而随其所宜。园林中的榭并不以建筑型制来命名，主要是依所处的位置而定。如水池边的小建筑可称之为水榭，赏花的小建筑可称为花榭等。常见的水榭大多为临水面开敞的小建筑，前设坐栏，即美人靠，可让人凭栏观景。

1.4.1.1 传统水榭

（1）江南园林的水榭

江南园林多以水池为中心来构图，所以榭常筑置于水边。苏州怡园里的藕香榭，"藕香"意即池中植荷，夏日荷花香满池，别有情趣。建筑为单檐歇山顶，甚有气派。规模较大，面宽10m，进深8m，前后均设门。四周环廊，向东连廊，通向南雪亭。向西也连廊，通向碧梧栖凤小屋。榭之北有一平台，临池而筑，旁有铁栏杆。榭多朝北，这种朝向，目的是避免阳光射在水面上，反射刺眼（图2-1-74）。

（2）北方园林的水榭

北方皇家园林中也借鉴榭这种建筑物，除了建筑形式保留外，其他诸如体形、比例、装修等工艺上都渗入了皇室建筑的色彩，建筑形式变得较为厚重、庄严，体量大而宽。如北京颐和园谐趣园的"洗秋""饮绿"两座临水建筑物。"洗秋"为面阔三间的长方形建筑，卷棚歇山顶，其中轴线正对谐趣园的入口。"饮绿"为一正方形建筑，位于水池拐角的突出部位，它的歇山屋顶变换了一个角度，面向"涵远堂"方向。这两座建筑之间以短廊连成一个整体，体形上富于变化，红柱、灰顶、略施彩画，反映了皇家园林的建筑风格（图2-1-75）。

图 2-1-74 怡园藕香榭

图 2-1-75 颐和园"洗秋""饮绿"水榭

（3）岭南园林的水榭

在岭南园林中，由于气候炎热、水域面积较为广阔等环境因素的影响，产生了一些以水景为主的"水庭"。其中，有临于水畔或完全跨入水中的"水厅""船厅"等临水建筑。在平面布局与立面造型上，都力求轻快、通透，尽量与水面相贴近。有时将建筑做成两层，也是水榭的一种基本形式(图 2-1-76)。

1.4.1.2 现代水榭

①现代榭以水榭居多,即临水而建,体形较为扁而平,并与一层或二层平台组合伸向水面,设休息椅凳或美人靠,以便供人们依水观景(图 2-1-77)。

图 2-1-76　广东番禺余荫山房玲珑水榭

图 2-1-77　桂林杉湖水榭

②水榭建筑形式不拘泥于一种形式,它或圆或角,亦可为不等边形,顶盖可平顶。功能较简单,仅供游人坐憩游赏之用。既可供人们休息、品茗、接待或做其他经营,又可将平台扩大成舞台。

③现代水榭平台布局力求多变。究其原因,一是考虑游人量大,活动方式多样;二是现代水榭应用钢筋混凝土的结构方式,构造稳固,为建造曲折多变的水榭提供了良好的基础条件。

广州天河公园的粤秀园中有一组以岭南水乡庭园为蓝本的民居式水榭。建筑以木料为主制作,悬山坡顶,仿似水乡的临水寮屋,窗棂木台,轻巧雅致,体现了广东民间建筑质朴、温馨的风格,取名为"品酒听泉"(图 2-1-78)。水榭周边,布置有风格相同的精巧小亭,以木做拱桥,迂迴石径,奇异叠石,形成一道别致的风景。

图 2-1-78　"品酒听泉"水榭

1.4.2　水榭设计

水榭作为一种临水园林建筑,在设计上除了应满足功能需要外,还要与水面、池岸自然融合,并在体量、风格、装饰等方面与所处园林环境相协调。

1.4.2.1　位置选择

在可能范围内,水榭应三面或四面临水。如果不宜突出于池岸(湖)岸,也应以平台作为建筑物与水面的过渡,以便使用者置身水面之上,更好地欣赏景物。

1.4.2.2　建筑朝向

建筑朝向切忌朝西,因建筑物伸向水面,且又四面开敞,难以得到绿树遮阴。尤其是夏季为园林游览旺季,更忌西晒。

1.4.2.3 建筑地坪

水榭应尽可能贴近水面。当池岸地平距离水面较远时,水榭地平应根据实际情况降低高度。此外,不能将水榭地平与池岸地平取齐,这样会将支撑水榭下部的混凝土骨架暴露出来,影响整体景观效果。

图 2-1-79　上海复兴公园水榭

图 2-1-80　杭州花港观鱼竹廊水榭"濠上乐"

图 2-1-81　上海南翔古漪园"浮筠阁"

1.4.2.4 建筑造型

水榭的建筑风格应以开朗、明快为宜。要求视线开阔,立面设计应充分体现这一特点。水榭应与水景、池岸风格相协调,强调水平线条。有时可通过设置水廊、白墙、漏窗,形成平缓而舒朗的景观效果。若在水榭四周栽种一些树木或翠竹等植物,效果会更好(图 2-1-79 至图 2-1-81)。

1.4.3 水榭施工

1.4.3.1 定点放线

根据水榭设计图和地面坐标系统的对应关系,用测量仪器把水榭的平面位置和边线测放到地面上,并用白灰做好标记。

1.4.3.2 基础施工

根据放线比外边缘宽 20cm 左右挖好槽之后,用素土夯实,有松软处要进行加固,不得留下不均匀沉降的隐患,再用 150mm 厚级配三合土做垫层,依次铺设垫层:150 厚三合土、100 厚 C20 素混凝土和 150mm 厚 C20 钢筋混凝土做基础。

1.4.3.3 水榭整体木结构施工

(1) 木料准备

采用菠萝格成品防腐木,外刷清漆两度。

(2) 木构件加工制作

按施工图要求下料加工,需要榫接的木构件要依次做好榫眼和榫接头。

(3) 木构件拼装

所有木结构采用榫接,并用环氧树脂黏

结，木板与木板之间的缝隙用密封胶填实。

施工时要注意以下几点：

①结构构件质量必须符合设计要求，堆放或运输中无损坏或变形。

②木结构的支座、支撑、连接等构件必须符合设计要求和施工规范的规定，连接必须牢固，无松动。

③所有木料必须经防腐处理，面刷深棕色亚光漆。

【任务实施】

1. 目的要求

了解园林中各种不同类型的园林水榭，掌握园林水榭的设计方法与技巧。

2. 材料用具

测量仪器、绘图工具等。

3. 方法步骤

(1) 了解地形、地貌、地质、气候和水文等自然条件，并了解城市人文、城市历史和室内庭园的所在建筑的性质(功能作用)等。

(2) 测绘设计地段地形图。

(3) 构思设计方案。

(4) 多方案比较与选择、深入与调整。

(5) 正式绘制设计图纸。

4. 考核评价

完成分析报告 1 份(包括花架的特点、类型、结构分析等)、设计图纸 1 套(包括平面图、立面图、效果图等)、设计说明书 1 份。

【自主学习资源库】

1. 园林建筑设计. 卢仁，金承藻. 中国林业出版社，1991.

2. 中国园林建筑施工技术. 田永复. 中国建筑工业出版社，2002.

3. 园林建筑设计. 杜汝俭，李恩山，刘管平. 中国建筑工业出版社，1986.

4. 网易园林 http://co.163.com/index_yl.htm.

5. 筑龙网 http://www.zhulong.com.

6. 园林在线 http://www.lvhua.com.

【思考与练习】

1. 亭在园林中有哪些功能？

2. 亭有哪些常见布局方式？

3. 简述亭的设计要点。

4. 南北方亭各有哪些特点？

5. 园林中都有哪些不同形式的廊？廊在园林环境中有哪些作用？

6. 廊的屋顶形式有哪些？

7. 园林中不同的地形环境建廊各有什么要求？

8. 园林中廊的设计要点是什么？

9. 中国古典廊有什么特点?
10. 简述花架及挂落的定义。
11. 简述廊与花架的区别。
12. 花架的造型和尺寸是由哪些条件决定的?
13. 举例说明亲水平台在园林中的应用。

项目 2　服务建筑设计与施工技术

◇学习目标

【知识目标】
(1) 认识服务建筑的功能与形式。
(2) 理解服务建筑与周围环境之间的关系。
(3) 掌握服务建筑的设计要点。
(4) 掌握服务建筑设计图的绘制方法。
(5) 掌握服务建筑的施工技法。

【技能目标】
(1) 能绘制服务建筑的平面图、立面图、剖面图及效果图。
(2) 能熟练运用服务建筑的设计技法、设计尺寸与材料选择。
(3) 能够看图识读服务建筑的施工图。

任务 2.1　景区大门设计与施工技术

【工作任务】

在各类园林景区中，大门是游人最先接触的地方，也是进入景区的必经之路。它是最突出最醒目的建筑之一，也是一个景区的标志。建筑师通常根据景区总体规划要求，以及各类景区的性质，灵活运用不同的设计手法来设计大门及建筑环境，使之成为建筑群体的亮点。

图 2-2-1 是某景区大门方案设计图。要求学生能够结合所学的有关知识，按照项目建设单位的要求，完成拟建项目中的大门方案设计、施工图设计或项目施工任务。

【理论知识】

2.1.1　景区大门的功能

无论城市公园还是自然风景区，在其入口处通常设有大门建筑。规模较大的景区还在不同位置设有多处大门，以供游客出入。

在整个园林景区的建筑系统中，大门建筑发挥着不可或缺的作用。景区大门的设计要同时满足两方面的需求：即在使用功能上，景区大门必须起到围合空间、划分空间、组织管理人流和车流等作用；在艺术审美上，大门建筑还兼具装饰性、观赏性，体现出整个景区的特色与风格。

(1) 形成序幕景观及景区标志

所谓"景"就是一个具有观赏内容的单元。园林风景是由多个可供观赏的"景"组成的，一些设计比较成功、本身造型就很优美的景区大门，往往能够成为景区的第一处"景"。如果把景区比作一篇佳作，那么大门则是文章的标题。很多游人喜爱在景区大门外拍照留

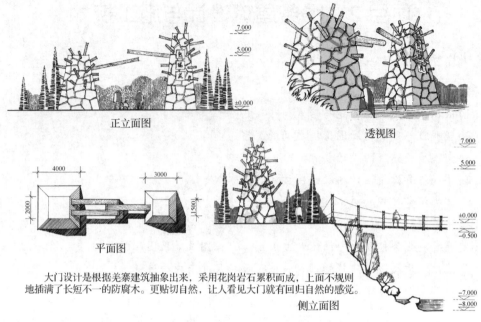

图 2-2-1 四川卧龙熊猫苑大门入口设计

影,一方面是因为此处有名,可留下到此一游的纪念;另一方面则有可能是因为大门的造型优美,设计新颖,富有特色,别具一格。

另外,某些大门能够成为代表整个景区,甚至是所在地域或城市的标志性建筑,比如南京中山陵的"博爱"牌坊门,白色花岗石柱身、蓝色琉璃瓦屋顶、孙中山手书"博爱"金字,整个建筑简洁、大气,有时甚至将此牌坊视为南京这座城市的象征(图 2-2-2)。

景区的形象标志、导览地图、内部景点介绍等,也可以在大门附设的橱窗、宣传栏等图文标志系统上反映出来。同时,大门建筑的风格一般代表了整个景区的风格,可以通过大门的造型设计反映出它的性质和特点。例如,江南私家园林的大门就体现出一种幽静素雅、古典诗意的氛围。动物园、游乐园等,可以将大门设计得活泼有趣、个性突出,来达到吸引游人的目的。

图 2-2-2 南京中山陵景区"博爱"牌坊门

图 2-2-3 桂林七星公园入口标志

(2) 反映景区信息特点

景区大门能够反映出这个景区的等级、性质等信息。例如，旅游景区质量等级，是否为世界文化遗产或重点文物保护单位，是否隶属于其他机构或单位等（图2-2-3）。

(3) 组织管理交通和集散

组织引导游人进出及交通集散，也是景区大门建筑的主要功能之一。园林景区客流量变化很大，在人流高峰时段，景区大门首要任务是如何较好地控制游人的进出。特别是在节假日、集会及园内举行大型活动时，出入口人流及车流剧增，需恰当解决大量人流、车流的交通、集散和安保等问题（图2-2-4、图2-2-5）。例如，一些博览会展园在入口广场设置蛇形护栏通道，使参观者能规范有序地入场（图2-2-6）。除了设置一个或多个大门外，还需设置若干个安全出口，以保证在紧急情况下游人能迅速疏散，方便急救车、消防车的通行。

图 2-2-4　海南天涯海角景区入园高峰时段的人流

图 2-2-5　南京中山陵景区节假日的人流

大门建筑可以凭借布局、地形地势的起伏变化，有效地影响导游路线和速度，可将园区的大门外广场空间进行布局或地形的处理，如利用开敞性布局及平地设计，方便游人行走或车辆到达。

(4) 分隔景区内外空间或不同小景区

利用大门建筑可以明显地分隔园林空间与周边空间，园林内的小景区入口可以划分风景区域或不同景区。为了在有限的面积内构成富于变化的景观，同时也为了满足多种需要，采取分隔景区和空间的手法，把全园分隔为若干景区，各个景区都有主题和特色，这是为丰富园景和扩大空间感所采用的一种手法。

私家园林当中，经常使用穿墙的门洞来分隔各个院落和小园，呈现出不同的景致。比如扬州个园，就利用墙体、门洞等隔断手法，将园子分成春、夏、秋、冬4个景区，在其中分别采用石笋石、太湖石、黄石、宣石等不同石材，营造出春生、夏荣、秋收、冬枯的意境，拓展了园景的欣赏范围，使小小一个园子景致变幻，增添无穷韵味。

现代公园通常在附设其中的盆景园、儿童乐园等区域入口另设大门（图2-2-7）。一些规模较大的风景区本身不可能有围墙和大门，而其范围之内的一些小景区则各自设门，以

图 2-2-6 上海世博会的入口排队护栏

图 2-2-7 上海植物园内盆景园的门洞

便于管理。比如西湖风景区的花港观鱼、柳浪闻莺、曲院风荷等,就用各自的大门建筑把它们从整个西湖大景区当中划分出来,形成彼此独立而又相互联系的一个系统。

(5)提供其他相关服务

景区大门还具有售票、检票等票务功能以及园区的管理功能。此外,在大门设计中,还经常结合其他相关的服务功能,如商品售卖、物品寄存、信息问询以及为老幼病残等特殊游客提供便民设施等。

2.1.2 景区大门的性质

2.1.2.1 大门的特征属性

(1)穿行性

大门是整个建筑空间的交通枢纽,是人流、车流的汇集地,要综合考虑行人及行车的便捷和安全。

(2)防御性

大门的防御功能在其表现形式上,从过去封闭和狭窄的特征逐步向通透和人性化尺度转化。

(3)过渡性

大门联系两个不同区域的节点,使两个空间得以分开又能有机地联系在一起。

(4)标志性

具有标志功能的大门是一种符号,其标志功能的完成要依赖设计者对该符号的编码与受众者的译码基本对应。

(5)文化性

大门作为一个空间序列的起点,直观传达空间区域的文件信息。不同类型的大门传递的文化信息不同,同时带给人们的心理感受也不同。

2.1.2.2 景区大门的性质

(1)纪念性景区大门

纪念性景区包括陵园、故居、纪念馆等。有的是为纪念某位历史名人,如南京中山陵景区、上海鲁迅公园等;有的是为纪念著名战役等历史事件,如安葬七十二烈士的广州黄花岗公园(图 2-2-8)、侵华日军南京大屠杀遇难同胞纪念馆等。纪念性景区一般作为爱国主义教育场所，供人参观，了解相关历史知识，并进行祭扫和追思。

纪念性景区的大门为了与景区性质相契合，在立面上一般是对称的构图手法，经常采用传统的牌坊、石阙或厚重的墩柱等造型，具有庄严、肃穆的性格。广州起义烈士陵园牌坊门将部分构件漆涂为红色，让人不由联想到烈士所抛洒的热血，更营造出一种惨烈、悲哀的氛围(图 2-2-9)。

图 2-2-8　广州黄花岗公园大门

图 2-2-9　广州起义烈士陵园牌坊门

(2) 游览性景区大门

游览性景区主要包括城市园林景点和自然风景区。不管是政府投资兴建的现代公园、古人精心营造的私家园林，还是优美壮丽的山河风光，皆可供游玩娱乐，满足人们丰富节假日生活、放松心情的需求。

游览性景区的大门大多采用非对称的构图手法，以求达到轻松、活泼的效果。例如，北京朝阳公园大门，采用醒目鲜艳的色彩，直线与曲线组合，从视觉上使游人心生舒畅愉悦之感(图 2-2-10)。还有些游览性景区大门尽管是对称式的，但其整体造型相对来说也显得比较自由、新颖。

图 2-2-10　北京朝阳公园大门

图 2-2-11　成都大熊猫繁育研究基地大门

(3) 专业性景区大门

专业性景区一般结合某一特定专业或领域，设置与其主题相关的展出和游览内容(图 2-2-11)，包括动物园、植物园、盆景园、雕塑公园、体育公园、海洋公园等。儿童公园和近年来兴建较多的影视城、主题乐园等也属专业性景区。这类景区中通常提供一些游艺娱乐设施，对象以偏低年龄游客居多。

专业性景区大门要避免千篇一律，最好能结合专业特色考虑，使其更具个性和特色，其手法一般采用寓意而避免过于写实，可将相关图案造型进行抽象处理和艺术加工，增加趣味性。例如，深圳野生动物园的大门是将6只长颈鹿的头颈造型两两组合，形成了3个三角形构图的出入口，富有想象、充满童趣（图2-2-12）。

2.1.3 景区大门的形式

景区大门设计既要考虑在建筑群体中的独立性，又要与全园的艺术风格相一致。成功的大门设计必须立意新颖，巧于布局，富有个性。

传统风格的景区大门建筑通常采用山门式、牌坊式和阙式等几种外观形式。而现代风格的大门造型则以柱式和顶盖式最为常见。

（1）山门式

山门式是我国传统的入口建筑形式之一。"深山藏古寺"，古代一些道观或寺庙等宗教建筑，往往地处深山密林等远离喧嚣的自然环境，常在门外设有"山门"等建筑标志，对其内部的"福地洞天"而言，山门就是一个入口序幕性空间，起着表征和导向的作用（图2-2-13）。山门有内部空间，也就是门堂，多为砖石墙身，坡屋顶，造型敦厚庄重（图2-2-14）。现代景区大门可以利用门堂的内部空间出售门票、纪念品、食品等。

图2-2-12　深圳野生动物园大门

图2-2-13　河南嵩山少林寺大门

图2-2-14　河南洛阳白马寺大门

图2-2-15　广州中山纪念堂大门

如果景区环境规模较大或者纪念氛围强烈，为了使大门与景区环境、性质协调，可以增加大门的体量，将其设计为多开间建筑。如广州中山纪念堂大门，采用传统山门造型，三开间入口显得体型端正、气氛庄重（图 2-2-15）。

(2) 牌坊式

牌坊是一种我国特有的建筑样式，一般用来纪念表彰功德孝义，也有用来表示地名的。其造型美观，具有代表性，因此被沿袭至今用来作为一些区域的入口建筑。按其开间、结构和造型的不同，牌坊一般分为门楼式和冲天柱式两大类（图 2-2-16）。

现代景区的牌坊式大门为了不影响牌坊的传统造型，往往把售票处与之分离，设于门内或门外。一般牌坊多为单列柱结构，规模较大的为了结构的稳定则采用双列柱（图 2-2-17）。牌坊下一般开敞不封闭，如确有管理游人进出的需要，可在牌坊下加设较通透的栅栏门，但要注意其造型上的统一性和协调性。

图 2-2-16　北京明十三陵的门楼式牌坊

图 2-2-17　华南理工大学的双列柱牌坊

牌坊和山门在功能上相仿，作为序列空间的序幕表征，广泛运用于宗教建筑、纪念性建筑等。在空间上两者的区别是：山门有可以供人活动的内部空间——门堂，而牌坊则是一道单片式大门，只能直接穿越。

(3) 阙式

阙，在中国古建筑中也是一种特殊的类型，它历史悠久，自秦汉以来就常见记载，皇宫外两边的称为宫阙，陵墓前两边的称为墓阙，实际上就是外大门的一种形式。石阙一般有阙座、阙身、阙顶三部分（图 2-2-18），形体多带有较大收分，通常为墩状，坚固、浑厚、庄重。双阙一般东西列，南向，子阙位于主阙外侧结成整体。

现代景区阙式大门的造型由古代的阙经过简化或变化而成，有些大门上方设有水平构件，可供安装名称题字（图 2-2-19），门内也设栅栏门管理游人进出。但为了保持原本的历史风貌，阙式大门最好为开放式；同时，两阙之间不设横向构件，遥遥相对，门宽则可增加到十几米甚至几十米，起到方便大量人流通行的作用。另外，由于阙座

图 2-2-18　四川雅安汉代高颐阙

图 2-2-19 河南洛阳龙门石窟大门　　　　图 2-2-20 扬州汉广陵王墓博物馆大门

的底面积较大,可以利用它的内部空间作为售票处、小卖部或管理用房等(图 2-2-20)。

(4)柱式

柱式大门可视为阙式大门的简化形式,它和阙式大门的共同点是:门座一般独立,其上方没有横向构件,区别在于柱式门较修长。

对称构图、双柱并列的柱式大门比较常见,另外,也有非对称式高低双柱和独立单柱大门。由于常规的柱式大门造型相对简单(图 2-2-21),一般用在早期的学校、企业、机关单位等入口,如运用在园林景区环境中则会显得呆板无新意。因此,现在通常将柱的造型进行变化,如加以收分、轮廓不规则,还可与其他横向、斜向、曲线、弧形构件或更自由的造型穿插、组合。如四川康定情歌(木格措)景区的大门就采用了这种手法,高低错落、横竖结合,取得较好的视觉效果(图 2-2-22)。另外,独立单柱大门也通常与较扁平的入口建筑相结合,在构图上产生横向线条和竖向线条的方向对比。

图 2-2-21 早期柱式大门造型单调缺乏新意　　　　图 2-2-22 四川康定情歌(木格措)景区大门

(5)顶盖式

顾名思义,就是大门建筑的承重构件上方筑有顶盖,顶盖的形式除了最常规的平顶、坡顶,还有拱顶、折板顶、波浪形顶或其他自由造型顶盖(图 2-2-23、图 2-2-24)。对入口检票的工作人员和排队等候的游客来说,面积较大的顶盖可以起到遮阳避雨的作用,因此,这种形式的大门经常用于人流量大的景区。

图 2-2-23　四川黄龙风景区大门　　　　图 2-2-24　四川九寨沟风景区大门

以上几种仅为比较传统或常规的造型样式。随着时代的进步和技术的发展,新材料、新结构、新工艺在现代建筑中不断涌现,大门建筑的造型也在不断丰富,一些景区大门在样式上进行了革新,设计独特、造型新颖的大门建筑不断出现在人们视线中,如几何造型、仿生造型、雕塑造型等更加自由、大胆的造型样式,充分展现了时代精神和地方特色。

2.1.4　景区大门的位置选择

在景区大门的位置选择上要注意以下几点:

(1) 方便游人进入

景区大门的位置首先要保证方便游人进入。以现代城市公园来说,大门是城市与公园交通的咽喉,与城市总体布置有密切的关系。《公园设计规范》中规定:"为方便广大游人使用和美化市容,市、区级公园应沿城市主次路或支路的红线设置,条件不允许时,应设通道解决主要入口的交通。"一般城市公园主要入口多位于城市主干道一侧,较大的公园还在其他不同位置的道路设置若干个次要入口,以方便城市各区的游人进园。

(2) 合理组织游览路线

如何组织游览路线也是决定大门位置的主要因素。一些景区规模较大、占地较广,游客在游览过程中可能会消耗较多的时间和体力,合理的大门或入口位置可将不同景区和景点串联成最佳的游览路线,避免游客走回头路、冤枉路。

(3) 与景区平面布局呼应

景区大门的位置和景区总平面的布局也有密切关系。景区平面布局可分为对称式、非对称式和综合式。纪念性景区的总体布局大多是对称式的,具有明显的中轴线。如广州黄花岗公园、广州起义烈士陵园、南京中山陵(图 2-2-25)、北京天坛公园(图 2-2-26)等,这类大门的位置大多与公园轴线一致,开在轴线的尽端,这样,从大门进入景区并沿着中轴线参观,会让人心生庄严、肃穆之感。而一般游览性公园多采取不对称的自由式布局,不强调大门与公园主轴线的相应关系,显得比较轻松活泼。

图 2-2-25 南京中山陵

图 2-2-26 北京天坛公园

(4) 综合考虑各种因素

大门具体位置的选择要综合考虑各方面因素。既要根据景区的规模、内部环境、活动设施、服务管理等情况来规划，也要保证大门周边道路交通方便，还要了解景区的客流量及主要客流来往方向等信息……各方面综合起来考虑才能最终确定合理的大门位置。

2.1.5 景区大门的交通组织

设计大门建筑首先要考虑车流、人流的组织，要根据景区的位置，与道路取得良好的关系，使人、车分流，避免造成混乱，同时要靠近游人的主要活动区，使车流、人流方便出入，集散安全迅速，使大门和整个景区保持有机联系，成为空间的组成部分。一般根据人流、车流的流量大小及使用程度来划分，常见的大门交通组织形式见表 2-2-1 所列。

表 2-2-1 常见的景区大门交通组织形式

形　式	适用情况
人、车混行于门卫一侧	适用于人流、车流量不大的景区，可不分人、车，都从门卫的一侧进出
人、车分开于门卫一侧	适用于以人流为主、车流较少的景区，注意人流一般靠近门卫，便于管理
人、车分开于门卫两侧	适用于车流量大的景区，方便对车流、人流的管理，并可提高交通安全性
出、入分开于门卫两侧	适用于车流量大的景区，可减少出入车辆的互相影响，提高交通安全性
出、入分开于两处门卫	适用于规模较大、车流量多、出入口不在一起的景区

出入口虽有大小之分，但其具体宽度需由功能需求来确定。

小出入口主要供人流出入用，一般达到 1~3 股人流通行宽度就可以了，有时也供自行车、轮椅等出入（图 2-2-27、图 2-2-28）。

图 2-2-27 小出入口通行宽度
（苏州拙政园）

图 2-2-28 大出入口通行宽度
（四川青城山）

为确保车流、人流出入通畅,大门的出入口尺度应依据通行宽度来设置(表2-2-2)。

表 2-2-2　出入口的通行宽度

类　　型	宽度(mm)
单股人流	600~650
双股人流	1200~1300
三股人流	1800~1900
自行车、轮椅	1200
小型轿车	2700
卡　车	3000~3600
起重车	3900
两股机动车并行	7000~8000

2.1.6　景区大门的空间处理

除了大门建筑本身(图2-2-29),景区大门的平面布局还包括门外空间、门内空间以及围合设施等,共同组成一个完整的入口空间。售票处、小卖部、橱窗宣传标志以及其他景观可以是依附于大门建筑的,也可以是与之分离、设在门外或门内的。围合设施由大门建筑两侧的围墙栏杆和中央的栅栏门、伸缩门等构件组成,起到内外隔断作用(图2-2-30)。此外,景区大门的空间还包括大门外的广场空间和大门内的序幕空间两大部分。

(1)门外广场空间

门外广场是游人抵达景区之后最先接触的地方,一般交通流量较大,每逢假日人流、车流更为集中,因而门前广场发挥着缓冲交通、组织集散、保证游人安全的作用。门外广场面积较大的可以将部分场地用于停放旅游车辆,方便游客下车后直接进入。不少景区在门外广场设置一些标志设施和服务设施,如橱窗、宣传牌、旅游纪念品商店、食品亭、摄影部等,可以反映景区信息,满足游客各方面需求(图2-2-31)。另外,有条件的景区可在门外广场上设置喷泉、雕塑、绿化等景观内容,使游人心情愉悦地开始游览活动(图2-2-32、图2-2-33)。

图2-2-29　海南七仙岭公园大门建筑

图2-2-30　公园大门检票道闸设施

图2-2-31　苏州虎丘景区门外广场宣传牌

图2-2-32　浙江象山影视城门外广场景观

图2-2-33　浙江象山影视城门外广场景观

大门是公园门前空间的构图中心，广场空间的组织要有利于展示大门完整的艺术形象，避免构成内容过多显得杂乱。尤其是纪念性景区，要特别注意控制门外广场的空间组成，要保证宽广整齐，减少商业化内容，防止破坏庄严的气氛。

（2）门内序幕空间

随着游人进入景区大门，整个游览活动内容的序幕也就此拉开。从空间的组织和带给游人的心理感受方面来看，门内序幕空间的处理手法有以下两种。

①约束性空间　一般是指游人进入景区后视野被约束在较小范围之内，通常可以景墙、照壁、土丘、树木、室内空间等发挥屏障作用，隔阻游人视线，产生欲扬先抑、引人入胜的效果(图 2-2-34、图 2-2-35)。如在宅第、故居、私家园林等，通常进门面对的是诗文屏风、砖雕照壁等，结合这种传统手法来处理空间，可获得丰富层次变化和增加游览程序的效果。

图 2-2-34　拙政园门内以景墙、山石、花木等构成约束性空间　　图 2-2-35　广州流花湖公园门内以郁闭的树木构成约束性空间

有时，景区门内空间原本较为开敞，但在节假日等人流高峰期间增设一些重点装饰和布置，使这一空间临时具备缓冲和组织人流的作用。

②开敞性空间　出于功能和环境的原因，某些景区的门内空间采取的是纵深较大的开敞性空间。如天津水上公园(图 2-2-36)，此类有大面积水域的景区，进门后即面对开阔的湖面，让人心情舒畅。又如云南腾冲火山地热公园，从门外广场就可见火山主景，视野开阔、一览无余，宽敞的大道指引游人直奔主题(图 2-2-37)。

图 2-2-36　天津水上公园的开敞性门内空间　　图 2-2-37　云南腾冲火山公园的开敞性门内空间

2.1.7　景区大门设计案例

（1）某现代城市公园大门(图 2-2-38)

(2)某农业观光园大门(图 2-2-39)
(3)某森林公园牌坊门(图 2-2-40)

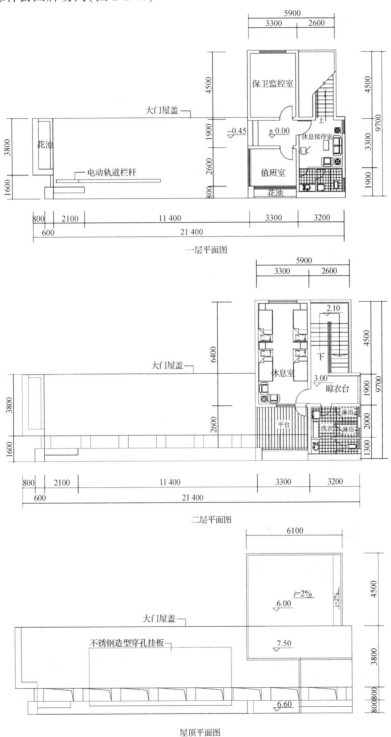

图 2-2-38　某现代城市公园大门

图 2-2-38 某现代城市公园大门(续)

图 2-2-39 某农业观光园大门

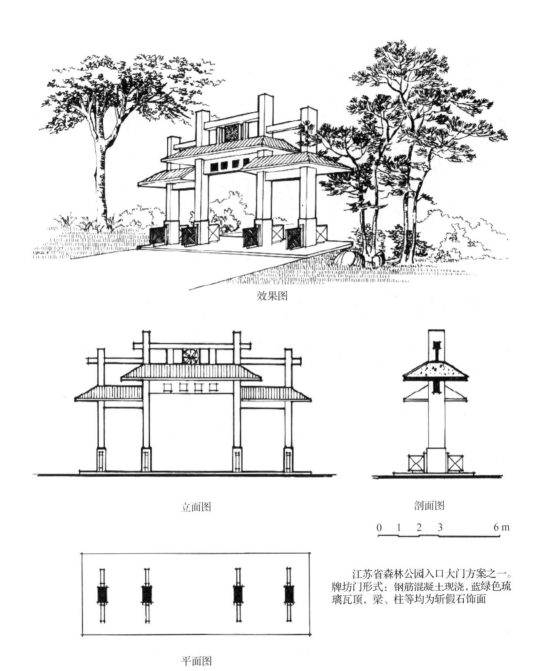

图 2-2-40 某森林公园牌坊门

效果图

立面图 剖面图

平面图

江苏省森林公园入口大门方案之一。牌坊门形式：钢筋混凝土现浇，蓝绿色琉璃瓦顶，梁、柱等均为斩假石饰面

（4）某新中式风格景区大门（图2-2-41）

图2-2-41　某新中式风格景区大门

2.1.8　景区大门施工

下面以某砖砌结构的景区大门为例，介绍大门施工过程。

2.1.8.1　定点放线

根据某景区大门设计图和地面坐标系统的对应关系，用测量仪器把大门的平面位置和边线测放到地面上，并打桩或用白灰做好标记。

2.1.8.2　基础施工

(1) 素土夯实

①基础开挖时，机械开挖应预留10~20cm的余土使用人工挖掘。

②当挖掘过深时，不能用土回填。

③当挖土达到设计标高后，可用打夯机进行素土夯实，达到设计要求的密实度。

(2) 50厚碎石回填

①采用人工和机械结合施工，自卸汽车运50mm厚碎石，再人工回填平整。

②摊铺碎石时无明显离析现象，或采用细集料做嵌缝处理。
③经过平整和整修后，人工压实，达到要求的密实度。

(3) 素混凝土垫层
①混凝土的下料口距离所浇筑的混凝土表面高度不得超过 2m。
②混凝土的浇筑应分层连续进行，一般分层厚度为振捣器作用部分长度的 1.25 倍，最大不超过 50cm。
③采用插入式振捣器时，应快插慢拔，插点应均匀排列，逐点移动，顺序进行，不得遗漏，做到振捣密实。
④浇筑混凝土时，应经常注意观察模板有无走动情况。当发现有变形、位移时，应立即停止浇筑，并及时处理好，再继续浇筑。
⑤混凝土振捣密实后，表面应用木抹子搓平。
⑥混凝土浇筑完毕后，应在 12h 内加以覆盖和浇水，浇水次数应能保持混凝土有足够的润湿状态。养护期一般不少于 7d。

(4) 砖基础砌筑
砖基础砌筑前，基础垫层表面应清扫干净，洒水湿润。先盘墙角，每次盘角高度不应超过 5 层砖，随盘随靠平、吊直。砌基础墙应挂线，二四墙反手挂线基础标高不一致或有局部加深部位，应从最低处往上砌筑，应经常拉线检查，以保持砌体通顺、平直，防止砌成"螺丝"墙。

基础大放脚砌至基础上部时，要拉线检查轴线及边线，保证基础墙身位置正确。同时还要对照皮数杆的砖层及标高，如有偏差，应在水平灰缝中逐渐调整，使墙的层数与皮数杆一致。

各种预留洞、埋件、拉结筋按设计要求留置，避免后剔凿，影响砌体质量。变形缝的墙角应按直角要求砌筑，先砌的墙要把舌头灰刮尽；后砌的墙可采用缩口灰，掉入缝内的杂物随时清理。

安装管沟和洞口过梁其型号、标高必须正确，底灰饱满；如坐灰超过 20mm 厚，用细石混凝土铺垫，两端搭墙长度应一致。

2.1.8.3 地坪施工

主要施工流程：素土夯实→500mm 厚塘渣分层夯实→80mm 厚碎石垫层→100mm 厚 C20 素混凝土垫层→30mm 厚 1:3 水泥砂浆结合层→30mm 厚花岗石铺面。

2.1.8.4 墙体砌筑

工艺流程：抄平→弹线→砌筑。

组砌方法：砌体一般采用一顺一丁（满丁、满条）、梅花丁或三顺一丁砌法。

排砖撂底（干摆砖）：一般第一层砖撂底时，根据弹好的门窗洞口位置线，认真核对其长度是否符合排砖模数，如不符合模数，有非整砖、七分头或丁砖应排在中间或其他不明显的部位。

2.1.8.5　抹灰

将墙的活动砖重新砌好，清扫干净，浇水湿润，随即抹防水砂浆，设计无规定时，一般厚度为15~20mm，如需防水，则防水粉掺量为水泥重量的3%~5%。

【任务实施】

1. 目的要求

了解园林中各种不同类型的大门，掌握景区大门的设计方法与技巧。

2. 材料用具

测量仪器、绘图工具等。

3. 方法步骤

(1) 了解地形、地质、地貌、水文等自然条件。

(2) 测绘设计地段地形图。

(3) 构思设计方案。

(4) 多方案比较与选择、深入与调整。

(5) 正式绘制设计图纸。

4. 考核评价

完成分析报告1份（包括景区大门类型、周边环境分析、与园林环境的整体协调性等）、设计图纸1套（包括平面图、立面图、效果图、构造图等）、设计说明书1份。

【自主学习资源库】

1. 园林建筑设计. 卢仁，金承藻. 中国林业出版社，1991.
2. 中国园林建筑施工技术. 田永复. 中国建筑工业出版社，2002.
3. 园林建筑设计. 杜汝俭，李恩山，刘管平. 中国建筑工业出版社，1986.
4. 土木在线 http://yl.co188.com.
5. 筑龙网 http://www.zhulong.com.

任务2.2　茶室、餐厅设计与施工技术

【工作任务】

在公园或风景区中，茶室等餐饮建筑在人流集散、功能要求、建筑形象等方面对景区的影响较其他类型建筑更大。在进行茶室设计时，要注意结合功能要求，仔细推敲其建筑造型与空间组织，运用创新的设计手法创造出较丰富的建筑形式。

图2-2-42是某风景区茶室方案设计图。要求学生能够结合所学的有关知识，能按照项目建设单位的要求，完成拟建项目中的茶室方案设计、施工图设计或项目施工任务。

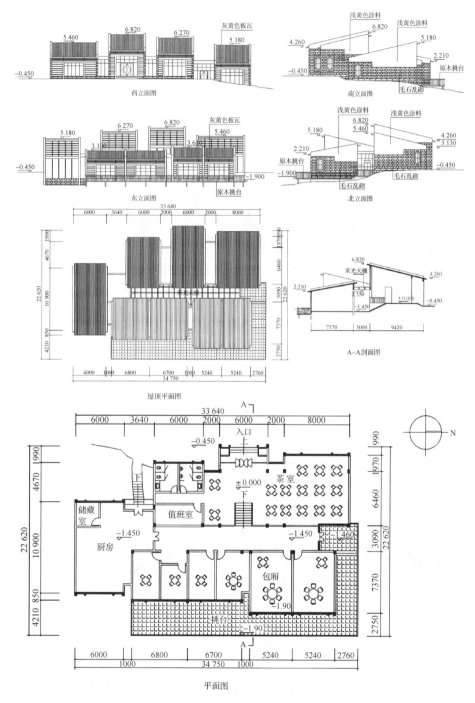

图 2-2-42 某风景区茶室方案设计

【理论知识】

2.2.1 茶室建筑

我国历来有饮茶的传统,千百年的饮茶历史形成了我国所特有的茶文化。茶叶在我国已不仅是一种饮料，它已成为我国传统文化的载体。我国古时的茶室是举办茶会的专门房间，又称为茶席或本席。茶席始于唐朝，是出于一些文人雅士对中国茶文化的悟道与升华，从而形成了以茶礼、茶道、茶艺为特色的中国独有的文化符号。

其他国家也有结合茶文化的茶室建筑，有的是传自中国并发展成自己的文化（图2-2-43），也有的是出于对中国茶文化的向往和想象（图2-2-44）。

图 2-2-43　日本园林中的茶庭　　　　图 2-2-44　德国无忧宫的"中国茶亭"

如今的茶室，也有的称为茶座、茶寮、茶坊、茶馆、茶楼等，是一种比较传统、中式的餐饮类型建筑。顾名思义，茶室主要是供游人饮茶的地方，同时，在品茗之余，也可供游人休息、赏景、交往和从事文化娱乐活动（图2-2-45、图2-2-46）。饮茶与园林结合起来，是我国自古就形成的习俗，它独特的风格、文化内涵和审美品味，更具民族特色和情趣。

图 2-2-45　某园林茶室　　　　图 2-2-46　某景区茶室

游览观光的食、住、行、游、购、娱六要素中，餐饮是一个十分重要的环节。在公园或风景区中，茶室、餐厅这一类服务建筑十分普遍，在人流集散、功能要求、建筑形象等方面对景区的影响比其他类型建筑更大。如能深入调查，结合实际，因势利导，不仅可以避免或减少对景区所产生的种种弊端，而且可为景区添色，给游客的餐饮活动提供方便。

2.2.2　茶室的位置选择

园林景区中茶室餐厅的位置选择要结合园林的整体环境通盘考虑。人们在茶室餐厅品茶、就餐时，应有开阔的视野、美丽的风景或静谧的环境与其相伴，因此，茶室餐厅的选址要尽可能在构图的中心，以及游人视线的焦点，使茶室具有既观景又点景的意义。

在规模较大的公园或自然风景区中,餐饮建筑的布置一般采取分区设点:在各景区分别设置一些餐饮服务点,分布均匀,间距恰当,在总体布局上形成一个完整的服务网,以满足景区内各处游客的需求,同时也可达到点缀、组织风景的作用。

茶室餐厅的位置选择一般有两种情况:一种是在人流活动较集中的"热闹区",通常是在景点附近,交通便利,地势开阔;另一种是略偏离于主要游览路线,布置在园林的"安静区"中,可以减小公共活动地段对建筑的干扰。这样布置餐饮服务点,动静结合,还可使动态的饮食服务区和园中其他宁静的游览区交替出现,使园林空间序列富有节奏。

对于以上两种位置的茶室来说,还要注意以下问题:

①设施过于集中　位于"热闹区"的,如果是扎堆布置、距离过近,会相互干扰,影响彼此营业,同时,人工建筑过多,也可能会抢占自然景观的主体地位。

②选址过于偏僻　"酒香也怕巷子深",如果茶室建筑位于"安静区",但是距离主路太远、过于隐蔽,或者导向标志不完善等,都会明显影响顾客的流量。因此,茶室餐厅建筑应注意保持间距、偏倚适度,否则都可能影响到营业情况。

2.2.3　茶室的功能组成

按营业和辅助两方面的需要,茶室一般由主营业厅、包间(图 2-2-47、图 2-2-48)、休息室、厨房、厕所、储藏间等功能空间组成,有条件的还应有杂物院(表 2-2-3)。另外,园林景区中茶室的室内外空间应相互交融渗透。园林中游人量随季节变化较大,要注意利用室外空间设置露天餐座,一方面可以方便游客观赏风景、亲近自然;另一方面可以吸引、容纳旺季的大量人流。

图 2-2-47　中式茶室的小包厢

图 2-2-48　日式茶室的包间

表 2-2-3　茶室的功能组成部分

名称	使用者	功能	注意点
门厅	顾客	作为室内外空间的过渡,缓冲人流	尽量开敞,与室外交融
主厅	顾客	茶室内主要的餐饮活动空间	空间宽敞,有景可观
包间	顾客	满足部分顾客对环境、服务和私密性的要求	内部环境要好,最好也可观景
室外餐座	顾客	可供顾客进行露天餐饮活动	应结合遮阳、避雨设施
办公室	员工	供管理人员值班、办公	—
休息室	员工	供工作人员更衣、休息	—
操作间	员工	包括准备、加工、洗涤等空间和设备	应注意不干扰—顾客
储藏间	员工	储存饮食材料	—
杂物院	员工	提供堆放场地,方便物品进出	应有后勤入口,且较隐蔽
洗手间	顾客、员工	有条件时,员工用和客用洗手间可分别设置	位置应较醒目

2.2.4 茶室的地形环境与建筑处理

茶室餐厅的形象应与周围自然环境相协调，美观而不落俗套，吸引游人。点景是茶室餐厅的精神功能，要根据不同地区的气候条件、不同环境的具体情况，因地制宜，结合功能要求仔细推敲其建筑造型与空间组织，创造出较丰富的建筑形式。

(1) 临水茶室

临水建筑包括跨水建筑和濒水建筑，不同的水体，建筑风格亦因之而异。临水建筑大多面临较宽阔的水域，这类建筑宜向湖面铺开，常采用敞厅、平台等艺术形象去组织轮廓丰富的建筑空间(图 2-2-49)。

一些规模较大、内容较多的临水建筑也可组织廊、亭、树和小堤穿插于湖面，或另行组织岸际的庭园空间使临水建筑得以两面成景。特别对于进深较大的临水建筑，增设岸际庭园，丰富空间层次，多面对景，其作用更大。

在中国传统园林中，临水茶室的造型多采用榭舫和楼船等形式，低濒水面，以取临湖之意，是宾客揽胜登临的好场所(图 2-2-50)。由于建筑伸临水面，故对建筑各面之造型均需仔细推敲，根据游览路线和建筑环境对眺望的要求，对主要立面要做重点处理。

图 2-2-49　临水茶室

图 2-2-50　西湖曲院风荷——船舫茶室

(2) 平地茶室

平地茶室不能亲近自然湖池，未免遗憾，因此，最好组织利用其他景观内容，保证游人在品茶之余有景可观。如西湖曲院风荷景区有一茶室，入得水杉林间，对需要相对安静氛围的游人来说非常合适(图 2-2-51)；再如南京玄武湖公园城墙下的茶室，游人可于露天场地就座，一边品茶一边举头近观巍巍城墙(图 2-2-52)；又如广州兰圃内的茶室餐厅，虽无自然山水，平地营造的人工水池喷泉也可为环境增色(图 2-2-53)。

图 2-2-51　西湖曲院风荷景区林间茶室

图 2-2-52　南京玄武湖公园城墙下的茶室

另外,有条件的茶室还可围合亭廊建筑,组织内部庭园空间,于园中精心营造假山池沼,花木小品等各种景观。

(3)山地茶室

山地茶室要注意结合地势的高差进行建筑设计,充分利用地形的起伏变化营造景观,发挥建筑点景和观景两方面的作用。如贵州苗寨——木草堂茶室,楼上客人居高临下视野开阔,可凭栏远眺,周围山景一览无余(图2-2-54)。

图 2-2-53　广州兰圃内的茶室餐厅

山地茶室常遇斜坡等复杂地形,这种情况下营造建筑有以下几种方法:

①可将斜坡改造成梯田状的地形,即每层建筑所处的地坪没有高差,仍为平地。

②将斜坡改造成较梯田地形窄的台阶地形,建筑内部有高差变化,此法与前法相比可减少挖土和填土量。

图 2-2-54　贵州苗寨——木草堂茶室充分利用山地高差

③如遇斜坡过陡或较难改造,可在建筑下方使用支柱结构,架空于基地上方形成独特景观,但应注意处理好基地排水问题。赖特设计的流水别墅即是采用这种方法。它架设于层叠的岩石之上,而瀑布溪流则直接从建筑下方奔涌出来,整个建筑与周围的自然环境浑然一体,同时产生令人称绝的景观效果,无愧为世界最杰出的建筑设计作品之一(见图1-1-22、图1-1-23)。

2.2.5　茶室的室内空间

(1)空间处理要点

①茶室餐厅的入口应稍宽,避免人流阻塞,大型的、较正式的可设客人等候区。入口通道应直通接待柜台。

②餐桌形式应根据客人对象而定:以零散客人为主的宜用四人桌,以团体客人为主的可设六人以上餐桌。

③以便餐为主的餐饮空间可设柜台式座位。
④厨房(操作间)可根据食品烹调方式等具体情况确定是否向客席区敞开。
⑤服务柜台的位置应根据客席的布局来决定。

(2) 餐位布置

除茶室外，餐饮空间还包括多种类型，如酒吧、咖啡厅、西餐厅、快餐店、宴会厅等。进餐方式不同，餐位的布置形式也有很大差异。

根据心理学家的研究，餐饮空间内靠墙、靠窗的座位最受顾客欢迎。因为靠墙的座位能营造一种安全感，让人感觉比较自在放松；而靠窗的座位方便在就餐的同时欣赏室外景观。因此，在布置时要尽量减少"四不靠"的餐位数量，可充分结合墙体、植物、屏风隔断等元素，营造宜人的餐饮环境。

另外，一些客人为求安静就餐不被干扰，往往选择围合程度更高的餐位。如车厢座，类似火车车厢中的座位，内设一张长方形餐桌，两边为靠背座椅，可坐4人，两两相对。可将高过头顶的椅背作为两桌客人的分隔，也可在座椅之间加设到顶的隔断(图 2-2-55)。车厢座一般里侧靠墙或窗，外侧为过道，入口可开敞，也可设帘幕、移门等遮挡视线。又如包间，在较大的茶室空间中隔出一个个较小的房间，内部只设一两套桌椅。这类餐位更加封闭，能够满足客人对商务洽谈、亲友聚会等活动私密性的要求，同时，内部装饰设计别致，消费服务档次也较高。

常见的餐位布置形式如图 2-2-56 所示。

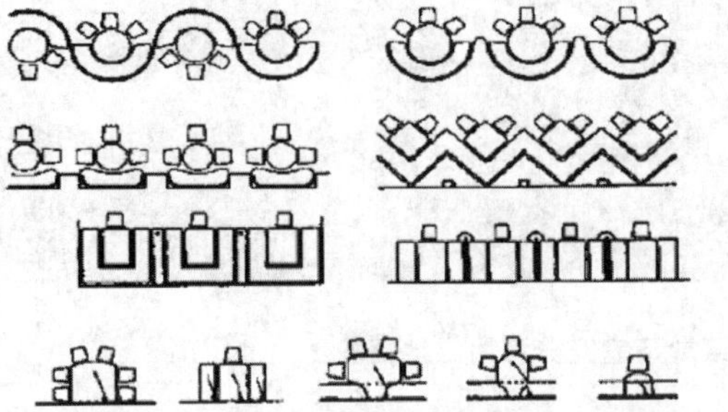

图 2-2-55　在座椅之间加设到顶的隔断

图 2-2-56　常见的餐位布置形式

(3) 空间尺度

茶室内部的空间尺度需根据人体活动尺度来确定。某些茶室餐厅为提高空间的利用率而摆放过多桌椅，以至间距过小，显得逼仄拥挤，就餐者活动受限，服务员也通行不畅。如桌椅间距过远，则显得空旷冷清、感受不佳，同样是不合理的。

茶室餐厅的空间尺度如图 2-2-57 所示。

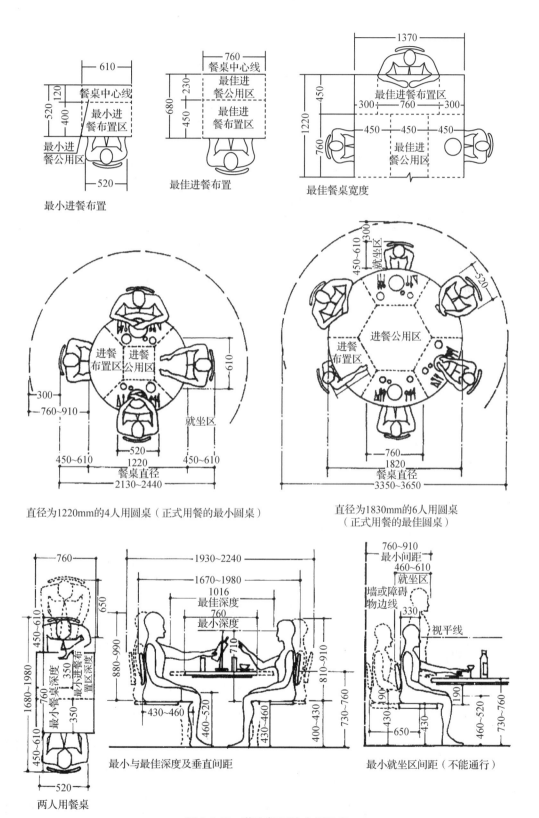

图 2-2-57 茶室餐厅的空间尺度

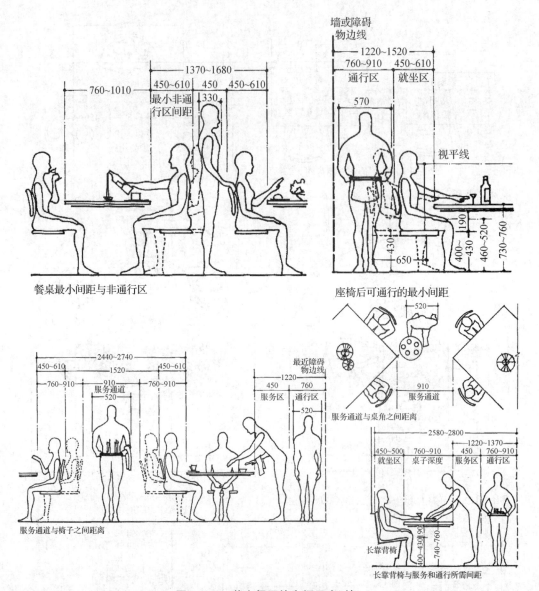

图 2-2-57 茶室餐厅的空间尺度(续)

2.2.6 茶室施工

下面以某景区茶室为例,分项介绍茶室施工过程。

2.2.6.1 基槽施工

本工程为独立基础,由于开挖深度不深,所以采用挖掘机由东向西开挖,茶室基础垫层底标高为-1.60m,茶室基础垫层底标高为-1.20m,挖掘机在开挖时注意控制基底标高,预留200mm厚土层由人工清理。基槽边线至建筑物外轴线控制为1.20m。

基础施工完毕,回填土采用人工回填机械夯实,回填土分层虚铺厚度200~250mm夯实一次,回填土土料采用基槽、基坑挖出的原土,禁止使用表面耕植土和杂质土,用于素土回填的颗粒不大于50mm，回填时应在基础两侧同时回填。

2.2.6.2 混凝土工程

混凝土采用现场拌制的混凝土。

①混凝土浇捣前，必须进行钢筋的隐蔽验收、模板的复核，所有管线安装到位，钢筋有复试报告，然后签发混凝土浇捣令，并进行技术、质量要求、安全的交底，让施工班组了解整个施工方案、浇捣混凝土的难点和重点部位，做到心中有数，不要漏震、少震，以免出现蜂窝、麻面现象。

②施工前应对所有机械、设备调试完好，同时应配备电工、机修工随时进行检修。

③对所有模板应浇水湿润，对模板内的垃圾要清扫干净。

④浇捣柱混凝土时应用同标号水泥砂浆进行接浆，减少施工缝的影响，在浇捣时，采用插入式震动机，要做到"快插慢拔"，震动过程中要上下略抽动，以使上下震动均匀，混凝土应分层浇捣，严禁一次到顶，每层厚度300mm左右，在震上层混凝土时，震动棒应插入下层混凝土中50mm，确保震捣密实。

⑤浇捣混凝土应连续进行，一次浇捣成形，在前层混凝土凝结之前，将次层混凝土浇捣完毕。

⑥梁板混凝土应同时进行，梁可用插入式震动机，板可用平板式震动机，表面应用木抹子抹平，楼梯施工缝一般设置在上三步位置，并应垂直于扶梯板，同时，浇捣前应将缝内垃圾清除干净，疏松混凝土应凿去，浇水湿润、接浆，确保接缝平直。

⑦在浇捣过程中，应派专人看模，随时检查钢筋绑扎是否松掉、位置是否移动、垫块是否缺少，发现情况立即整改，检查模板支撑是否可靠，发现变形、移位等情况即时通知暂停施工，并在混凝土初凝前将模板修复，并负责封好门子板。

⑧施工缝处理：在绑扎钢筋前，底部混凝土表面应清除垃圾，凿去浮浆，露出石子，但不能有疏松的混凝土，用水冲洗干净。

⑨混凝土浇捣好后应认真做好养护工作，当混凝土表面强度没有达到 $1.2N/mm^2$ 时，严禁上人和施加荷载，不得在其上踩踏或安装模板、绑扎钢筋等工作，并应在12h内对混凝土进行浇水养护，一般不少于7d。但具体情况可根据气候适当调整。

2.2.6.3 模板工程

模板工程按照《现行建筑施工规范大全》和《混凝土结构工程施工质量验收规范》（GB 50204—2011）执行。柱梁模板、平台模板采用九夹板。

（1）梁模板施工

梁的底模和侧模采用九夹模，首先在地坪上弹出梁的位置线，并写上梁编号和断面尺寸，然后在线两侧搭设排架，排架间距800mm。梁的侧模采用二道水平围柃，垂直围柃间距400mm，垂直围柃处用45°斜撑与排架相连，梁与柱交接处，用木模镶嵌，镶嵌面要求平整牢固。

（2）柱模板

先将柱子第一节四面模板就位，用连接角模组拼好，角模宜高出平模，校正调好对角线,并用柱箍固定,然后以第一节模板上依附高出的角模连接件为基础,用同样方法组拼第二节模板,直到柱顶高,并支撑和拉结好,以防倾倒。

(3)平台模板施工

平台板模为九夹板,平台下横楞采用二四,间距400mm。支撑采用$\phi80$杉木,立杆间距纵横排列500mm。水平横杆离地200mm设置一道,模板底设置一道,并适当加设斜撑,进行加固。

2.2.6.4 钢筋工程

工程按照《现行建筑施工规范大全》和《混凝土结构工程施工质量验收规范》(GB 50204—1992)执行。

(1)构造柱钢筋绑扎

施工前应先弹出柱边线,预留插筋应全部校正,箍筋按图纸要求放置,弯钩交叉放置,插筋上、下接头在钢筋搭接长度区域应按50%错开。

(2)平台板钢筋绑扎

平台板钢筋用卷尺正确控制间距,在平台模板上用粉笔划出钢筋位置线。单向板钢筋外围两排钢筋满扎,中间钢筋可采用梅花形绑扎,双向板钢筋必须全部满扎,绑扎接头呈八字形,避免钢筋向一侧倾倒。平台上、下皮钢筋之间设钢筋撑脚,每平方米设置一撑脚,以保证上、下皮钢筋间距符合设计要求。

(3)不得任意弯、割、折、移

钢筋绑扎过程中,如发现钢筋与埋件相碰,应会同有关人员研究处理,不得任意弯、割、折、移。

(4)堆放

钢筋根据进度要求分批抵运施工现场,堆放于临时堆放处。

(5)验收

柱钢筋经隐蔽工程验收后方能进行封模施工。

2.2.6.5 砌筑工程

砌体为MU10标准砖,M10水泥砂浆砌筑。

砌筑砂浆强度等级应根据设计要求,严格按实验室做的配合比进行配料、搅拌使用,并按规定留出试块。所使用的砌体材料应有出厂合格证、复验合格证,否则不得使用。

砌筑前进行试摆,合理布置,放出墙中心线及边线,事先绘制好砌块排列图,设置皮数杆,将砌筑材料洒水湿润。填充墙应在主体结构施工完毕后砌筑,未经设计许可,不得改变填充墙的位置和增加填充墙,填充墙砌至梁、板下时,应待砌体沉实(约5d)后,在砌体与上部梁、板之间用砖斜砌填实。

2.2.6.6 木结构制作安装

木构件制作前,应反复核对图纸尺寸,排好杖杆。制作时应严格按照杖杆排好尺寸划线制作。制作完成后,应将上架构件在平地组装一次,如榫卯不合适,应及时修整。

2.2.6.7 琉璃瓦屋面施工

(1)施工放线

根据外墙控制线,采用水平仪把屋面琉璃瓦施工所用的屋面控制线挂线,并核查准确无误。按照施工图标出正确的尺寸调整好,做到尽量少切或不切瓦。

确定屋面通风道、排水透气孔已施工完毕,防水层、保温层已做完并验收合格。检查施工所用的材料、配件是否准备齐全。施工所用的临时马道已搭设完毕。

(2)屋面处理

屋面盖瓦前,必须清洁抹灰,以使瓦能平密贴屋面,达到瓦面平直、牢固的目的。

(3)黏结层施工

采用水泥挂瓦条,先在屋面满抹一层水泥砂浆,在水泥砂浆找平层上根据琉璃瓦尺寸抹水泥挂瓦条,截面尺寸为18mm×20mm,屋面水泥砂浆找平误差不得超过20mm。

(4)主瓦施工

先在檐口瓦处加30mm×25mm木挂瓦条,用钢钉将瓦钉在木挂瓦条上,用铝合金搭扣固定檐口瓦下端。檐口瓦固定后,主瓦搭接在檐口瓦上,根据事先抹好的水泥挂瓦条用钢钉及铜扎线将主瓦固定在水泥挂瓦条上,卧瓦谷底部水泥挂瓦条最薄处不能小于10mm。依此类推,将主瓦依次搭接至屋脊处及屋面阴角处(若屋面为非标准尺寸,则需要对瓦片进行切割)。主瓦和瓦条的接口处保证大于10mm通气孔的空隙,以便排除湿气。

(5)屋脊瓦、排水沟瓦施工

当主瓦施工到屋脊处时,要采用屋脊瓦进行封口,用饱和砂浆将屋脊瓦满卧于两侧的主瓦上,在屋脊瓦和主瓦的交接处采用挡沟瓦,将主瓦和屋脊瓦连接,挡沟瓦也要采用饱和砂浆粘贴,以避免雨水侵入瓦内,同时保证屋面瓦的美观性。在屋面阴角处采用排水沟瓦与主瓦连接,做法同主瓦施工工艺。根据施工工序的安排,逐步退式施工至临时马道时,将屋脊封头用饱和砂浆粘贴至屋脊交接处。

(6)清洁屋面琉璃瓦

施工完毕后,清洁瓦面的灰浆,每天在完工部分安装瓦件及最后的工序后,要用干净的棉纱将瓦面清理干净,以保持瓦的清洁及亮度。

2.2.6.8 庭院地面铺装

按设计标高、排水方向找好标高及泛水,基土需夯实,混凝土垫层表面要平整,面层材质按设计要求,铺贴平整。

【任务实施】

1. 目的要求

考察分析一些餐饮建筑的设计实例,掌握中小型茶室的设计方法与技巧。

2. 材料用具

测量仪器、绘图工具等。

3. 方法步骤

(1)了解地形、地质、地貌、水文等自然条件。

(2)测绘设计地段地形图。

(3)构思设计方案。

(4)多方案比较与选择、深入与调整。

(5)正式绘制设计图纸。

4. 考核评价

完成分析报告1份(包括茶室建筑类型、造型设计、与周边环境的结合等)、设计图纸1套(包括平面图、效果图、施工图等)、设计说明书1份。

【自主学习资源库】

1. 园林建筑设计与施工. 周初梅. 中国农业出版社, 2002.
2. 景观建筑设计资料集锦. 克瑞斯·范·乌菲伦. 中国建筑工业出版社, 2009.
3. 室内设计资料集. 张绮曼, 郑曙旸. 中国建筑工业出版社, 1991.
4. 景观中国 http://www.landscape.cn.
5. 园林在线 http://www.lvhua.com.

任务2.3 小卖部设计与施工技术

【工作任务】

小卖部在各类环境中都很常见,一般为小型建筑,有时则为移动设施。尤其在园林景区中数量众多,因此,设计是否得当会对园林景观产生直接的影响。

学生通过对本任务内容的学习,需了解各类小卖部的设计方法,并能完成小卖部的方案设计、施工图设计或项目施工任务。图2-2-58是某小卖部(含公厕)方案设计图。要求学生能结合所学的有关知识,按照项目建设单位的要求,完成拟建项目中的小卖部方案设计、施工图设计或项目施工任务。

【理论知识】

2.3.1 小卖部设计的位置选择

公园或风景区中的小卖部内容较为宽泛,可以售卖食品、花木、书报、工艺品、旅游纪念品和土特产品等各类商品,具体可以称为商店、花店、小吃店、书报亭、售货亭等。基本上只要为游人的零散购物服务的小型建筑或设施,都可通称为小卖部(图2-2-59)。

园林中的小卖部体量不大,但数量不少,其数量可依据公园面积和游人量而定,常分散布置于园区主要景点附近,自身也作点景处理,成为点缀环境的重要手段,且能够影响园林的景观和人流。除此以外,如果小卖部还能为游客营造一种良好的休息、赏景的环境

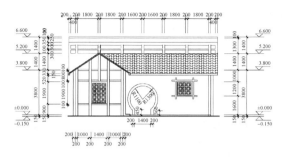

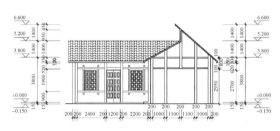

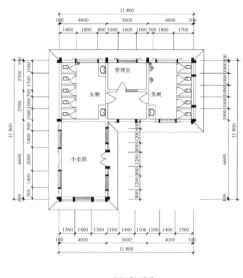

图 2-2-58　组合式小卖部

和氛围，效果则会更加理想。

影响小卖部位置的因素颇多，除公园的规模及活动设施外，还涉及公园和城市关系、交通联系、公园附近营业点的质量和数量等。园内活动设施丰富的公园游客量一般较多，小卖点的位置选择点亦应随之增多，多选择在游人较集中的景区中心。

总结起来说，小卖部应选择设置在以下位置：园林主次要入口、游人必经之处、景点附近、流动性大的地段、园林建筑内、休息的场所或有特色的地段。小卖部的规模、数量及位置要因园而异，因需而设。有些公园规模较小，活动设施不多，且又在市区内，零售供应也较方便，小卖部的规模则不宜过大（图 2-2-60）。

图 2-2-59　古典园林内的商店

图 2-2-60　小卖部设置在游客量较大之处

2.3.2　小卖部的设置形式

（1）附设式

附设式小卖部是指附属于其他建筑、设置在其内部的，如茶室餐厅、游客中心、旅馆等,一般在大厅的入口、一角或靠近收款柜台设置有小卖部。景区大门和剧场影院等游戏娱乐场所中也常见附设式的小卖部,一般以出售食品饮料为主。将小卖部附设于入口建筑,兼对园外营业,有增加顾客量、提升销售额的效果。

(2) 组合式

在园林环境中,为了吸引消费,有些小卖部的主体建筑前挑伸出较宽阔的门廊、敞厅,布置桌椅供顾客就坐休息,同时购买食物,进行简单的餐饮活动;有的与亭、廊、花架等休憩建筑相结合,为游客提供较佳的休息与赏景空间;或与其他服务性设施如洗手间、游览车等候点等组合在一起,形成一个功能较丰富的区域空间。

(3) 独立式

还有些小卖部是独立的园林建筑或简易设施,经常呈点状分散布置在景区的主要游览路线上,位于道路的交叉点或庭园、草地、广场等区域的周边,目标显著,便于经营管理,这类小卖部的建筑造型应在与周围环境协调的前提下,尽量设计新颖,富有个性,起到点缀景观的效果。

小卖部的售卖方式有室内售卖和窗口售卖两种,窗口售卖往往是一人或两三人独立经营,面积为 $5\sim10m^2$。如采用室内售卖的方式,售卖厅面积可达 $20\sim30m^2$,另外,较大的小卖部还可有库房、加工间和杂物院等。

2.3.3 小卖部的造型设计

在小卖部的造型设计上,要摒弃一成不变、毫无创意的"方盒子"造型。就屋顶而言,平顶或常见的双坡顶、四坡顶让人觉得乏味,而折板、弧形、波浪形、壳体、张拉膜及其他富于变化的自由造型则值得尝试,这类外观新颖、不落俗套的小卖部会让游人眼前一亮,对营造园林景观、提升景区形象有着积极的意义。

在传统园林景区中,小卖部可采用古典造型,或直接利用其中的原有建筑,以达到与外部环境的协调统一(图 2-2-61、图 2-2-62)。如西安大雁塔广场上的小卖部,毫无违和感地融入唐代建筑风格,立面上结合书法、国画等元素,体现着浓厚的历史文化底蕴(图 2-2-63)。杭州西湖之畔的太子湾公园以山为屏以水为脉,水杉密林、开阔草坪的自然风光让游人心旷神怡,已成为婚庆摄影主题公园,其中设有一些出售摄影相关道具和器材的小卖部,其外观也显得质朴自然,带皮树干的墙面覆盖着茅草坡顶,一派原生态的趣味(图 2-2-64)。

图 2-2-61 苏州拙政园入口处的小卖部

图 2-2-62 苏州虎丘风景区的小卖部

图 2-2-63　西安大雁塔广场上的小卖部　　　　图 2-2-64　杭州太子湾公园的小卖部

　　小卖部可采用象形(拟物)的设计手法,夸张的造型、强烈的视觉冲击力,让人产生丰富的联想,留下深刻的印象(图 2-2-65)。要注意的是,这类小卖部适合设于气氛活泼的环境,如城市商业环境或游戏娱乐场所等。

图 2-2-65　各种拟物造型的小卖部

图 2-2-65 各种拟物造型的小卖部(续)

2.3.4 小卖部施工

小卖部的施工方法与其他服务建筑相似,一般的小型移动式小卖部,如为定制生产的特殊造型,则仅需简单安装或不需安装就可直接使用。

以下介绍某小型木结构小卖部的施工过程。

2.3.4.1 定点放线

根据小卖部设计图和地面坐标系统的对应关系,用测量仪器把小卖部的平面位置和边线测放到地面上,并用白灰做好标记。

2.3.4.2 基础施工

根据放线比外边缘宽 200mm 左右挖好槽之后,用素土夯实,有松软处要进行加固,不得留下不均匀沉降的隐患,再用 150mm 厚级配三合土做垫层,基层以 100mm 厚的 C20 素混凝土和 120mm 厚 C15 垫层做好,再用 C20 钢筋混凝土做基础。

2.3.4.3 地坪施工

主要施工流程:素土夯实→500mm 厚塘渣分层夯实→80mm 厚碎石垫层→100mm 厚 C20 素混凝土垫层→30mm 厚 1:3 水泥砂浆结合层→30mm 厚花岗石铺面。

具体做法类似于石材料类铺面的施工工艺。

2.3.4.4 小卖部木结构施工

施工工艺流程:材料准备→木构件加工制作→木构件拼装→质量检查。

(1)木料准备

采用菠萝格成品防腐木,外刷清漆两道。

(2)木构件加工制作

按施工图要求下料加工,需要榫接的木构件要依次做好榫眼和榫接头。

(3)木构件拼装

所有木结构采用榫接,并用环氧树脂黏结,木板与木板之间的缝隙用密封胶填实。施工时要注意以下几点:

①结构构件质量必须符合设计要求,堆放或运输中无损坏或变形。

②木结构的支座、支撑、连接等构件必须符合设计要求和施工规范的规定,连接必须牢固,无松动。

③所有木料必须防腐处理,面刷深棕色亚光漆。

(4)质量检查

小卖部为纵向结构建筑,对稳定性的要求比较高,拼装后的小卖部要保证构件之间的连接牢固,不摇晃;要保证整个建筑与地面上的混凝土柱连接好。

【任务实施】

1. 目的要求

考察分析不同形式的小卖部设计实例,掌握基本的设计方法与技巧。

2. 材料用具

测量仪器、绘图工具等。

3. 方法步骤

(1)了解地形、地质、地貌、水文等自然条件。

(2)测绘设计地段地形图。

(3)构思设计方案。

(4)多方案比较与选择、深入与调整。

(5)正式绘制设计图纸。

4. 考核评价

完成分析报告1份(包括小卖部造型设计、与周边环境的结合等)、设计图纸1套(包括平面图、效果图、施工图等)、设计说明书1份。

【自主学习资源库】

1. 园林建筑设计应试指南. 唐晓岚. 东南大学出版社,2008.
2. 学看园林建筑施工图. 乐嘉龙,李喆,胡刚锋. 中国电力出版社,2008.
3. 园林学习网 http://www.ylstudy.com.
4. ABBS建筑论坛 http://www.abbs.com.cn.

任务2.4 园厕设计与施工技术

【工作任务】

现代公共厕所的设计不仅要满足人们的生理功能,还要考虑其社会和文化传播功能,并注重与周围环境的协调统一,此外,还应该考虑到文化背景及地域特色等因素的影响,才能创造出功能完善、环境优美、建筑风格独特的现代化公共厕所。

图2-2-66为某广场公厕的设计图。要求学生能够结合所学的有关知识,能按照项目建设单位的要求,完成拟建项目中的公厕方案设计、施工图设计或项目施工任务。

【理论知识】

厕所又称为卫生间、洗手间和盥洗室等。在日韩等国家被委婉地称为化妆室,而美国

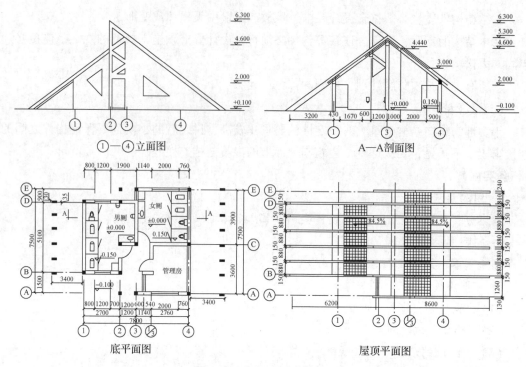

图 2-2-66 某公共厕所设计

的休息室(restroom)其实指的也是厕所。厕所是人类每天都要使用的空间,厕所文明是现代文明的组成之一,它与健全良好的城市生活环境密切相关,已成为国际都市文明崭新的探索领域,是城市文明形象的窗口,体现着物质文明和精神文明的发展水平,显示着一个民族的文化素质。

园厕是园林中公共厕所的简称,一般独立于其他建筑,属于园林景观中的服务建筑,主要供公园和风景区内游人使用。游人进入到园林中,需要用较长的时间来参观游览,方便之后能比较轻松地进行各种活动,并能保证园内的清洁卫生,因此,对园林厕所的建设应加以重视,满足广大游人的需要。

2.4.1 园厕的类型和组成

园林厕所按照使用性质不同可分为永久性厕所和临时性厕所(图 2-2-67);按照建筑形式的不同,园林厕所又可分为独立式、附建式、移动式 3 种类型。

从清洁方式来看,公共厕所除常见的水冲式,还有利用微生物技术、自身具备良性循环的无水生态厕所,具有节约水资源、对环境无污染等特点。

园厕主要由盥洗前室和蹲位区两部分组成。

(1)盥洗前室

盥洗前室是厕所的公共区,或是用以遮挡视线的辅助空间,在前室不能直接看到厕所内

图 2-2-67 临时性厕所

部以确保私密性,因此,盥洗前室是厕所重要的组成部分,不能省略。前室通常设有洗手池、拖把池等清洁设施,如园厕较小,盥洗前室一般为男女共用,有条件的则可男女分设。

(2)蹲位区

厕所蹲位区是较为私密的空间,可以按一定比例设置抽水马桶或蹲位,并需进行视线遮挡设计,形成若干个隔间,男厕需设小便池。

(3)其他部分

除以上两部分,园厕有时还包括工具间、管理用房等组成部分。

另外,随着时代的发展和无障碍设施的进步,某些公共场所的卫生区域中另设残疾人专用卫生间,或者不分性别独立卫生间,给残障者、老人或病人提供了便利;在一些先进国家或地区,公厕还人性化地设置母婴室,内有婴儿料理台,可以进行更换尿布和哺乳等活动,极大地方便人们携婴童出行(图2-2-68)。

图 2-2-68　母婴室

2.4.2　园厕的选址

园厕的选址离不开园区功能系统的布点分析,分析图包括总平面图的功能分区分析、车行交通分析、人行交通分析、综合布点分析。在综合分析的基础上,做到合理、方便、易通达、隐蔽布局,还有利于园区环境。布点可根据园林的规模和游客的大致人数来考虑。

在公园或风景区内常独立设置园林公厕,也可结合接待室或者其他服务性建筑做附属设置,一般面积大于2hm²的公园绿地就应设置园厕,园厕独立布置时,常设在游人集中的景区或景点附近,选择环境隐蔽的地方,同时又要保证视线可及、便于游人寻找,周围一般由树丛遮掩,距离园路不宜太近,以20~30m为宜。可合理运用绿化与厕所建筑相互掩映,产生隐约、含蓄、亲近自然之感(图2-2-69)。

园厕的位置选择必须以不破坏周围景观为前提,以方便游人使用为主要目的,同时要设立明显的标志以示游客(图2-2-70)。

图 2-2-69　杭州太子湾公园绿树掩映的公厕

图 2-2-70　海南三亚某雨林景区公厕指示牌

园厕位置的选择需注意以下几点：

①园厕应布置在园林的主次要出入口附近，并且均匀分布于全园各区，彼此间距200~500m，服务半径不超过500m。一般而言，应位于游客服务中心地区、风景区大门口附近地区，或活动较集中的场所。停车场、各展示区旁等场所的厕所，可采用较现代化的形式；位于内部地区或野地的厕所，可采用较原始的形式来配合。

②选址上应避免设在主要风景线上或轴线上、对景处等位置，位置不可突出，离主要游览路线要有一定距离，最好设在主要建筑和景点的下风方向，并设置路标以小路连接。要巧借周围的自然景物，如景石、树木、花草、竹林或攀缘植物，进行掩蔽和遮挡。

③园林厕所要与周围的环境相融合，既"藏"又"露"，既不妨碍风景，又易于寻找，方便游人。在外观处理上，必须符合该园林的格调与地形特色，既不能过分讲究，又不能过分简陋，使之处于风景环境之中，而又置于景物之外。既不使游人视线停留，又不破坏景观；其色彩应尽量符合该风景区的特色，切勿造成突兀不协调的感受，运用色彩时还应考虑到未来的保养和维护。

④位于附属建筑（茶室、阅览室或接待室）外的厕所，可分开设置，或提高卫生标准。一个好的园厕除了本身设施完善外，还应提供良好的附属设施，如垃圾桶、等候桌椅、照明设备等，为游人提供较大的便利。

⑤园厕应设在阳光充足、通风良好、排水顺畅的地段。最好在厕所附近栽种一些带有香味的花木来遮挡厕所散发的气味。

⑥园厕的选址应考虑厕所建筑对环境景观及人的心理感受的影响，还要考虑到厕所与城市排污系统的连接。

2.4.3 园厕的设置标准

园厕的定额根据公园规模和游人数量而定。建筑面积一般为每公顷 6~8m²。游人较多的公园可提高到每公顷 15~25 个。每处厕所的面积为 30~40m²，男女蹲位一般 3~6m²。

如有游泳设施，园林公厕可扩大盥洗室，并酌情增设更衣室。在儿童游戏场地附近，应该设置方便儿童使用的厕所，台阶高度不宜超过8cm，为了方便残疾人使用厕所，最好达到无障碍建筑设计要求，即门扇净宽度大于1.2m，坡道宽度大于0.8m，坡度 1/12~1/8。

根据国家有关规范要求，面积大于 10hm² 时，应按照游人量的 2% 设置男、女厕所蹲位；面积小于 10hm² 时，按照游人量的 1.5% 设置。男女蹲位的数量比例以 1∶2 或 2∶3 为宜，还应考虑为行动不方便人士设置扶手及专用蹲位。

园厕的室内净高以 3.5~4m 为宜，通风应优先考虑自然通风，建筑的朝向应尽量使厕所的纵轴垂直于夏季主导风向，门窗构造应尽量满足通风要求，建筑四周应植树种花，在美化建筑的同时也美化环境。

一般入口外设 1.8m 高的屏墙以遮挡视线。若是附属性厕所，则应设置前室，这样既可隐蔽厕所内部，又有利于改善通向厕所的走廊或过厅的卫生条件。

2.4.4 园厕的造型设计

园厕建筑造型要打破传统公厕统一的火柴盒式外形和古板单调的颜色，构图应简洁明快、灵活多样,将古典艺术、风景园林和现代建筑风格巧妙地融入公共卫生间的建设中,让公共厕所成为一道靓丽的园林建筑景观,建设符合现代社会和谐发展的时尚公厕。

有的园厕运用了仿生造型设计(图 2-2-71、图 2-2-72);有的园厕造型设计反映了地域风格(图 2-2-73、图 2-2-74)。

图 2-2-71 朝阳公园瓢虫公厕

图 2-2-72 某景区树桩造型公厕

图 2-2-73 海南三亚热带海岛风情的公厕

图 2-2-74 某藏族建筑风格的公厕

2.4.5 园林厕所设计案例

(1)某公厕外观设计方案(图 2-2-75、图 2-2-76)

图 2-2-75 某公厕设计方案(1)

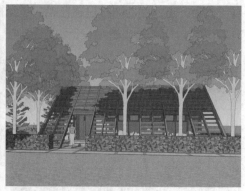

图 2-2-76　某公厕设计方案(2)

(2)杭州"琴棋书画"主题公厕设计(图 2-2-77)

图 2-2-77　杭州某"琴棋书画"主题公厕(赵顺风　摄)

(3)公共厕所快题设计(图 2-2-78)

(4)某组合式园厕平、立面图及效果图(图 2-2-79)

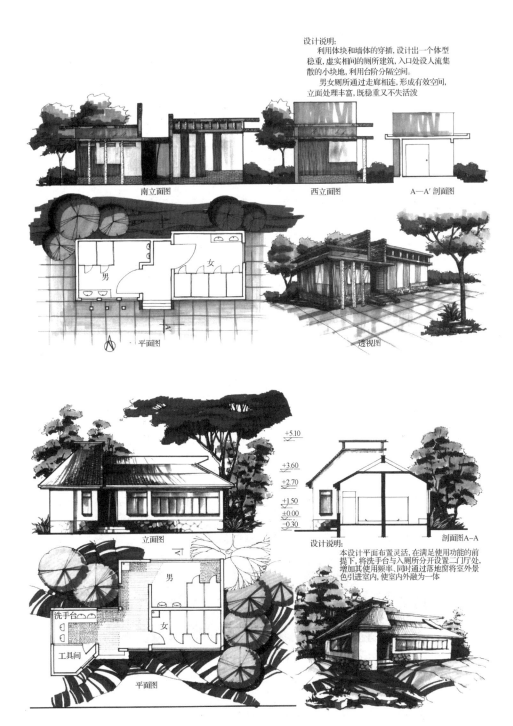

图 2-2-78 公共厕所快题设计

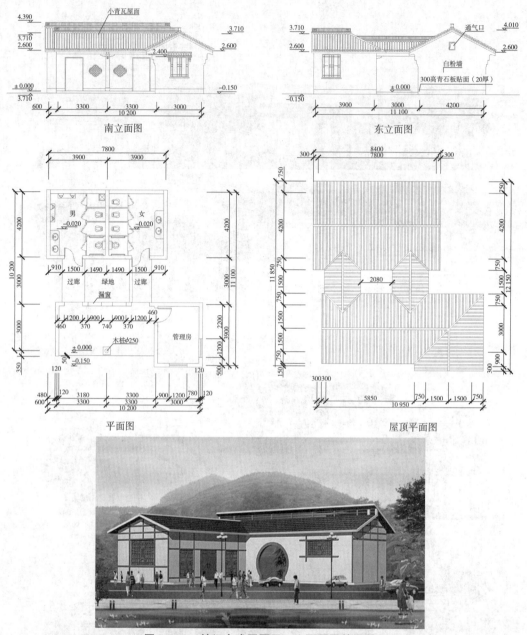

图 2-2-79 某组合式园厕平、立面图及效果图

2.4.6 厕所施工

下面以某砖混结构公厕为例,介绍厕所施工过程。

2.4.6.1 定位放线

本工程轴线控制桩测设,在基槽外 2~4m(最好与中线距离为整米数)外、不受施工干扰并便于引测和保存桩位的地方,测设各轴线延长线的轴线控制桩,作为开槽后各阶段施工中确定轴线的依据。

2.4.6.2 基础施工

(1) 土方开挖

采用反铲式挖掘机挖至-1.6m,留置200mm厚采用人工开挖至设计标高,放坡系数为0.63。

(2) 素混凝土垫层

施工时,根据固定标准标高点用水准仪和标尺往基坑下引测到基底塌饼顶,使塌饼标高同垫层顶标高相同(塌饼间距1.5m),然后进行素混凝土的浇筑。浇筑时,应随筑随根据塌饼用木抹抹平,并加强保养。

基础施工应注意以下几点:

①查找、核对原有地下管线位置,以免挖土时造成损坏。

②配合水、电,安装预埋避雷和上下水管预留孔、预埋件。

③土方开挖后,尽快进行下道工序施工,以保证基坑不被积水浸泡和扰动。

2.4.6.3 钢筋工程

柱子钢筋绑扎应注意以下几点:

①按图纸要求间距,计算好每根柱箍筋数量。先将箍筋都套在下层处的搭接筋上,然后立主钢筋。在搭接长度内,绑扎扣不少于3个,绑扣要向里。

②绑扎接头的搭接长度符合设计要求。

③绑扎接头的位置应相互错开,在受力钢筋直径30倍区段范围内(且不少于500mm)。有绑扎接头的受力钢筋截面面积占受力钢筋总截面面积的比例,受拉区不得超过25%,受压区不得超过50%。

④在立好的柱子钢筋上用粉笔画出箍筋间距,然后将已套好的箍筋往上移动,从上往下进行,宜采用缠扣绑扎。

⑤箍筋与主筋垂直,箍筋转角与主筋交点均要绑扎,主筋与箍筋非转角部分的相交点成梅花式交错绑扎,箍筋的接头(弯沟叠合处)应沿柱子竖向交错布置。

2.4.6.4 模板工程

①根据设计要求及实际情况,本工程柱、梁、板、模板采用胶合板。

②安装柱模板时,先在地梁面或楼面上弹出纵横轴线和四周边线,固定小方盘,在小方盘面调整标高,立柱头板,小方盘一侧要留清扫口。并用8#线或刀卡固定,对通排柱模板,应先弹两端轴线及边线。

③木模板的支撑体系采用大头柱子,间距1.2m,柱根采用楔子填上,防止柱子倾斜,并在中间和底部各加一道水平撑,主龙骨间距为1000mm,次龙骨间距为300mm。

④模板每周转一次均应铲除表面残余混凝土,涂刷脱模油后方可继续使用,发现有变形或损坏的,应及时进行修整。

⑤模板拆除前要对混凝土强度做出初步鉴定。拆模在混凝土强度能保证其表面及棱角不因拆除模板而受损坏,方可拆除。

2.4.6.5 混凝土工程

本工程采用自拌混凝土。

柱混凝土浇筑前底部应先填以 5~10cm 与混凝土配比相同的减半石子混凝土。柱混凝土应分层震捣，使用插入式震捣器时每层厚度不大于 50cm，震捣不得撬动钢筋和预埋件，并须有专人随时检查模板。

柱高在 3m 之内，可在柱顶直接下混凝土浇筑，柱高超过 3m 时采用串筒或在模板侧面开门洞装斜溜槽分段浇筑。每段的高度不得超过 2m，并在浇筑后将门洞封实，用柱箍箍实。

柱混凝土应一次浇筑完毕，如需留施工缝，应留在主梁下或主梁面，无梁楼板应留在柱帽下面。柱混凝土与梁板整体浇筑时，应在柱混凝土浇筑完毕后停歇 1~1.5h，使其获得初步沉实，再继续浇筑。

2.4.6.6 毛石砌体砌筑工程

本工程基础将采用 MU30 毛石，M5 水泥砂浆砌筑，±0.000 以上采用烧结普通砖，M5 混合砂浆砌筑。砌筑流程：弹线、立皮数杆、摆砖、立头角、砌筑。砂浆配制：按配比搅好砂浆，计量准确，搅拌充分，砂浆要有良好的和易性和保水性。

2.4.6.7 屋面防水施工工艺

采用 3mm SBS 沥青卷材防水材料，热熔法施工。

(1) 涂刷基层处理剂

4mm 厚 SBS 防水卷材施工，将基层处理剂搅拌均匀，用长把滚刷均匀涂刷于基层表面，常温经过 4h 后（以不粘脚为准），开始铺贴卷材。注意涂刷基层处理剂要均匀一致，切勿反复涂刷。

(2) 附加层施工

待基层处理剂干燥后，先对女儿墙、水落口、管根、檐口、阴阳角等细部做附加层，在其中心 200mm 范围内，均匀涂刷 1mm 厚的胶黏剂，干后再黏结一层聚酯纤维无纺布，在其上涂刷 1mm 厚的胶黏剂，干燥后形成一层无接缝和弹塑性的整体附加层。

(3) 铺贴卷材

一般采用热熔法进行铺贴。多层铺设时上下层接缝应错开不小于 250mm。将改性沥青防水卷材剪成相应尺寸，用原卷心卷好备用；铺贴时边放卷边用火焰加热器加热基层和卷材的交界处，火焰加热器距加热面 300mm 左右，经往返均匀加热，至卷材表面发光亮黑色，即卷材的材面熔化时，将卷材向前滚铺、粘贴，搭接部位应满粘牢固，搭接宽度满粘法长边为 80mm，短边为 100mm。铺第二层卷材时，上下层卷材不得互相垂直铺贴。

(4) 热熔封边

将卷材搭接处用火焰加热器加热，趁热使两者黏结牢固，以边缘溢出沥青为度，末端收头可用密封膏嵌填严密。如为多层，每层封边必须封牢，不能只是面层封牢。

【任务实施】

1. 目的要求
考察分析一些园厕的设计实例,掌握设计方法与技巧。

2. 材料用具
测量仪器、绘图工具等。

3. 方法步骤
(1)了解地形、地质、地貌、水文等自然条件。
(2)测绘设计地段地形图。
(3)构思设计方案。
(4)多方案比较与选择、深入与调整。
(5)正式绘制设计图纸。

4. 考核评价
完成分析报告1份(包括园厕造型设计、与周边环境的结合等)、设计图纸1套(包括平面图、效果图、施工图等)、设计说明书1份。

【自主学习资源库】

1. 最美园林细节精选:园林建筑设计.中国房产信息集团,克而瑞(中国)信息技术有限公司.化学工业出版社,2012.
2. 园林建筑施工图识读技法.乐嘉龙.安徽科学技术出版社,2006.
3. 中国风景园林网 http://www.chla.com.cn.
4. 土人设计网 http://www.turenscape.com.

项目 3 水体建筑设计与施工技术

◇学习目标

【知识目标】
(1) 正确认识水体建筑的功能与形式。
(2) 正确处理好水体建筑与周围环境之间的关系。
(3) 掌握水体建筑的设计要点。
(4) 掌握水体建筑设计图的绘制方法。
(5) 掌握水体建筑的施工技法。

【技能目标】
(1) 能绘制水体建筑的平面图、立面图、剖面图及效果图。
(2) 能熟练运用水体建筑的设计技法、设计尺寸与材料选择。
(3) 能够识读水体建筑的施工图。

任务 3.1 园桥设计与施工技术

【工作任务】

园林中的桥,可以联系风景点的水陆交通,组织游览线路,变换观赏视线,点缀水景,增加水面层次,兼有交通和艺术欣赏的双重作用(图 2-3-1)。园桥在造园艺术上的价值,往往超过其交通功能。桥在园林中以其优美的造型点缀山川,塑造园林美景。

图 2-3-1 苏州拙政园小飞虹

图 2-3-2 是某小游园的园桥设计施工图。要求学生能够结合所学的有关知识,按照项目建设单位的要求,完成项目中的园桥方案设计、施工图设计或项目施工任务。

在园林景观中,桥的选址与总体规划、园路系统、水面的分隔或聚合、水体面积大小密切相关。桥的造型应与景观地形环境相协调。

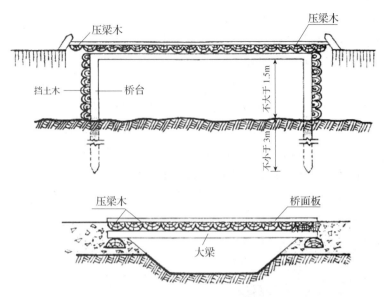

图 2-3-2 单孔梁式木桥结构

【理论知识】

3.1.1 概述

3.1.1.1 园桥的定义

园桥，顾名思义就是园林景观中的桥，它是园林景观的一个重要组成部分。

3.1.1.2 园桥的功能

园桥具有 3 方面的作用：一是悬空道路，有组织游览路线和交通功能，并可变换游人观景的视线角度；二是凌空建筑，不但点缀水景，其本身常常就是园林一景，艺术价值很高，往往超过其交通功能；三是分隔水面，增加水景层次，赋予构景的功能，在线（路）与面（水）之间起中介作用。

3.1.1.3 园桥的类型

（1）平桥

平桥外形简单，有直线形和曲折形，结构有梁式和板式。板式桥适于较小的跨度，如北京颐和园谐趣园瞩新楼前跨小溪的石板桥，简朴雅致（图 2-3-3）。跨度较大的就需设置桥墩或柱，上安木梁或石梁，梁上铺桥面板。曲折形的平桥为中国园林所特有，不论三折、五折、七折、九折，通称"九曲桥"。其作用不在于便利交通，而是要延长游览行程和时间，以扩大空间感，在曲折中变换游览者的视线方向，做到步移景异；也有的用来陪衬水上亭榭等建筑物，如上海城隍庙九曲桥。

（2）拱桥

拱桥造型优美，曲线圆润，富有动态感。单拱的如北京颐和园玉带桥，拱券呈抛物线形，桥身用汉白玉，桥形如垂虹卧波。多孔拱桥适于跨度较大的宽广水面，常见的为三孔、五孔、七孔，著名的颐和园十七孔桥，长约150m，宽约6.6m，连接南湖岛，丰富了昆明湖的层次，成为万寿山的对景（图2-3-4）。河北赵州桥的"敞肩拱"是中国首创，在园林中仿此形式的很多，如苏州东园中也有一座。

（3）亭桥、廊桥

加建亭廊的桥，称为亭桥或廊桥，既可供游人遮阳避雨，又增加桥的形体变化。亭桥如杭州西湖三潭印月，在曲桥中段转角处设三角亭，巧妙地利用了转角空间，给游人以小憩之处（图2-3-5）；扬州瘦西湖的五亭桥，多孔交错，亭廊结合，形式别致（图2-3-6）。廊桥有的与两岸建筑或廊相连，如苏州拙政园"小飞虹"；有的独立设廊，如桂林七星岩前的花桥。苏州留园曲溪楼前的一座曲桥上，覆盖紫藤花架，成为风格别具的"绿廊桥"。

图2-3-3　北京颐和园谐趣园石板桥

图2-3-4　北京颐和园十七孔桥

图2-3-5　杭州西湖三潭印月三角亭

图2-3-6　扬州瘦西湖五亭桥

（4）其他类型

汀步，又称为步石、飞石，是一种较为活泼、简洁、生动的"桥"。在浅水河滩、平静水池，或大小水面收腰、变头落差处可在水中设置汀石，散点成线借以代桥，通向对岸（图2-3-7）。园林中运用这种古老渡水设施，质朴自然，别有情趣。将步石美化成荷叶形，称为"莲步"，桂林芦笛岩水榭旁设有莲步。

3.1.1.4　园桥的组成

园桥是由梁（或拱）和桥台基础两大部分组成。梁

图2-3-7　园林浅水池中的汀步

或拱横跨于水面上，桥台是主要承担荷载的部分。水面较宽时，若梁或拱跨度有限，则水中可设桥墩支撑，使梁的每个分段跨度缩短（图2-3-8、图2-3-9）。

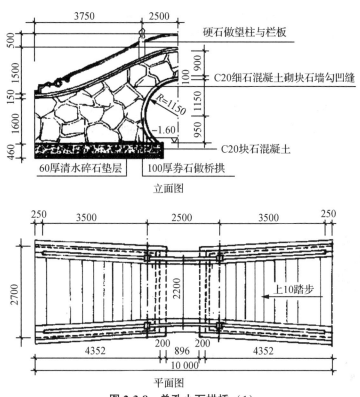

图 2-3-8 单孔小石拱桥（1）

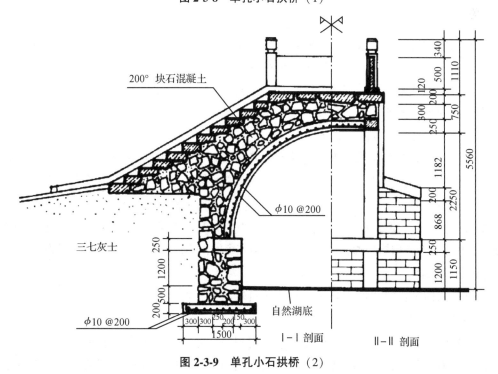

图 2-3-9 单孔小石拱桥（2）

(1) 上部结构

桥的上部结构包括桥面、栏杆等,是园桥的主体部分,要求既坚固又美观。不仅要保证游人的安全还要起到点缀园景的作用。选择材料时应考虑承载跨度,并结合当地水文和技术等条件。园桥是供游人通过水面或溪谷的,因此,其上部面层要求安全、防滑,在梁、拱承重结构上设路面层、基层和防水层等。

(2) 下部支撑结构

园桥的下部结构包括桥台、桥墩等支撑部分,是园桥的基础部分,要求坚固耐用、耐水流的冲刷。桥台桥墩要有深入地基的基础,上面应采用耐水流冲刷材料,还应尽量减少对水流的阻力。

3.1.2 园桥设计

(1) 设计原则

①任何形式的桥梁均应与水流成直角相交为宜。

②桥梁的大小应与跨越的河流溪谷大小相协调,并与联络道路的样式及路幅一致。

③桥梁设计富有人情味,本身造型优美,结合倒影则会更美,同时与周围环境保持协调。

(2) 位置选择

在风景园林中,桥位选址与总体规划、园路系统、水面的分隔或聚合、水体面积大小密切相关。大水面架桥,借以分隔水面时,宜选在水面岸线较狭处,既可减少桥的工程造价,又可避免水面空旷。小水面架桥,宜将桥位选择在偏居水面的一隅,以期水系藏源,产生"小中见大"的景观效果。

(3) 体量与造型

大水面上建桥时,应适当抬高桥面,既可满足通航的要求,还能框景,增强桥的艺术效果。附近有建筑的,更应推敲园桥体型的细部表现。小水面架桥宜体量小而轻,体型细部应简洁,轻盈质朴。在水势湍急处,桥宜凌空架高,并加设栏杆,以策安全,以壮气势。水面高程与岸线齐平处,宜使桥平贴水波,使人接近水面,产生凌波亲切之感。

(4) 交通要求

桥体尺度除应考虑水体大小、道路宽度及造景效果外,还要满足功能上通车、行船的高度、坡度的要求;为满足人流集散与停留观景等要求,常设置桥廊及桥头小广场。

(5) 桥岸处理

桥与岸相接处,要处理得当以免生硬呆板。常以灯具、雕塑、山石、花木丰富桥体与岸壁的衔接,桥头装饰有引导交通、显示桥位、增强安全的作用,但要以不可阻碍交通为原则。

(6) 材料选择

桥梁所用构筑材料,可用自然材料或仿自然的人工材料。

(7) 桥的栏杆

桥的栏杆是丰富桥体造型的重要因素,栏杆的高度既要满足安全要求,又要与园桥的长度、宽度相协调。如苏州园林小桥一般只设低的坐凳栏杆,其造型简洁。甚至有些小桥只设单面栏杆或不设栏杆,以突出桥的轻快造型。

(8) 桥的照明

桥上灯具具有较好的装饰桥体效果,在夜间游园更有指示桥的位置、照明和安全的作用。灯具可结合桥的体形、栏杆及其他装饰物统一设置,使其更好地突出桥的景观效果,尤其是夜间的景观。

(9) 园桥实例(图 2-3-10)

图 2-3-10 园 桥

3.1.3 园桥施工

以拱桥施工为例,简单介绍园桥施工过程(图 2-3-11),图 2-3-12 为拱桥剖面图。

3.1.3.1 定位放线

根据设计规定,结合相应道路的设计要求、现场的实际情况,定出园桥的中心线位置和桥台的设置控制点,放出桥台的土方施工范围,引测相应的标高控制点。

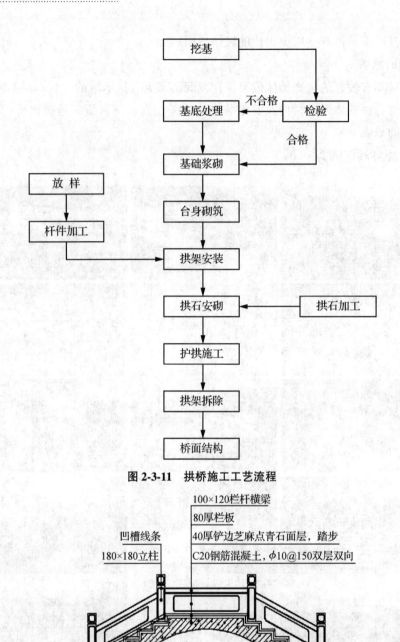

图 2-3-11 拱桥施工工艺流程

图 2-3-12 拱桥剖面图

3.1.3.2 基坑开挖

桩位定好、场地清理完毕后，即可进行基坑的开挖，基坑开挖采用挖掘机配合人工进行，由于基坑深 3~4m，为了预留工作面，施工时基坑线向外移 30cm，为了防止基坑坑壁坍塌，必要时加以坑壁支护。当至基底标高剩余 20cm 时，停止挖掘机施工，改用人工清理至设计标高，自检合格后报请监理工程师对基坑几何尺寸、基底标高、基底承载力进行检验，检验合格后立即用砂浆对基底进行封闭，防止基岩风化和水对基底的浸泡，破坏基底力学性质。如基底承载力达不到设计要求，经监理工程师同意采取加固措施。

3.1.3.3 基础及台身浆砌

基础为M7.5砂浆砌片石，先用合格的片石，清洗干净表面，在基底铺一层砂浆，然后安砌石料。安砌时，采用座浆法或挤浆法，片石大面向下，小面向上，然后铺上砂浆，用砖刀或钢钎将片石缝隙填满，再塞入小片石将砂浆挤出。施工时严格按照砌体作业指导书进行，石料最小边厚度不得小于15cm，且清洗干净，砂浆饱满，2~3层砌块组成一工作层，每一工作层的水平缝大致找平，各工作层竖缝应相互错开，不得贯通。最后要求基础顶面平顺，以利下部工序的施工。

墩台身材料为M7.5砂浆砌片石墙身，M7.5砂浆砌粗料石或混凝土预制块镶面，施工时先安角石及四周石料，再砌筑填腹石。镶面石料采用一丁一顺放置，灰缝20mm，石料表面要设计修凿成统一的纹路增加美感，填腹石砌筑同浆砌基础。整个砌体做到砂浆饱满密实，灰缝平顺，表面平整。砌体瓦工统一勾凹缝。

桥台侧墙顶及拱脚石为C25钢筋混凝土，施工时严格按照钢筋混凝土施工规范进行，模板安装和钢筋加工都要经过监理工程师检查认可后才能进行下一道工序。在施工侧墙顶部30cm时应注意顶部高程，应预留路面结构层厚度。

3.1.3.4 拱架施工

(1) 平整场地

按1:1比例将拱圈内弧线加预拱度放出拱模弧线，并将拱模弧线分成段，定出弓形木接头位置和排架、斜撑、拉杆的中心线。

(2) 制定拱架施工图

根据拱架施工图，加工各杆件。节点构造力求简单，制作时采用简单的接榫，对于受力较大的节点，可用硬木夹板或铁夹板穿以螺栓连接，对于受力较小者可用扒钉连接。

(3) 安装立柱、拉杆、斜撑、夹木及弓形木等杆件

施工时要经常测各立杆高程（减去模板、垫木和横梁的高度），以准确地控制拱架弧度，最后安装模板。

3.1.3.5 拱圈施工

拱架安装完毕即可进行拱圈施工。拱石的安装是整个石拱桥上部工程施工的主体，其施工方法如下：

(1) 施工放线

为了便于控制各排拱石的位置，将各排拱石和辐射形砌缝位置用墨线画在模板上。拱弧实际长度应包括设置预拱度后拱弧的加长和墩台以及拱架施工中的允许误差。

(2) 拱石的安装

若拱桥跨径小，又缺少吊装设备，拱石可全部用人工挑抬。

3.1.3.6 拱架的拆除

①拱架的拆除必须待砂浆强度达到设计的 70%后方可进行。
②跨径较小的拱桥,宜在拱上建筑全部完成后卸架。
③模板拆除应按设计的顺序进行,应遵循先支后拆、后支先拆的顺序,拆时严禁抛扔。
④拱架应从拱顶向拱脚依次循环卸落。

3.1.3.7 护拱及拱上建筑的施工

拱圈施工完毕即可进行护拱和拱上建筑的施工,浆砌时严格按照砌体作业指导书进行,拱上的填料采用沙砾石,200mm 厚一层,分层夯实。

【任务实施】

1. 目的要求

了解园林中各种不同类型的园桥,掌握园桥的设计方法与技巧。

2. 材料用具

测量仪器、绘图工具等。

3. 方法步骤

(1) 了解地形、地质、地貌、水文等自然条件。
(2) 测绘设计地段地形图。
(3) 构思设计方案。
(4) 多方案比较与选择、深入与调整。
(5) 正式绘制设计图纸。

4. 考核评价

完成分析报告 1 份(包括园桥类型、位置选择、与水体的结合、结构等)、设计图纸 1 套(包括平面图、立面图图、景点效果图、小桥施工图等)、设计说明书 1 份。

【自主学习资源库】

1. 园林建筑设计. 卢仁,金承藻. 中国林业出版社,1991.
2. 园林建筑设计与施工. 周初梅. 中国农业出版社,2002.
3. 中国园林建筑施工技术. 田永复. 中国建筑工业出版社,2002.
4. 园林建筑设计. 杜汝俭,李恩山,刘管平. 中国建筑工业出版社,1986.
5. 网易园林 http://co.163.com/index_yl.htm.
6. 筑龙网 http://www.zhulong.com.
7. 园林在线 http://www.lvhua.com.

任务 3.2 游船码头设计与施工技术

【工作任务】

游船码头是园林中水陆交通的枢纽。以旅游客运、水上游览为主,还可作为园林中自然、轻松的游览场所,又是游人远眺湖光山色的好地方,因而倍受游客的青睐。若游船码头整体造型优美,可点缀美化园林环境(图2-3-13)。根据总体规划要求在某湖泊景区设一小型游船码头,主要功能包括售票、检票、候船室、卫生间、值班室。码头内设小型商店出售土特产、纪念品、饮料及报刊等,使该建筑为景区游客提供游湖、休息、赏景等服务。

图 2-3-13 水城威尼斯游船码头

图 2-3-14 为某公园的一套游船码头设计施工图。要求学生能够结合所学的有关知识,按照项目建设单位的要求,完成项目中的游船码头方案设计、施工图设计或项目施工任务。

图 2-3-14 某公园游船码头

【理论知识】

3.2.1 概述

3.2.1.1 游船码头的定义

游船码头主要由堤岸、固定斜坡、活动梯、主通道浮码头、支通道浮动码头、定位桩、供水、供电系统、船舶、上下水斜道、吊升装置等构成(图2-3-15)。

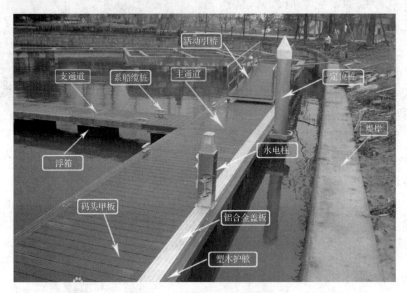

图 2-3-15 游船码头参考图

3.2.1.2 游船码头的功能

游船码头是园林中水陆交通枢纽，首先作为渡轮泊岸上落乘客及货物之用；其次还可吸引游人，作为约会集合的地标。

3.2.1.3 游船码头的类型

(1) 驳岸式

如果公园水体不大，常结合池壁修建，垂直岸边布置；较大的公园水面，可以平行池壁进行布置；如果水位和池岸的高差较大，可以结合台阶和平台进行布置。其特点是：易于施工，码头坚固，但游人上下船不方便，建筑本体的景观效果不佳。

(2) 伸出式

用于水面较大的风景区，可以不修驳岸，直接将码头挑伸到水中，拉大池岸和船只停靠的距离，增加水深。其特点是：造型轻巧活泼，施工简便，节约建造费用，但不适水面高差变化大的水体。

(3) 浮船式

对于水库等水位变化较大的风景区特别适用，游船码头可以适应不同的水位，总能和水面保持合适的高度。其特点是：易于游人上下船，管理较方便。

3.2.1.4 游船码头的组成

(1) 水上平台

水上平台是供游人上船、登岸的地方,是码头的主要组成部分。

码头平台伸入水面,夏季易受烈日暴晒,应注意选择适宜的朝向,最好是周围有大树遮阴或采取建筑本身的遮阳措施,靠船平台岸线的长度,应根据码头的规模、人流量及工作人员撑船的活动范围来确定,其长度一般不小于 4m,进深不小于 2~3m,水上平台高出水面 300~500mm 为宜。

大型或专用停船码头应设拴船与靠岸缓冲设备;若为专供观景的码头,可设栏杆与坐凳,既起到防护作用,又可供游人休息、停留,观赏水面景色,同时还能够丰富游船码头的造型。

(2) 磴道台阶

磴道台阶是为平台与不同标高的陆路联系而设。

①台阶的高度和宽度

高度 120~150mm,有时只有 20~30mm。

踏面宽度 280~400mm,有时为 500~600mm。

②每 7~10 级台阶应设休息平台,这样既能保证游人安全,又为游客提供不同高度远眺。

③根据湖岸宽度、坡度、水面大小安排,可布置成垂直岸线或平行岸线的直线形或弧线形,设置栏杆、灯具等。在岸壁的垂直面结合挡土墙,在石壁上可设雕塑等装饰,以增加码头的景观效果。

(3) 售票室

售票室主要出售游船票据,还可兼回船计时、退押金或回收船桨等,面积一般控制在 $10~12m^2$。

(4) 检票口

在大中型游船码头上,若游客较多,可按先后顺序经检票口进入码头平台登船,有时可作回收、存放船桨的地方,面积一般控制在 $6~8m^2$。

(5) 管理室

一般设置在码头建筑的上层,可播音、存放船桨,也可作工作人员休息、对外联系之用,面积一般控制在 $15~18m^2$。

(6) 候船空间

可结合亭、廊、花架、茶室等建筑设置候船空间,既可作为游船候船的场所,又可以供游人休息和赏景,同时还可丰富游船码头的造型,从而点缀水面景色,面积一般控制在 $10~12m^2$。

(7) 集船柱桩或简易船舱

集船柱桩或简易船舱供夜间收集船只或雨天保管船只用的设施,应与游船水面有所隔离。

(8) 卫生间

卫生间一般供内部职工使用,应选择较隐蔽处,并且和其他管理用房联系紧密,面积

一般控制在 $5 \sim 7m^2$。

3.2.2 游船码头设计

3.2.2.1 位置选择

(1) 游船码头规划设计选址、布点需考虑的因素

①环境条件　应选在交通比较便利的地方，最好靠近一个出入口，位置明显，注意风、日照等气象因素对码头的影响，并注意利用季节风向，避免风口船只停靠不便和夏季高温，避免夕阳的低入射角光线的水面反光，强烈刺激游人眼睛，游船使用不便。

②水体条件　应考虑水体的大小、水流、水位情况，水面大的应设在避免风浪冲击的湖湾中，以便船只停靠；水体小的应选择较开阔处设置；流速大的水体应避免河水对船体的正面冲击。

③观景效果　码头在宽广的水面应有景可对；水体小的水面可争取较长的景深与视景层次，取得小中见大的效果。

(2) 游船码头规划设计选址、布点的要点

①对于风景名胜区而言水面一般较大，水路也成为主要交通观景线，一般规划 3~4 个游船码头 (数量可根据风景区的大小和类型灵活确定)，选点时一般在主要风景点附近，便于游人通过水路到达景点，码头布点和水路路线应充分展示水中和两岸的景观，同时，码头各点之间应有一定的间距，一般控制在 1km 为宜，同时和其他各景点应有便捷的联系，选择风浪较平静处，不能迎向主要风向，以便减少风浪对码头的冲刷和船只靠岸的方便 (图 2-3-16)。

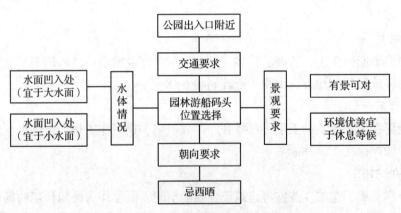

图 2-3-16　园林游艇码头位置选择示意

②对于城市公园而言水面一般较小，一般依水面的大小设计 1~2 个游船码头，注意选择水面较宽阔处，为防止游人走回头路，多靠近一个入口，并且应有较深远的视景线，视野开阔、有景可观，同时注意该点的选择在便于观景的同时也应该是一个好的景点。如北京陶然亭公园，码头南侧是宽阔的水面，附近有双亭廊等景点，西北向做地形处理，面水背山形成良好的小气候，视景线深远，中央岛、云绘楼、花架、陶然亭、接待室等均可作为借对景，并且和东大门和北大门均有便捷的联系。

3.2.2.2 设计要点

游船码头的设计应遵循实用、经济、美观的原则,使岸体与水体间各设施协调统一。

(1) 水体标高

设计前首先要了解湖面的标高、最高和最低水位及其变化,来确定码头平台的标高,以及水位变化时的必要措施。

(2) 风格塑造

既要和整体环境的建筑风格相协调,又要有码头建筑的性格,飘逸、富有动感,如屋顶做成帆形、折板顶或圆穹顶等,以便和水的性格相符。同时,从建筑风格而言,可以是现代的也可以是仿古的,可以是东方的也可以是欧式的,还可富有当地建筑的民族风格。

(3) 空间处理

将码头各个组成部分看成一个建筑组群,从整体上进行把握,可以结合游人等候设置一内庭空间,在其中布置一些能够体现建筑性格和与水有关的雕塑、壁画、汀步、置石、隔断等,以便进行点题。同时应该注意,从码头选址开始,就应考虑借景、对景、观景,使码头既可观景又可成景,以便和整体环境相协调。

(4) 路线组织

①工作人员和游人的人流组织 一般分区设置,空间布局时应注意避免工作人员和游人的活动路线相交叉,以免互相干扰,有时情况管理区可单独设置入口。

②游人上下船的路线组织形式 一是游人凭票上下船,上下船人流不进行分流,是一种开放型的管理方法,节省管理工作人员,但因人流不分管理较混乱;二是上下船人流分开,设检票处,增加管理人员,人流管理较有序。

③候船平台设计 平台上人流应畅通避免拥挤,故应将出入人流分开,以便尽快疏散;应考虑平台适宜的朝向和遮阴措施,平台的长度不小于 4m,留出上下人流和工作人员的活动空间,一般进深 2~3m。

(5) 湖岸线形状

在设计时应综合考虑湖岸线的形状,要避免在因风吹漂浮物易积的地方,这样既影响船只停泊,又不利于水面的清洁。

(6) 植物配置

选择耐水湿树种,如垂柳、大叶柳、旱柳、悬铃木、枫香、柿树、蔷薇、圆柏、紫藤、迎春、连翘、棣棠、夹竹桃、丝棉木、白蜡、水松等园林植物,池边水中如果点缀菖蒲、花叶菖蒲、荷花、泽泻等水生植物,更富有自然水景气氛,但应注意植物的配置不能影响码头的作业。

(7) 安全性问题

码头建筑临水,且儿童使用的机会较多,安全隐患较多,在具体设计时一定要注意其安全性问题,应设置告示栏、栏杆、护栏等安全宣传保护措施。

3.2.2.3 游船码头实例

游船码头实例如图 2-3-17 至图 2-3-19 所示。

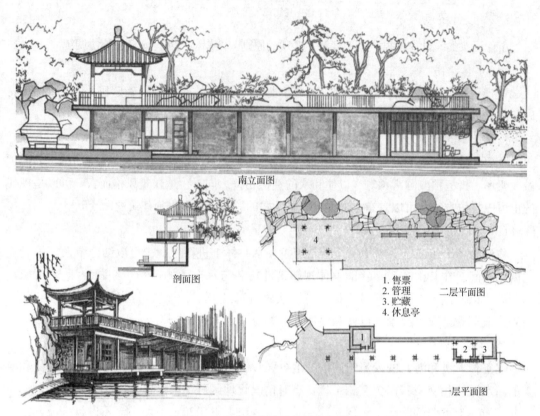

图 2-3-17 北京紫竹院公园游船码头

北京紫竹院游船码头利用湖岸水陆高差较大的特点,设计成2层建筑,面水一边为2层,面陆地一边为1层。上层作游人休息、等候空间,下层售票并设靠船平台,交通组织合理,建筑具园林特色

图 2-3-18 游船码头实例

图 2-3-18 游船码头实例(续)

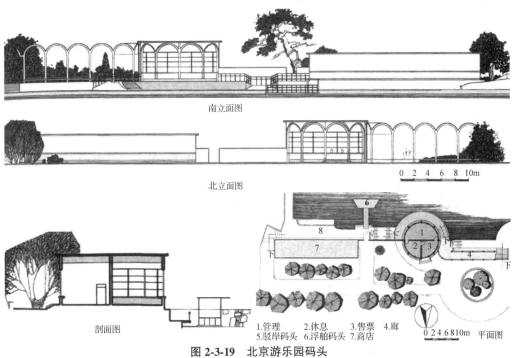

1. 管理　2. 休息　3. 售票　4. 廊
5. 驳岸码头　6. 浮船码头　7. 商店

图 2-3-19 北京游乐园码头

北京游乐园环境优美。码头朝南而建,中心为一圆形建筑,两侧有廊环绕。码头既有浮船式的部分,又有驳岸式的部分,较为开展。码头还靠近小卖部和餐厅,便于游人使用。从南面向码头望去,码头的倒影浮动在碧水清波中,景色十分宜人。码头造型新颖、活泼,具现代气息

3.2.3 游船码头施工

3.2.3.1 施工准备

①围堰、抽水、挡土墙(驳岸)施工。
②平整场地,布置运输道路。
③接通施工用水、用电。
④搭设搅拌机棚及其他必要的工棚,组织部分材料、机具、构件进场,并力争为主体施工服务。

3.2.3.2 基础工程

(1)基础尺寸

基础为混凝土独立基础,坑底标高-2.00m,地圈梁槽底标高-0.80m。采用人工挖土方,坑宽按1:0.33放坡至底,每边留工作面30cm,人工修整。

(2)施工顺序

挖坑挖槽→打钎验坑槽→碎石垫层→钢筋混凝土基础→地圈梁→柱生根→回填土。可在围堰内安排抽水机抽水以降低地下水位。

(3)地梁施工

地梁施工采用砌两侧砖放脚的做法,即应用砖模的方法,节约模板、方便施工,并保证地梁与基础的整体性,构造柱按图纸要求搭接在地梁上。

(4)回填土

回填土应室内外同时进行。在等待拆模时,应抓紧时间做好上下水管线,以便回填后,将首层地面灰与C10混凝土层一并做出,为主体施工创造条件。

3.2.3.3 主体结构工程

(1)机械选择

根据现场情况及建筑物的外形、高度,可采用简易的人工垂直运输材料。另选两台JC-250型搅拌机,一台拌砂,另一台搅拌混凝土。

(2)主要施工方法

主体施工工序包括砌砖墙,现浇混凝土圈梁、柱、梁、板、过梁,现浇屋面等。施工以瓦工砌砖及结构吊装作业为主,木工和混凝土工按需要配备即可。

①脚手架 采用外部桥式架子配合内操作平台的方案,砌筑采用外平台架,内桥架可用来辅助砌墙工作,并作为内装修脚手架用。

②砌砖墙 垂直与水平运输均采用葫芦吊,在集中吊上来的砖或砂浆槽的楼板位置下加设临时支撑,选用10个内平台架砖砌,为使劳动力平衡,瓦工采用单班作业。

③钢筋混凝土圈梁、柱、屋面板 由于外墙圈梁与结构面标高一致,故结构吊装采用圈梁硬架支模方法,又因现浇混凝土不大,采用圈梁、柱、梁混凝土同时浇注的方案;构造柱的钢筋在砌墙前绑扎,圈梁钢筋在建筑物上绑扎,在扣板前安放好。屋面梁浇好再制

作屋面板钢筋及浇屋面板。

3.2.3.4　装修工程

装修工程包括屋面、室外和室内三部分。屋面工程在主体封顶后立即施工,做完屋面防水层之前拆塔,利用内桥架做好外装修(采用先外后内方案);为缩短工期,室内隔墙及水泥地面在外装修完成屋面即可插入,以保证地面养护时间。

(1)屋面工程

平屋做完要经自然养护并充分干燥(5~6d)后再做防水层,屋面防水层及绿豆砂保护层上料用外桥架,屋面装修用料提前准备好(确保按时拆塔)。

(2)室外装修

采用水平向下的施工流向,施工顺序为:抹灰→外墙仿石面砖→勾缝、抹灰→喷涂墙面。而后做地面,确保地面养护期不小于7d。散水等外装修工程在收尾、外架拆除后进行,以免影响室内装修。

(3)室内装修

为缩短工期,在地面做完并经8d养护后,即可进行室内墙面抹灰,地面工程一结束,全部进入室内抹灰;抹灰后要待墙面充分干燥(不少于7d)后进行顶棚、墙面喷浆。为加快施工速度,安装门窗扇,顶、墙喷浆,门窗油漆与安装玻璃等工作可搭接流水、立体交叉作业。

水、电气、卫生设备的安装要在进行结构与装修的同时穿插进行,土建工程要为其创造条件,以确保竣工验收。

【任务实施】

1. 目的要求

了解园林中各种不同类型的游船码头,掌握游船码头设计方法与技巧。

2. 材料用具

测量仪器、绘图工具等。

3. 方法步骤

(1)了解地形、地质、地貌、水文等自然条件。

(2)测绘设计地段地形图。

(3)构思设计方案。

(4)多方案比较与选择、深入与调整。

(5)正式绘制设计图纸。

4. 考核评价

完成分析报告1份(包括游船码头的组成、布局方式、与水体的结合等)、设计图纸1套(包括平面图、效果图等)、设计说明书1份。

【自主学习资源库】

1. 园林建筑设计. 卢仁,金承藻. 中国林业出版社,1991.

2. 中国园林建筑施工技术. 田永复. 中国建筑工业出版社,2002.

3. 园林建筑设计. 杜汝俭, 李恩山, 刘管平. 中国建筑工业出版社, 1986.
4. 网易园林 http://co.163.com/index_yl.htm.
5. 筑龙网 http://www.zhulong.com.
6. 园林在线 http://www.lvhua.com.

项目 4　园林建筑小品设计与施工技术

◇学习目标

【知识目标】

(1)熟悉各种不同类型的园林建筑小品的尺寸和材料选择。
(2)掌握各种不同类型的园林建筑小品的设计方法与技巧。

【技能目标】

(1)能够根据园林绿地性质的需要设计相应的园林建筑小品。
(2)能够看图识读各种不同类型的园林建筑小品的施工图。

任务 4.1　园林景墙设计与施工技术

【工作任务】

园林景墙是园林中常见的小品,其形式不拘一格,功能因需而设,材料丰富多样。除了人们常见的园林中作障景、漏景以及背景的园林景墙之外,近年来,许多城市更是把园林景墙作为城市文化建设、改善城市市容市貌的一种重要方式(图 2-4-1)。

图 2-4-2 是某小游园的园林景墙设计施工图。要求学生能够结合所学的有关知识,按照项目建设单位的要求,完成项目中的园林景墙方案设计、施工图设计或项目施工任务。

图 2-4-1　顺德清晖园园林景墙

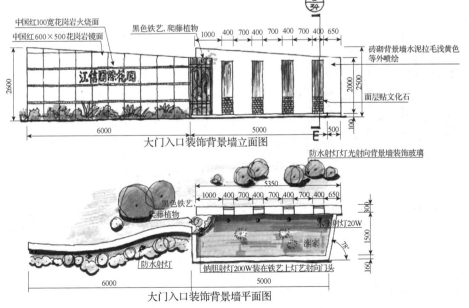

图 2-4-2　某小游园景墙设计施工图

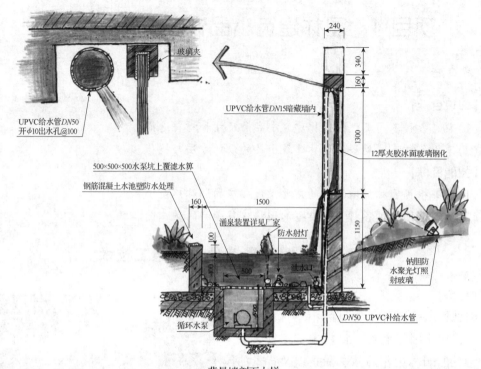

背景墙剖面大样

图 2-4-2　某小游园景墙设计施工图(续)

【理论知识】

4.1.1　概述

在中国古典园林中，墙的运用很多且有特色。如在皇家园林的边界上都有宫墙以别内外；在私家园林中，常用园林景墙来划分景区与空间。园林景墙纵横穿插，形成"园中有园，景中有景"。在现代园林中，墙也广泛地运用。因此，园林景墙常成为空间构图的一个重要手段(图 2-4-3)。

图 2-4-3　园林景墙

4.1.1.1　园林景墙的定义

在园林建设中，由于使用功能、植物生长、景观要求等的需要，常用不同形式的挡墙围合、界定、分隔这些空间场地。如果场地处于同一高程，用于围合、界定、分隔的挡墙仅为景观视觉而设，则称为景墙。

4.1.1.2　园林景墙的功能

园林景墙不仅具有防护的功能，还能美化装饰园林环境，起点景的作用。园林景墙能划分和组织空间，分隔空间，化大为小；又可将小空间串通迂回，小中见大，富有层次感。园林景墙还能够导游路线，游人可以按照园林景墙所指引的路线进行游览，欣赏到不同的园林风景画面。

4.1.1.3　园林景墙的类型

中国传统园林景墙，按其材料和构造可分为板筑墙、乱石墙、磨砖墙、白粉墙等。分隔院落空间多用白粉墙，墙头配以青瓦。用白粉墙衬托山石、花卉，犹如在白纸上绘制山水花卉，意境颇佳。产竹地区常就地取材，用竹编园林景墙，既经济又富有地方色彩(图2-4-4)。

图 2-4-4　景　墙

4.1.2　园林景墙设计

4.1.2.1　位置选择

园林景墙在位置选择时，要考虑与功能相结合。

(1) 分隔空间的景墙

作为分隔空间的园林景墙，一般设在景物或建筑物发生变化的交界处，如花架与廊相接处，用设有漏窗和门洞的园林景墙来分隔与过渡；在地形地貌发生变化的交界处，为了安全要设置园林景墙；还可设在空间形状、大小变化的交界处。

(2) 造景的景墙

用作造景的园林景墙，一般在园林周边布置，既可以组织空间，又可美化装饰园林景观。

(3) 结合景物的景墙

园林景墙在位置选择时，要考虑到能够产生框景、对景、障景的效果，要与游人的路线、视线、景物结合起来进行统一考虑。

4.1.2.2 造型设计

园林景墙的形式多种多样，根据其材料和断面的不同，有高矮、曲折、虚实、光滑与粗糙、有檐与无檐之分，应根据其功能、构造和园林艺术审美的需要选用。其造型要与周围环境协调统一；其色彩与质感是景墙的重要表现手段，既要有对比又要协调，既要醒目又要柔和。

园林景墙既点缀园林，又需要取得园林环境的衬托，需要借助于周围的花草、树木、山石、水池等作为陪衬。园林景墙的设置很灵活，可"盘山""涉水"，可高低错落、蜿蜒曲折，但要与周围环境相统一，相辅相成。

4.1.2.3 尺寸设计

园林景墙的高度应根据其功能的不同而定，围护性园林景墙其高度一般不低于 2.20m；在园林中起美化装饰作用的园林景墙，其高度要根据环境和景物所需而定(图 2-4-5 至图 2-4-8)。

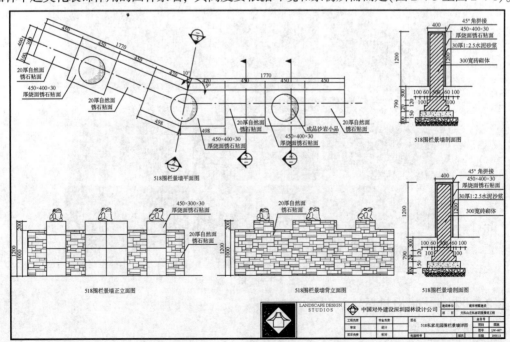

图 2-4-5 景墙施工图设计

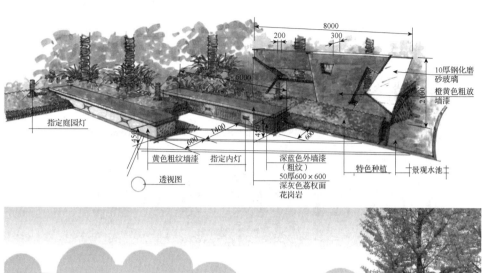

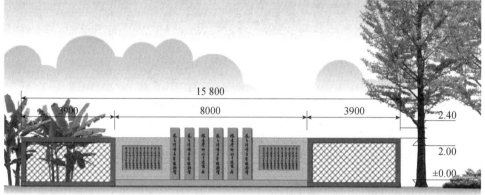

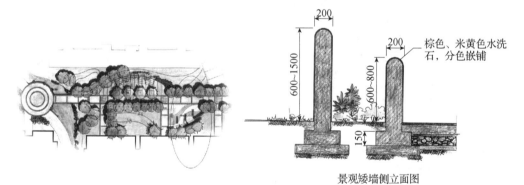

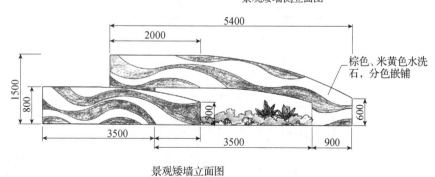

图 2-4-6 景墙方案设计（1）

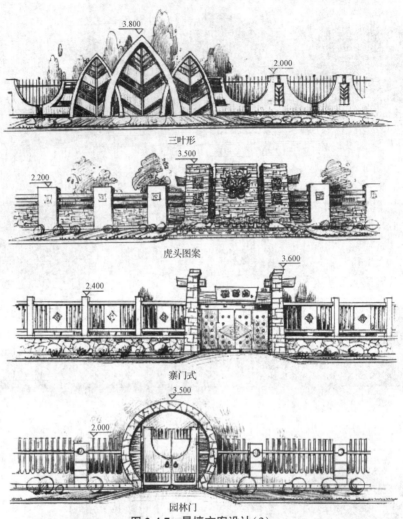

图 2-4-7 景墙方案设计(2)

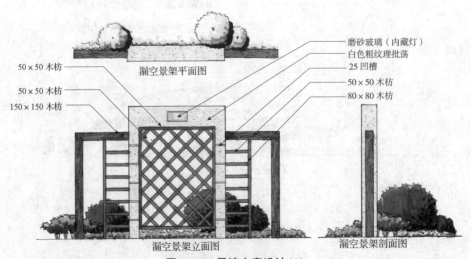

图 2-4-8 景墙方案设计(3)

4.1.2.4 材料选择

园林景墙需就地取材,既能体现地方特色,又具有经济效益。南方的园林景墙多以薄砖空斗墙砌筑,白粉墙面,灰色瓦顶,配以褐色门窗与建筑木构架和绿色的植物,色调清淡素雅。此外,还有水磨青砖墙、虎皮石墙、透空花墙、竹篱墙等。新型园林中的各种形式的预制混凝土花格、金属铁花格作为漏窗的图案处理,经济耐用,但在制作上应避免粗糙,造型上要简洁大方,注意在尺度、形象、位置上与整体环境相协调。

园林围墙的材料主要有竹木、砖、混凝土、金属材料等。

(1)竹木围墙

竹篱笆是过去最常见的围墙,现已很少采用。有人设想过种一排竹子而加以编织,成为"活"的围墙(篱),这是最符合生态学要求的墙垣了。

(2)砖墙

墙柱间距3~4m,中开各式漏花窗,是节约又易施工管养的办法。缺点是较为闭塞。

(3)混凝土围墙

一是以预制花格砖砌墙,花形富有变化但易爬越;二是混凝土预制成片状,可透绿也易管养。混凝土墙的优点是一劳永逸,缺点是不够通透。

(4)金属围墙

①以型钢为材,断面有几种,表面光洁,性韧易弯不易折断,缺点是每2~3年要刷一次油漆。

②以铸铁为材,可做各种花形,优点是不易锈蚀且造价低,缺点是性脆且光滑度不够。订货时要注意所含成分不同。

③锻铁、铸铝材料,质优而价高,局部花饰或室内使用。

④各种金属网材,如镀锌、镀塑铅丝网、铝板网、不锈钢网等。

现在往往把几种材料结合起来,取长补短。混凝土往往用作墙柱、勒脚墙。取型钢为透空部分框架,用铸铁为花饰构件。局部细微处用铸铁、铸铝。围墙是长形构造物。长度方向要按要求设置伸缩缝,按转折和门位布置柱位,调整因地面标高变化的立面;横向则涉及围墙的强度,影响用料的大小。利用砖、混凝土围墙的平面凹凸、金属围墙构件的前后交错位置,实际上等于加大围墙横向断面的尺寸,可以免去墙柱,使围墙更自然通透。

4.1.2.5 注意事项

墙垣设置要注意坚固与安全,尤其是孤立的单片直墙,要适当增加其厚度,每隔4~5m加设柱墩等。设置曲折连续的墙垣,也可增加稳定性,应考虑风压、雨水等对墙体的破坏作用。

4.1.3 园林景墙施工

园林景墙施工的一般要求为:基础必须处于合适的地基上;要有较好的稳定性和室外耐久性;必须注重外形的观赏性(图2-4-9)。

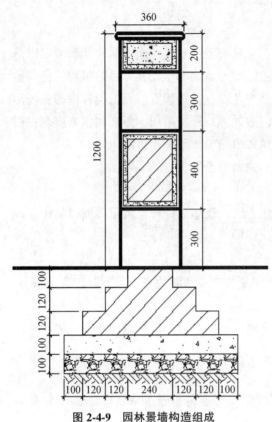

图 2-4-9 园林景墙构造组成

4.1.3.1 基础施工

园林景墙基础一般采用混凝土的条形或点状独立基础,上置大方脚砖砌体或浆砌块及砌体,施工中必须确保设计所规定的基础埋置深度和地基土的承载力符合设计要求。在临水或水中的园林景墙,一般采用驳岸或桩基础的结构类型,在施工中须注意桩的设置数量、桩身长度及材料性能等问题。

园林景墙基础设在冰冻线以下防冻胀损坏,华北地区设在冰冻线以下1m深左右,东北地区冰冻线设在冰冻线以下在1~2m(应参考当地具体资料)。当基础过深时,可选用砖拱、基础梁等结构形式。基础防潮层可用20mm厚1:2水泥砂浆(可加3%防水剂)。

园林景墙施工的一般方法与质量要求与一般的墙基本相同,可参阅园林建筑构造及其他相应工程的内容。

园林景墙基础完成后应及时进行墙体弹线和基础回填土方。墙体弹线是指根据设计要求,在基础顶面或基础侧面上部弹出墙、柱的水平位置控制线,分画出柱体、门窗、窗洞等的设置水平位置与相应的宽度;将相应的标高引测于基础上部的侧面上,并弹设相应的基础墙身标高水平线,以此作为景墙施工的高度依据。当景墙基础施工验收合格后,随即进行基础土方回填,以便填土自然沉实和后续工序的进行。

4.1.3.2 墙身施工

园林景墙的墙身施工因墙身的类型不同而有所区别。

金属型材、木材、竹材的墙体,一般预先制作好相应的各类杆件,运到现场拼接安装即可。

浆砌块材类的墙身,则按设计要求配料,和一般墙柱砌筑一样施工即可。之后,在墙顶浇筑设计规定的压顶设施。

对于墙身中的瓦花漏窗、砖砌花饰等装饰件,根据设计要求与施工特点,或在墙体砌筑的同时进行安置,或在墙身中留设空洞之后安装,均以达到较好的景观要求为准。

现浇钢筋混凝土框架类的墙身,可按一般混凝土工程进行模板、钢筋、混凝土工序的施工。

墙厚与选用材料及墙高度等有关,如一般砖围墙厚为370mm左右,毛石墙厚度应大于500mm。墙垣应设置排水孔,其间距应按当地降水量及地形特点确定,一般排水孔尺寸应大于 120mm×120mm。

园林景墙墙身的施工质量要求可参考相应工程的质量验收标准。

4.1.3.3 装饰施工

园林景墙墙面的装饰一般指墙顶、墙面、勒脚、墙洞口等部位的施工，其施工程序一般为先上后下、先整体后局部。

下面以抹灰贴面类为例介绍其施工要点：

①做好底层、中层与面层的抹灰施工，防止起壳脱落现象的发生。

②做好墙面的标筋弹线操作，严格控制景墙的外观形状、尺寸，合理组织墙面饰材的有序布局。

③精致的装饰做法必须精细施工。如墙顶应做防水压顶，可用小青瓦、筒瓦、水泥砂浆及预制钢筋混凝土压顶板等（图 2-4-10）。

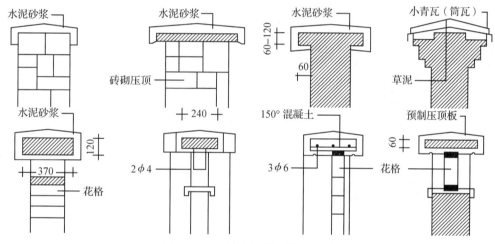

图 2-4-10 园林景墙墙顶处理形式

【任务实施】

1. 目的要求

了解园林中各种不同类型的园林景墙，掌握园林景墙的设计方法与技巧。

2. 材料用具

测量仪器、绘图工具等。

3. 方法步骤

(1) 了解地形、地质、地貌、水文等自然条件。

(2) 测绘设计地段地形图。

(3) 构思设计方案。

(4) 多方案比较与选择、深入与调整。

(5) 正式绘制设计图纸。

4. 考核评价

完成分析报告 1 份（包括景墙的位置、造型、所采用的造景手法、与周边环境的结合等)、设计图纸1套(包括平面图、效果图、构造图等)、设计说明书1份。

【自主学习资源库】

1. 园林建筑设计. 卢仁,金承藻. 中国林业出版社,1991.
2. 中国园林建筑施工技术. 田永复. 中国建筑工业出版社,2002.
3. 园林建筑设计. 杜汝俭,李恩山,刘管平. 中国建筑工业出版社,1986.
4. 网易园林 http://co.163.com/index_yl.htm.
5. 筑龙网 http://www.zhulong.com.
6. 园林在线 http://www.lvhua.com.

任务4.2 门窗洞口设计与施工技术

【工作任务】

景园规划设计应该包括园林景墙、门洞(又称墙洞)、空窗(又称月洞)、漏窗(又称漏墙或花墙窗洞)、室外家具、出入口标志等小品设施的设计。门窗洞口可扩大空间,使方寸之地能小中见大,并在园林艺术上又巧妙地作为取景的画框,移步换景,遮移视线,成为情趣横溢的造园障景(图2-4-11)。

图 2-4-11 园林景窗

图2-4-12为某小游园的园林门窗洞口设计施工图。要求学生能够结合所学的有关知识,按照项目建设单位的要求,完成项目中的园林门窗洞口方案设计、施工图设计或项目施工任务。

图 2-4-12 景门景窗立面设计

【理论知识】

4.2.1 概述

4.2.1.1 概念

园林中的门窗洞口包括园门洞、空窗、漏窗、景窗等。

4.2.1.2 作用

(1) 交通、采光、通风

景墙的门窗洞口在园林中可组织交通，并能起到很好的采光和通风作用。

(2) 分隔空间、组织游览路线

在空间处理上，它可以使两个相邻的空间既有分隔，又有联系。同时，园林意境的空间构思与创造，往往通过它们作为空间的分隔、穿插、渗透、陪衬来增加景深变化，扩大空间，使方寸之地能小中见大，形成园林空间的渗透及空间的流动，以达到园内有园、景外有景、步移景异的效果。

(3) 形成框景

在园林艺术上利用门窗洞口巧妙地作为取景的画框，使人在游览过程中不断获得生动的画面，因此，门窗洞口不仅是重要的观赏对象，同时也是形成框景的主要手段。

4.2.1.3 分类

(1) 依位置分

门窗洞口可分为两类：一类属于园林中的门洞；另一类属于分隔房屋内外的窗洞。

(2) 依位置作用分

就其作用而言，窗洞主要取其组景和达到空间的相互渗透；门洞主要用于空间的流动和游览路线的组织。

4.2.2 门窗洞口设计

4.2.2.1 门洞形式

门洞形式的设计要结合具体的环境条件，同时要考虑造景的目的、人流的多少等因素。如月牙形门洞观赏性很强，但不适合人流量大的场所，直方形门洞则适于人流量大的场所，但观赏价值不如月牙形和圆形，因此在具体设计时必须综合考虑。

常见的门洞形式有两大类：

①几何形　圆形、横长方、直长方、圭形、多角形、复合形等(图2-4-13)；

②仿生形　海棠、桃、李、石榴、葫芦、汉瓶、如意等形状(图2-4-14)。

门洞设计实例如图2-4-15至图2-4-35所示。

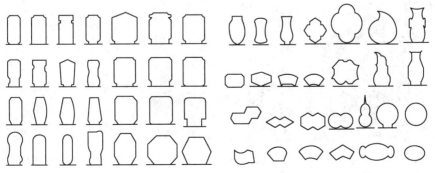

图 2-4-13　几何形门洞　　　　图 2-4-14　仿生形门洞

图 2-4-15　拙政园别有洞天　　图 2-4-16　瓶形园门　　图 2-4-17　扬州个园入口

图 2-4-18　扬州何园园门　　图 2-4-19　扬州片石山房园门　　图 2-4-20　苏州沧浪亭探幽园门

图 2-4-21　苏州留园又一村园门　　图 2-4-22　苏州拙政园三叶形园门　　图 2-4-23　苏州寒山寺园门

图 2-4-24　苏州狮子林海棠形园门　　图 2-4-25　圆形园门　　图 2-4-26　苏州园林中园门

图 2-4-27　苏州木渎严家花园园门　　图 2-4-28　苏州木渎虹饮山房园门(1)　　图 2-4-29　苏州木渎虹饮山房园门(2)

图 2-4-30　苏州虎丘园门　　图 2-4-31　桂林榕湖虚碧园门　　图 2-4-32　椭圆形园门

图 2-4-33　桂林榕湖景区园门　　图 2-4-34　无锡寄畅园瓶形园门　　图 2-4-35　上海东风公园园门

4.2.2.2　窗洞形式

窗洞一般分为空窗、漏窗、景窗。

（1）空窗

园墙上不装窗扇的窗洞称为空窗（月洞）。空窗有时完全是一空洞，有时也会为了防风避雨而安装双面透明玻璃。空窗既可供采光通风，又可作取景框，并能使空间互相穿插、渗透，扩大了空间效果和景深。形式多为横长或直长方形等（图 2-4-36）。空窗的高度以便于游人眺望观景时的视点高度为准，注意其位置的选择和所框景物的最佳观赏位置。

（2）漏窗

漏窗是一种满格的装饰性透空窗，是构成园林景观的一种建筑艺术处理工艺，俗称花

图 2-4-36 空 窗

墙头、花墙洞、花窗。计成在《园冶》一书中把它称为"漏砖墙"或"漏明墙","凡有观眺处筑斯,似避外隐内之义"。

在园墙空窗位置,用砖、瓦、木、混凝土预制小块花格等构成灵活多样的花纹图案窗,游人通过漏窗来观赏墙外"漏"进来的景色,此窗称为漏窗。窗下框一般离地面1200～1500mm,通过漏窗看到的景色给人一种似隔非隔、景物似隐非隐的效果,更能增添园林的意境与效果(图 2-4-37)。

图 2-4-37 漏 窗

(3)景窗

景窗即以自然界的花草树木、鸟兽鱼虫形体为图案的漏窗,有时也称之为花窗。也有用人物、故事、戏剧、小说为题材的现代景窗。现代园林中多用扁铁、金属、有机玻璃、水泥等材料组合景窗的内容与表现形式(图2-4-38)。

图 2-4-38 景 窗

景窗是园林建筑中的重要装饰小品，它同漏窗不同，漏窗虽也起分隔空间的作用，但以框景为主，而景窗本身就具有较高的观赏价值，自身有景，窗花玲珑剔透，窗外景也隐约可见，具有含蓄的造园效果。

4.2.3 门窗洞口施工

4.2.3.1 门洞施工

《园冶》对园林建筑修饰的要求是："应当磨琢窗垣"，而"切忌雕镂门空"，意指门窗洞口的周边加工应精细，但又不必过分渲染。园林建筑创作实践经验表明，处理得宜的门窗洞口加工重点应放在门窗磨空上，也就是要对门窗洞口的内壁进行必要的加工。

门洞构造与做法：当门洞跨度小于 1200mm 时，洞门可整体预制安装或砖砌平拱过梁；当大于 1200mm 时，洞顶须放钢筋混凝土过梁或按加筋砖过梁设计并验算。门洞高度宜大于或等于 2100mm。门洞边框可用灰青色砖镶砌，并于其上刨成挺秀的线脚，使其与白墙辉映衬托，形成素洁的色调。也可用水磨石、斩假石、大理石、水泥砂浆抹灰及预制钢筋混凝土做框。若是采取方砖做框，需在方砖背面做鸽尾榫卯口，并用木块做成榫头插进卯口以承托其自重，木块后端则砌入墙内，面缝用油灰嵌缝，同时用猪血拌砖屑灰嵌补面上隙洞，待其干后再用砂纸打磨光滑即可。

4.2.3.2 窗洞施工

几何窗洞在园林建筑中使用较广，主要有砖瓦或混凝土制件在窗洞中叠砌成各种几何图案。在传统园林中，瓦砌空花窗以及磨砖空花窗，图案多样、形式灵活，常见的有绦环式、菱花式、竹节式、梅花式等。预制钢筋混凝土窗洞可以做出层次较多、疏密相间、虚实有致的纹样。

漏窗多用望砖做成，超过望砖长边的直线以及较复杂的锦纹，则改用木片外粉水泥砂浆做成，而圆弧形和圆形则常用不同尺寸的板瓦或筒瓦代之。也可用标准砖与琉璃瓦为窗条构成预制漏窗和花格漏窗。如北京陶然亭公园内华夏名亭园的景墙(金黄色琉璃瓦)。

在现代园林中，以金属为材料的花窗发展很快，主要用扁钢、方钢或圆钢构成主题性图案，也有采用琉璃制品砌成漏花的，如北京紫竹院入口围墙处的绿竹琉璃漏花窗。这类景窗在建筑构图上常用以调剂壁面的虚实和体量的平稳。

花窗的艺术效果主要是以其明暗对比和光影的关系来体现的。因此，花窗一般选择较为明快的色调，甚至在白粉墙上的空花窗，花窗也可以与墙面采用同一色彩，这样在阳光照射下，外面看去黑白对比明确、醒目，室内看出，明暗对比柔和、宜人。有时为了满足远看时造成空透，近看时又有内容可以观赏的效果，可把空花做成深色调。空花的纹样在设计中应精心琢磨，金属空花虽可自由地采用抽象构图、灵活布局，但要注意形象的完美性。几何纹样的花窗可以大量取材于民间建筑，也可自行创造，但应注意不同材料对花窗在构图上可能带来的影响。

在一般情况下，园林建筑中使用砖瓦组成的空窗花尺寸是比较适宜的，用钢筋混凝土做成的花窗易产生尺度过大的现象，而过大的尺度又会产生不协调之感，在设计时要注意尺度与建筑物的协调性。

【任务实施】

1. 目的要求

了解园林中各种不同类型的园林门窗洞口，掌握园林门窗洞口的设计方法与技巧。

2. 材料用具

测量仪器、绘图工具等。

3. 方法步骤

(1) 了解地形、地质、地貌、水文等自然条件。

(2) 测绘设计地段地形图。

(3) 构思设计方案。

(4) 多方案比较与选择、深入与调整。

(5) 正式绘制设计图纸。

4. 考核评价

完成分析报告 1 份(包括景墙图案及类型、造景手法、与周围环境的结合等)、设计图纸 1 套(包括平面图、效果图、施工图等)、设计说明书 1 份。

【自主学习资源库】

1. 园林建筑设计. 卢仁，金承藻. 中国林业出版社，1991.

2. 中国园林建筑施工技术. 田永复. 中国建筑工业出版社，2002.

3. 园林建筑设计. 杜汝俭，李恩山，刘管平. 中国建筑工业出版社，1986.

4. 网易园林 http://co.163.com/index_yl.htm.

5. 筑龙网 http://www.zhulong.com.

6. 园林在线 http://www.lvhua.com.

任务 4.3　园林栏杆设计与施工技术

【工作任务】

园林栏杆一般是指在某种场合为突出管理安全和观瞻效果，或用轻钢扁铁串联成栅，或用铁丝、竹木、茅苇等纺织成篱笆式的遮挡，虚(漏透)围或实围成具有一定垂直界面的空间(图 2-4-39、图 2-4-40)。

图 2-4-39　混凝土预制构件栏杆

图 2-4-40　古典式石材栏杆

图 2-4-41 为某小游园的园林栏杆设计施工图。要求学生能够结合所学的有关知识，按照项目建设单位的要求，完成项目中的园林栏杆方案设计、施工图设计或项目施工任务。

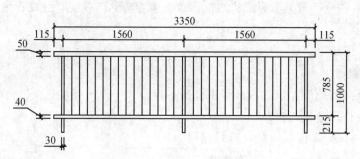

图 2-4-41　金属栏杆立面图

【理论知识】

4.3.1　概述

4.3.1.1　园林栏杆的功能

(1) 围护、分隔园林空间，组织疏导人流

园林栏杆是划分园林空间的要素之一，园林中各种功能区分常以栏杆为界。通过栏杆的空隙将沿街各单位的零星绿地组织到一起，从视觉上扩大园林绿化空间，美化市容，"拆墙透绿"。

(2) 点缀园林环境，改善城市园林绿地景观效果

园林栏杆在园林中不仅起围护、分隔作用，还能美化、装饰园林，增加主体建筑美观效果，点缀园林景致，而且给予游人茶余饭后小憩的美感。园林栏杆以其优美造型来衬托环境，在一定历史条件下可作为园林景致。

4.3.1.2　园林栏杆的类型

园林栏杆按照其功能不同大致可分为 4 类，即围护栏杆、靠背栏杆、坐凳栏杆、镶边栏杆。

(1) 围护栏杆

围护栏杆又称为扶手栏杆。这类栏杆相对较高，一般在 600~900mm。常设置在水边、台地边缘、盘山道两侧及庭院或绿地的边界地段（图 2-4-42）。主要起围护和安全防卫的作用。

(2) 靠背栏杆

这类栏杆与座椅合二为一。其中座椅面高 420~450mm，靠背栏杆高 450~500mm，总高为 900mm 左右。常设置在园亭、廊、榭的柱间，成为人们游憩中使用率较高的设施之一，古典园林中的美人靠即是这类栏杆的代表。现代园林中，常结合花墙、隔断、花坛边饰、树池围椅等设置形式活泼的靠背栏杆，既起到了栏杆的围护作用，又活跃周围的环境气氛，成为局部空间的装饰小品（图 2-4-43）。

(3) 坐凳栏杆

这类栏杆是将围护和休息功能结合为一体的一种结构简洁、应用广泛的栏杆形式。一般

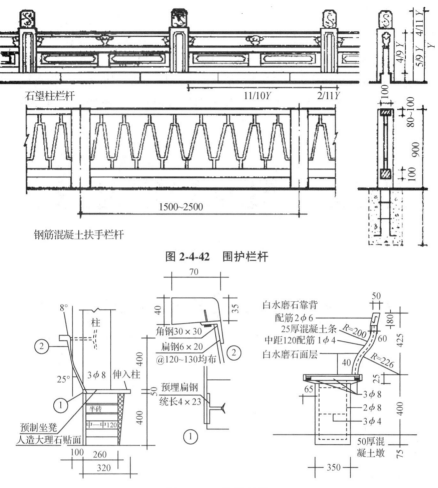

图 2-4-42 围护栏杆

图 2-4-43 靠背栏杆

设计高度恰好为人们习惯的坐姿高度,通常为 420~450mm。常设在广场的周边,花坛、花池的边缘,并可与台阶、坡道、建筑物等结合,形成休息、静赏之处(图 2-4-44)。

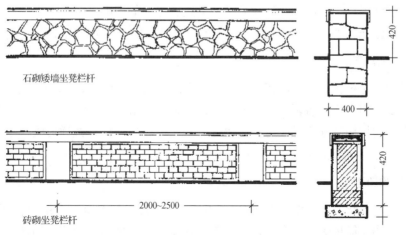

图 2-4-44 坐凳栏杆

(4) 镶边栏杆

这类栏杆的主要功能是装饰,通过设置镶边栏杆可以把活动内容不同的区域分隔开来,同时也可起到组织人流的作用。当然,作为镶边栏杆本身,由于具有丰富活泼的造型,常常也会为周围环境带来不少美感,成为局部环境的兴趣点之一。其高度一般设计为200~400mm,形式以简洁、活泼为上,并与周围环境相协调。镶边栏杆可设置在绿地、花坛、道路、广场等边缘(图2-4-45)。

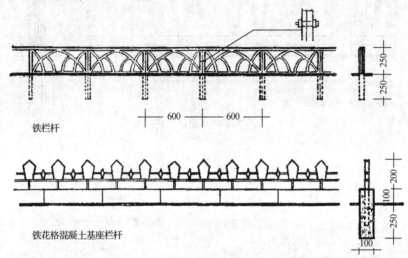

图 2-4-45 镶边栏杆

4.3.2 园林栏杆设计

4.3.2.1 位置选择

栏杆在位置选择时要与功能相结合。

作为围护性栏杆,一般设在地形、地貌变化之处,如台地、坡地;设在交通危险地段,如崖旁、岸边、桥梁上;设在人流集散分界处,如道路两旁、码头。

作为分隔性栏杆,一般设在活动分区的周边、绿地的周围。

作为美化装饰性栏杆,一般设在花坛、草地、树池周围(与道路保持200mm左右的距离)。

4.3.2.2 美观要求

在园林中,栏杆具有很强的美化装饰性。因此,设计时要求造型美观、简洁、大方、新颖,同时要与周围环境协调统一。如北京颐和园十七孔桥上的石望柱栏杆,雕饰着554只精美的石狮。栏杆所选式样应与环境协调,若主体简单,栏杆式样可复杂些;反之,则力求简单,不能喧宾夺主。

4.3.2.3 构图要求

栏杆是一种长形的、连续的构筑物,因为设计和施工的要求,常按单元来划分制造。栏杆单元的构图要简单美观,在长距离内连续地重复,产生韵律美感,因此,某些具体的图案、标志,如动物的形象、文字往往不如抽象的几何线条组成给人感受强烈。栏杆的构图还要服从环境的要求。桥栏、平曲桥的栏杆有时仅是两道横线，与水的平桥造型呼应，而拱桥的栏杆，是循着桥身呈拱形的。栏杆色彩的选择，也是同样的道理，绝不可喧宾夺主。栏杆的构图除了美观，也和造价关系密切，要疏密相间、用料恰当，每个单元节约一点，总体也相当可观。

4.3.2.4 设计要求

低栏要防坐防踏，因此，低栏的外形有时做成波浪形的，有时直杆朝上，只要造型美观，构造牢固，杆件之间的距离大些无妨，这样既可降低造价又易于养护。中栏在需防钻的地方，净空不宜超过140mm；在不需防钻的地方，构图的优美是关键，但这不适于有危险、临空之处，尤其要注意儿童的安全问题。此外，中栏的上槛要考虑作为扶手使用，凭栏遥望，也是一种享受。因为要防爬，高栏下面不要有太多的横向杆件。

4.3.2.5 尺度要求

随着社会的进步，人民的精神、物质水平提高，更需要的是造型优美，"防君子不防小人"的导向性栏杆、生态型间隔。切不要以栏杆的高度来代替管理，使绿地空间被截然分开。相反，在能用自然的、空间的办法达到分隔的目的时，少用栏杆。如用绿篱、水面、山石、自然地形变化等。一般来讲，草坪、花坛边缘用低栏，明确边界，也是一种很好的装饰和点缀，在限制入内的空间、人流拥挤的大门、游乐场等用中栏，强调导向；在高低悬殊的地面、动物笼舍、外围墙等，用高栏，起分隔作用。

栏杆的高度：低栏200～300mm，中栏800～900mm，高栏1100～1300mm，要因地制宜地选择。

在园林中根据功能的不同，来确定栏杆高度。其中围护性栏杆高900～1200mm；悬崖山石壁防护栏杆高1100～1200mm；坡地防护栏杆高850～950mm；分隔性栏杆高600～800mm；道路两侧栏杆高400～600mm；坐凳式栏杆高350～450mm；装饰性栏杆高150～450mm。

4.3.2.6 材料选择

园林栏杆选材应与园林环境协调统一，既要满足使用功能，又要美观大方。尤其是围护性栏杆在选材时首先要求坚固耐用，确保安全。为了能够体现地方特色、民族风格，一般就地取材，造价低，节省运费。

(1) 栏杆的用料

石、木、竹、混凝土、铁、钢、不锈钢都可制作栏杆，目前最常用的是型钢与铸铁、铸铝的组合。竹木栏杆自然、质朴、价廉，但是使用期不长，如需强调意境，真材实料要经防腐处理，或者采取"仿"真的办法；混凝土栏杆构件较为拙笨，使用不多，有时作栏杆柱，但无论哪种栏杆，总离不了用混凝土作基础材料；铸铁、铸铝可以做出各种花形构件，美观通透，缺点是性脆，断了不易修复，因此，常常用型钢作为框架，取两者的优点而用之；还有一种锻铁制品，杆件的外形和截面可以有多种变化，做工也精致，优雅美观，只是价格不菲，可在局部或室内使用。

(2) 栏杆的构件

除了构图的需要，栏杆杆件本身的选材、构造也很考究。一是要充分利用杆件的截面高度，提高强度又利于施工；二是杆件的形状要合理，如两点之间，直线距离最近，杆件也最稳定，多几个曲折，就要放大杆件的尺寸，才能获得同样的强度；三是栏杆受力传递的方向要直接明确。只有了解一些力学知识，才能在设计中把艺术和技术统一起来，设计出好看、耐用又造价低的栏杆。

4.3.3 园林栏杆施工

下面以木扶手铁花栏杆为例，简单介绍栏杆施工要点。

(1) 现场实测放线

土建施工会有一定偏差，装饰设计施工图深度也不够，所以必须根据现场放线实测的数据，根据设计的要求绘制施工放样详图。尤其要格外注意楼梯栏杆扶手的拐点位置和弧形栏杆的立柱定位尺寸，只有经过现场放线核实后的放样详图，才能作为栏杆和扶手构配件的加工图。

(2) 检查预埋件是否齐全、牢固

如果原土建结构上未设置合适的预埋件，则应按照设计需要补做，钢板的尺寸和厚度以及选用的锚栓都应经过计算。

(3) 选择合格的原材料

栏杆立柱应符合设计要求，栏杆选用的钢管，管壁厚度不小于1.2mm。实木扶手应选用符合设计要求的材质和形状。

(4) 加工成型工序

应尽量采用工厂成品配件和杆件。

(5) 现场焊接和安装

应先竖立直线两端的护栏立柱，检查位置正确和校正垂直度，然后用拉通线方法安装中间立柱，顺序焊接其他杆件。施工要注意焊缝要用满焊，不能仅焊几点，以免磨平后会露出缝隙。

(6) 打磨和抛光

必须严格按照有关操作工艺由粗砂轮片到细砂轮片逐步打磨，最后用抛光轮抛光。注意实木扶手最后要用水砂纸打磨。

(7) 园林栏杆实例（图 2-4-46）

图 2-4-46　园林栏杆

图 2-4-46　园林栏杆(续)

【任务实施】

1. 目的要求

了解园林中各种不同类型的园林栏杆,掌握园林栏杆的设计方法与技巧。

2. 材料用具

测量仪器、绘图工具等。

3. 方法步骤

(1) 了解地形、地质、地貌、水文等自然条件。

(2) 测绘设计地段地形图。

(3) 构思设计方案。

(4) 多方案比较与选择、深入与调整。

(5) 正式绘制设计图纸。

4. 考核评价

完成分析报告1份(包括栏杆的类型、材料、位置选择、所采用的造景手法、与周围环境的结合等)、设计图纸1套(包括平面图、立面图、效果图、施工图等)、设计说明书1份。

【自主学习资源库】

1. 园林建筑设计. 卢仁,金承藻. 中国林业出版社,1991.

2. 中国园林建筑施工技术. 田永复. 中国建筑工业出版社,2002.

3. 园林建筑设计. 杜汝俭,李恩山,刘管平. 中国建筑工业出版社,1986.

4. 网易园林 http://co.163.com/index_yl.htm.

5. 筑龙网 http://www.zhulong.com.

6. 园林在线 http://www.lvhua.com.

任务 4.4　花格设计与施工技术

【工作任务】

在园林建筑中，各种花格广泛应用于墙垣、漏窗、门罩、门扇、栏杆等处。花格既可用于室内，又可用于室外；既可分隔空间，又可使空间相互联系；既能满足遮阳、通风等使用功能上的要求，又可装点环境（图 2-4-47、图 2-4-48）。

图 2-4-49 为某小游园的一套花格设计施工图。要求学生能够结合所学的有关知识，按照项目建设单位的要求，完成项目中的花格方案设计、施工图设计或项目施工任务。

图 2-4-47　国外某居住区木质花格围墙

图 2-4-48　室内建筑装饰花格

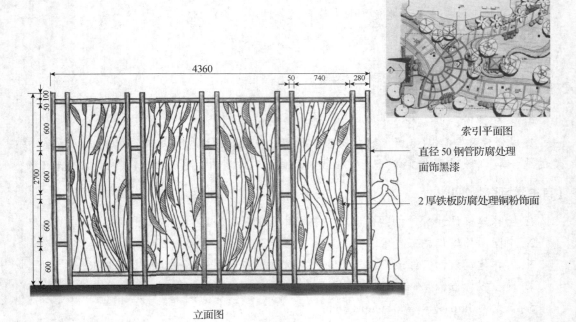

图 2-4-49　江信国际花园花格施工图设计

【理论知识】

4.4.1 概述

4.4.1.1 花格的功能

传统园林装饰构件中，花格是相当重要的组成部分，如各种挂落、飞罩、隔扇、博古架、花窗、花格墙等都为园林增添了灵动的美感。花格是我国特有的一种装饰构件，它利用阴阳纹理对建筑本身及其室内外环境进行装饰。它赋予建筑明快灵巧的效果，加强了建筑线条、质感、色彩和繁简的对比。

（1）装饰功能

花格作为装饰构件，在园林环境中占有重要的地位，它加强了建筑线条、质感、阴阳、繁简及色彩上的对比，恰当的花格装饰可使建筑更富有性格上的魅力，可使园林环境更为生动活泼。通透、轻巧是花格装饰独具的特色。

（2）使用功能

花格不仅为装饰服务，同时也为使用功能服务，而且常在装饰及使用功能两方面紧密结合中表现出良好的效果，如建筑及园林上的采光、遮阳、通风、换气、隐蔽与通透等功能都与花格装饰紧密结合，从而更丰富了设计语言。

（3）空间组织功能

花格能够组织空间和分隔空间，使空间流动。在处理建筑和园林空间的围与透、虚与实的关系上，花格起了很大的作用。运用花格构成的空间既分隔又联系，既隐蔽又通透，空间流动而富有层次，表现出空间效果的艺术魅力。

花格的空间组织功能还体现在可以取得"借景"和"漏景"的效果，在有限空间内可以寻找无限的感觉。不同空间的园林景色，通过漏窗、隔断、花格墙等，可以统一在一幅图画之中，相互渗透，给人以强烈的艺术感染力。漏窗的镂空花纹使景色若隐若现，优雅含蓄，给人"犹抱琵琶半遮面"之感。

4.4.1.2 花格的类型

花格构件，根据不同材料特性，或形成纤巧的体态，或形成粗壮的风格。按制作材料可分为：砖瓦花格、水泥制品花格、竹木花格、金属花格、琉璃花格以及镶玻璃花格等（图2-4-50）。

（1）砖花格

取材容易，施工方便。全国各地区均能使用，多用于花格墙、围墙、栏杆等。砖花格要求有相应的强度，规格上要求大小一致，多采用青砖、灰砂砖等。采用1:3水泥砂浆砌筑，砖花格墙厚度有120mm和240mm两种，采用120mm厚的砖花格砌筑高度和宽度不宜超过1500mm×3000mm，采用240mm厚墙时，不宜超过2000mm×3500mm，而且花格两端应与实墙、柱墩连接牢固。

（2）瓦花格

瓦花格在我国建筑及园林中有着悠久的历史，具有生动、雅致、变化丰富的特点，多

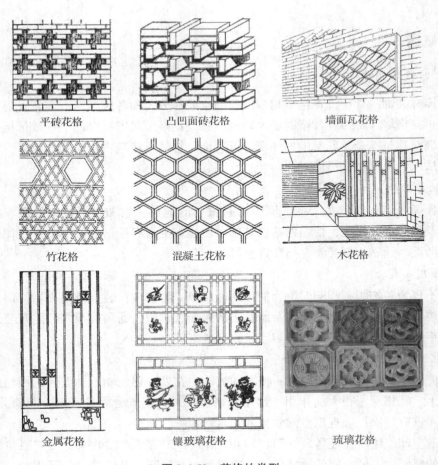

图 2-4-50 花格的类型

用于围墙、漏窗、屋脊等部位。可用1:3水泥砂浆砌筑，或用白灰麻刀及青灰砌筑，高度不宜过高，顶部宜加钢筋砖带或混凝土压顶。

(3) 竹花格和仿竹花格

①竹花格 民间建筑上常用竹材作花格，就地取材，既有地方特色，又有古雅风韵。多用于栏杆、围墙及作为室内外装修或作空间隔断的材料。竹材用于装修及花格时，应选用竹竿匀称、质地坚硬、竹身光洁，且直径在10~15mm为宜，如广东及四川地区的茶竿竹较适宜。

竹材易生蛀虫，在制作前应先作防蛀处理，如用石灰水浸泡等。竹材表面可涂清漆，烧成斑纹、斑点刻花、刻字等。竹的结合方法，通常以竹销(或钢销)为主，也有烘弯结合、胶合等。竹材与木料结合方法有穿孔入榫或竹钉(或铁钉)固定，一般从竹枝竹片(先钻孔)钉向木板较牢固。

②仿竹花格 用水泥制成仿竹花格，外观具有竹材的纹理与质感，很别致。多用于庭院及园林。

仿竹花格的具体做法为：按长度用1:2.5水泥砌浆预制成条形芯棒，直径约70mm，内置钢筋,长度小于2000mm的用ϕ12,大于2000mm的用ϕ16,两端各伸出30mm。用白水泥调成黄色纯水泥膏,抹面塑成竹形,绿线应在黄色面层预留凹槽,结硬后再调制碧绿色纯水泥膏填满缝,磨光打蜡。塑竹、安装可按预定位置将上端伸出之钢筋混凝土梁板固定,下端固定于楼地面,然后砌结砖踢脚线固定。

(4) 木花格

木花格是民间建筑常用的装饰材料,常用于栏杆、扇门、漏窗、楣子、博古架、隔断等。在民间,传统的木花格制作技术娴熟,图案丰富多彩。木花格常用木榫结合,或可用螺栓接合或用铁件钉牢。按花格的不同形式选材,常用硬质杂木或杉木制成。

(5) 混凝土、水磨石花格

混凝土及水磨石花格是一种经济美观的花格。目前已普遍、广泛地应用在建筑及园林中,尤其在园林建筑小品中运用更多,可以整体预制或用预制块拼砌。

① 混凝土花格制作 模板要求表面光滑,不易损坏,容易拆卸,宜做成活动插楔以便于重复使用,浇注前须涂脱模剂,如废机油或灰水等,以便脱模。

② 水磨石花格制作 水磨石花格基本上与混凝土花格做法相同。用1:1.25白水泥大理石石屑(石屑直径2~4mm)一次浇成,初凝后进行粗磨(一般为三粗三细),每次粗磨时用同样的水泥浆满涂填补空隙,拼装后用醋酸加适量清水进行细磨至光滑,并用白蜡罩面。

(6) 金属花格

金属花格是一种较为精致的花格,有高雅、华贵的风韵,在建筑上、室内外及园林中均有运用。用料有扁钢、型钢、铝合金、铸铁、铜等。有时也与少量的木花格、有机玻璃、有色玻璃等结合运用,效果更佳。

金属花格的表面处理有油漆、烤漆、电镀等,也有铜制花格、镏金花格等做法,在喷漆前必须先涂红丹防锈漆防锈。

较复杂的纹样需先做木板放样,然后按样制作。结合的方法有入榫、铆钉、螺丝、焊等。安装时,金属花格与墙柱、楼地面、平顶(梁)等的固定方法有预埋铁件、留铁脚、上螺丝等。

(7) 镶玻璃花格

镶玻璃花格是公共建筑中较常用的一种装饰,使室内色彩产生柔和、悦目的效果,增强了建筑艺术的观赏性。镶玻璃花格常与木花格、金属花格结合使用。花格中的玻璃常用彩色玻璃、套刻花玻璃、银光刻花玻璃、压花玻璃、磨砂玻璃和夹花玻璃(系在两片玻璃之间夹有色玻璃纸花样做成)等。

(8) 琉璃花格

琉璃花格有黄、绿、蓝、紫等色,有各种不同的规格和花式,其表面光滑,多用于围墙、漏窗、栏杆等处。安装琉璃花格时,主要采用各式砂浆砌筑,必要时,也可加配钢筋以增强牢固度。

4.4.2 花格设计

4.4.2.1 功能要求

花格的丰富表现力体现在其特点上,如通透、轻巧、简繁随意、色彩鲜明、装饰性强,并在装饰中满足功能要求。故在设计中应注意装饰与功能的内容联系,尽量做到装饰与功能的有机统一。花格应为建筑与园林环境的内容服务,避免浮夸、虚假、华而不实的做法,或随处滥用。

不同的花格造型,体现出不同的性格,应按园林建筑及园林环境的内容进行花格造型设计,如厚重与轻快、纤巧与粗犷、庄重与活泼、朴实与华丽、雄伟壮观与亲近贴切等,均应考虑其内容及环境的要求,设计中应首先明确所设计花格的性格表现。

4.4.2.2 构图法则

花格作为艺术品,构图形式上应符合美学构图法则与规律,如统一、对比、均衡、韵律等。当然,在运用中应符合花格本身的特殊性。

(1) 统一

统一在花格中的表现,首先是花格与建筑设计及园林环境总体关系上、整体与局部风格上的统一协调;其次是花格自身图案组合关系上的统一和谐。花格的重复变化应易形成统一的整体。若纹样过多,反而显得杂乱无章,尤其在整体与局部的关系上应明确主次,不可喧宾夺主。

(2) 对比

花格设计中,对比的运用可强调差别,使形式更富于变化而有生气,表现在方向上的对比、明度对比、质感对比、色彩对比、虚实对比、轻重对比等。

(3) 均衡

花格构图上的均衡,经常表现在"量"上的平衡,有时也表现在方向、明暗及色彩上的均衡。以花格处理达到的均衡,可使建筑立面更加活泼、轻巧。

(4) 韵律

韵律是一种有规律的变化和重复构成的美感,是花格设计中最基本的构图法则。韵律有连续韵律、渐变韵律和交错韵律等类型。

4.4.2.3 设计原则

不同花格的造型体现出不同的性格,应根据建筑及园林环境的内容进行造型设计。花格的厚重与轻快、纤巧与粗犷、庄重与活泼、朴实与华丽、雄伟与亲近等都要与周围环境相协调。

花格的设计要遵循以下几个原则:

(1) 总体着眼,单体着手

花格构图的韵律与变化,都是以基本单元为基础的,而基本单元的纹样设计需从总体全局出发,从大处着眼。从总的画面进行规划,才能有整体感,以达到统一和谐的效果。

(2)阴阳相形，虚实相间

花格设计不仅本身纹样（阳纹）设计要完美，而且要求底纹（阴纹）也必须有优美的图案形象，因花格纹样效果是由阴阳纹样互相衬托体现出来的，两者互相均衡、互相穿插、互相对比、互相协调，才能产生耐人寻味的效果。

(3)规则中求变化，变化中求规则

规则的纹样产生整齐、严谨的景象，但容易形成严肃、单调、呆板、缺少生气的效果；而不规则的纹样，又易零乱而不统一。故在规则的构图中，加入不规则的变化，可消除呆板和生硬的缺陷。但这些不规则的变化之间又有一定的规律可循，而不是随意地变化，这样才能形成既整齐又活泼、既简单又丰富的生动效果。

(4)少中有多，主中有次

很少的几种基本单元纹样，经组合排列，产生出丰富多样的图案效果。或采用某种主要单元纹样，加上某种次要纹样进行组合构图，使主次相间，产生丰富变化的效果，尤其在预制装配的花格中更应注意这点。

4.4.2.4 材料选择

花格设计，不仅要考虑到施工方便、造型容易等，而且要考虑各种材料的坚固性和耐久性。要对各种材料制成花格的粗细程度和支承的格架的距离做充分考虑，使花格之间受力关系合理，力的传导系统明确，确保其强度和稳定的要求。如铁花格的生锈、竹花格的变形等均应加以考虑。

4.4.3 花格施工

花格装饰的安装方法与单纯贴附在其他构件、配件上的表面花饰不同，花格是以设计确定的排列形式组合成一个独立的整体，除有装饰效果外，还具有某种特定的建筑功能。

4.4.3.1 组砌式水泥制品花格

组砌式水泥制品花格可由单型或多型花格元件拼装而成，安装方法如下：

(1)实量、预排

实地测量拟定安装花格的部位和花格的实际尺寸，然后按设计图案进行预排、调缝。

(2)拉线、定位

根据调缝后的分格位置纵横拉线，用水平尺和线锤校核，做到横平竖直，以保证花格位置准确。

(3)拼砌、锚固

用1:2的水泥砂浆自下而上逐块砌筑花格，相邻花格砌块之间用$\phi 6$钢筋销子插入直径16~20mm的预留孔，再用水泥砂浆灌实，整片花格四周应通过锚固件与墙、柱、梁连接牢固。

(4)表面涂饰

除水刷石、水磨石花格无须涂饰以外，其他水泥制品花格拼砌、锚固完毕后，根据设计要求涂刷涂料。

4.4.3.2 预制混凝土竖板花格

预制混凝土竖板花格由上下两端固定于梁（板）与地面的预制钢筋混凝土竖板和安装在竖板之间的花饰组成。预制混凝土竖板花格安装方法如下：

（1）锚固准备

结构施工时要根据竖板间隔尺寸预埋铁件或预留凹槽，若竖板之间准备插入花饰，也必须在板上预埋锚固件或留槽。若设计采用膨胀螺栓或射钉紧固，则不必在结构施工时埋件、留槽。

（2）立板连接

在上、下结构表面弹出竖板就位控制线，将竖板立于安装位置，用线坠吊直并临时固定，上、下两端按设计确定的锚固方法牢固连接。

（3）插入花饰

按设计标高拉水平线，依线安装竖板间的花饰。连接方式为插筋连接、螺钉连接或焊接等，但若采用花饰预筋插入凹槽的连接方法，中间花饰应与竖板同时就位。

（4）勾缝涂饰

竖板与主体结构之间缝隙、花饰与竖板之间的缝隙用 1∶2～1∶2.5 的水泥砂浆勾实，然后按设计要求涂刷涂料。

4.4.3.3 木花格

（1）锚固准备

结构施工时，根据设计要求在墙、柱、梁等部位，准确埋置木砖或金属预埋件。

（2）车间预装

小型木花格应在木工车间预先组装好；大型木花格也应尽量提高预装配程度，减少现场制作工序。木材须按要求干燥。

（3）现场安装

木花格组装宜采用榫接，保证缝隙严密。如用金属件连接，必须进行表面处理，螺钉帽和铁件不得外露。

（4）打磨涂饰

安装完毕后，表面刮腻子、砂纸打磨、刷涂油漆。

【任务实施】

1. 目的要求

了解园林中各种不同类型的花格，掌握花格的设计方法与技巧。

2. 材料用具

测量仪器、绘图工具等。

3. 方法步骤

（1）了解地形、地质、地貌、水文等自然条件。

(2)测绘设计地段地形图。
(3)构思设计方案。
(4)多方案比较与选择、深入与调整。
(5)正式绘制设计图纸。

4. 考核评价

完成分析报告1份(包括花格的类型、纹样、材料、位置、与环境的结合、所采用的造景手法等)、设计图纸1套(包括花格图案、效果图、施工图等)、设计说明书1份。

【自主学习资源库】

1. 园林建筑设计. 卢仁,金承藻. 中国林业出版社,1991.
2. 中国园林建筑施工技术. 田永复. 中国建筑工业出版社,2002.
3. 园林建筑设计. 杜汝俭,李恩山,刘管平. 中国建筑工业出版社,1986.
4. 网易园林 http://co.163.com/index_yl.htm.
5. 筑龙网 http://www.zhulong.com.
6. 园林在线 http://www.lvhua.com.

任务4.5 园椅、园桌设计与施工技术

【工作任务】

园椅、园凳、园桌是为游人歇足、赏景、游乐所用的,经常布置在小路边、池塘边、树荫下、建筑物附近等。要求风景好,可安静休息,夏能遮阴,冬能避风(图2-4-51、图2-4-52)。

图 2-4-51 休息座椅(1)

图 2-4-52 休息座椅(2)

图2-4-53为某小游园的一套园椅设计施工图。要求学生能够结合所学的有关知识,按照项目建设单位的要求,完成项目中的园椅方案设计、施工图设计或项目施工任务。

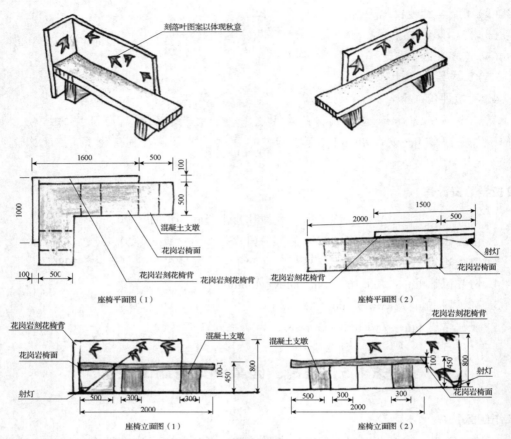

图 2-4-53　某花园园椅施工图设计

【理论知识】

4.5.1　概述

4.5.1.1　园椅的功能

供游人就座休息，欣赏周围景物；作为园林装饰小品，以其优美精巧的造型，点缀园林环境，成为园林景物之一。

4.5.1.2　园椅的类型

（1）按材料分

分为人工材料和自然材料两大类，其中人工材料又包括金属类、陶瓷品、塑胶品、水泥类、砖材类等，自然材料又包括土石、木材两类。

（2）按外形分

分为椅形、凳形、鼓形、兼用形等。

4.5.2　园椅设计

4.5.2.1　位置选择

选择在需要休息的地段，结合游人体力，按一定行程距离或地面的升高，在适当的地点,设置休息椅,尤其在大型园林中更应充分考虑按行程距离设置园椅;根据园林景致布局上的需要,设置园椅以点缀园林环境、增加情趣;园椅布置要考虑地区的气候特色及不同季节的需要;园椅布置要考虑游人的心理、年龄、性别、职业以及游人的不同爱好。

4.5.2.2 布置方式

设在道路旁边的园椅,应退出人流路线以外,以免人流干扰,妨碍交通,在其他地段设置园椅也应遵循这一原则(图 2-4-54)。

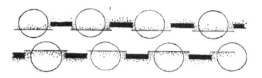
园路两旁设园椅,宜交错布置,可将视线错开,忌对面相对

园路拐弯处,设置园路,辟出小空间,可缓冲人流

路旁园椅,不宜紧贴路边设置,需退出一定距离,以免妨碍人流交通

园路尽端设置园椅,可形成各种活动聚会空间,不受游人干扰

园路旁设置园椅,宜构成袋形地段,并种植植物作适当隔离,形成较安静环境

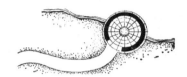

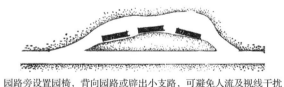
园路旁设置园椅,背向园路或辟出小支路,可避免人流及视线干扰

图 2-4-54 园路旁的园椅布置方式

小广场设园椅,因有园路穿越,一般宜采用周边式布置,形成良好的休息空间及更有效地利用空间,同时利于形成空间构图中心,并使交通畅通,不受园椅的干扰。

结合建筑物设置园椅时,其布置方式应与建筑使用功能相协调,并衬托、点缀室外空间。亭廊花架等休息建筑,经常在两柱间设靠背椅,可充分结合发挥休憩建筑的使用功能。应充分利用环境特点,结合草坪、山石、树木、花坛布置园椅,以取得具有园林特色的效果。

4.5.2.3 尺寸要求

园椅主要是供游人就座休息,所以要求园椅的剖面形状符合人体就座姿势,符合人体尺度,使人坐着感到自然舒适。因此,园椅的适用程度取决于坐面与靠背的组合角度及椅子各部分的尺寸是否恰当。用于休憩或供仰姿休息方式则需宽大长椅;将身体接触部分的坐面、靠背做成木制品较为舒适(图 2-4-55)。

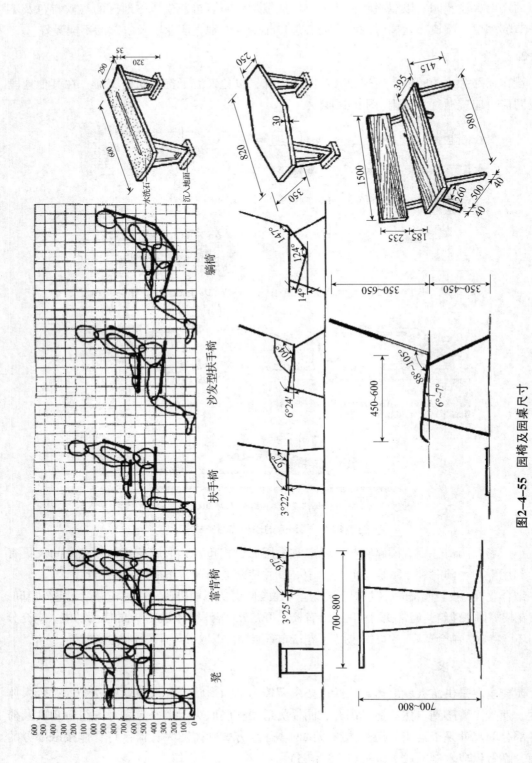

图2-4-55 园椅及园桌尺寸

一般园椅尺寸：坐板高度 350~450mm；坐板水平角度 6°~7°；椅面深度 400~600mm；靠背与坐板夹角 98°~105°；靠背高度 350~650mm；座位宽度 600~700mm/人。

一般园桌尺寸：桌面高度 700~800mm；桌面宽度 700~800mm（四人方桌）或 750~800mm（四人园桌）。

4.5.2.4 形状要求

其形状多种多样，大体来讲有自然式和规则式两种。自然式园桌、园椅形状自然，可采用天然石或树桩，以创造自然的效果，产生一定的情趣。但是，要注意不能有棱角，以免钩破游人的衣服或弄伤游人的皮肤。规则式园桌、园椅类型很多，一般有以下几种：

（1）长方形、方形

由长方形、方形等纯直线构成的桌椅制作简单、造型简洁。下部带有向外倾斜的桌（椅）腿，扩大其底脚面积，能使游人产生平稳感（图 2-4-56）。

（2）环形、圆形

由环形、圆形等纯曲线构成的桌椅柔和丰满、自然流畅、婉转曲折、和谐生动，给游人产生变化多样的艺术效果（图 2-4-57）。

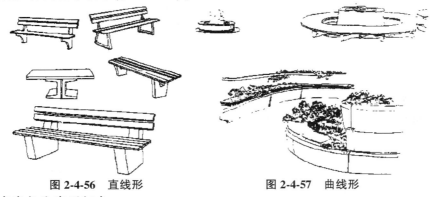

图 2-4-56 直线形　　　　图 2-4-57 曲线形

（3）直线与曲线形组合

由直线与曲线形组合构成的桌椅有刚柔并济、形神兼备的特点，富有对比的变化，做成传统式亭廊靠椅，也别有神韵（图 2-4-58）。

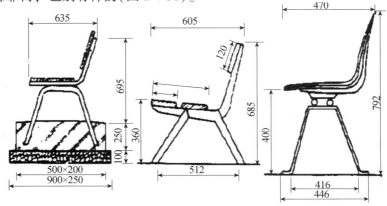

图 2-4-58 曲线与直线形组合

(4) 仿生与模拟形

生活中遇见的某种生物形体而得到的启示，模拟生物构成，运用力学原理，以拟化出最合理的设计，这就是仿生学在造型设计中的应用。如椅脚仿鹤、鸭脚的婷婷玉立和安定，仿蛇体游动的流畅逶迤，仿马蹄的里翻与外翻，以在视觉上产生轻巧安定之感（图2-4-59）。

图2-4-59 仿生形

另外，还有多边形和组合形等形状。

总之，椅面形状应考虑就座时的舒适感，应有一定曲线，椅面宜光滑、不积水。

4.5.2.5 材料选择

选材要考虑容易清洁，表面光滑，导热性好等。椅前方落脚的地面应置踏板，以防地面被踏成坑而积水，不便落座。在选用材料时，要因地制宜，就地取材，富于地方特色和民族风格。制作材料一般可分为人工材料和自然材料两种。

(1) 人工材料

可采用金属、水泥、砖材、陶瓷品、塑料品等。采用仿木混凝土材料，造型独特，构思巧妙。仿天然石材的坐凳与仿木护栏结合，渗透着浓郁的乡村风情。

(2) 自然材料

一段折断的树桩，一个随意的天然石块，一个童话世界中的木桶，都能给人带来意想不到的视觉效果。它们就如同起居屋中的小摆设，装点着整个园林环境。

①土石　土堤椅、石板、石片等，也有大理石贴面的，表现整齐美观。

②木材　原木、木板、竹、藤等材质亲和力强，塑造方便，清爽凉快。

③玛瑙　材质自然，十分美观，造价相当昂贵。如深圳仙湖植物园内用纯玛瑙塑造的自然园桌、园凳，使游人就座感觉凉爽、舒适，给游人以美的享受，是园林中的工艺精品，为园林增添情趣。

4.5.2.6　园椅园凳园桌实例（图 2-4-60）

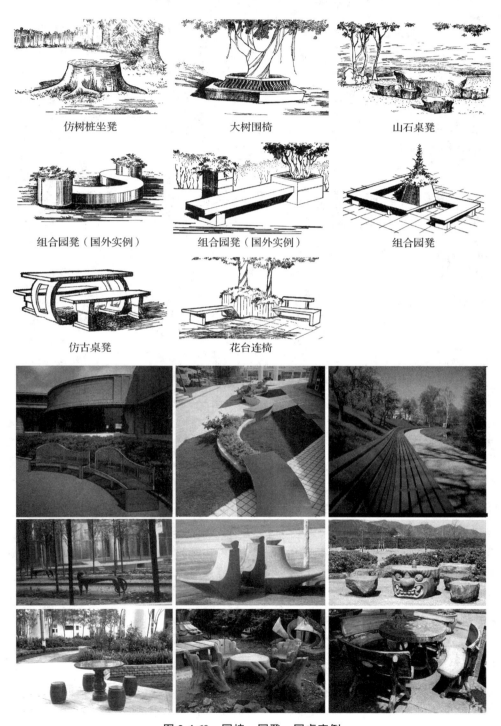

图 2-4-60　园椅、园凳、园桌实例

图 2-4-60　园椅、园凳、园桌实例(续)

4.5.3　园椅施工

4.5.3.1　施工要求

①长度　靠背椅长度应为：2人者120cm，4人者240cm。

②靠背椅架中距　铸铁架95~105cm，钢筋混凝土架90cm。

③螺栓帽　螺栓帽必须窝入木材0.2cm，用腻子找平饰面，油漆颜色由施工人员征求业主意见后再定。

④围树椅　设围树椅时椅底至树木下枝高要求不小于190cm，树木胸径外围至凳椅之间窄边不小于25cm，基础埋设时应避免伤、碰树木主根，同时满足并保证树坑浇水的需要。

4.5.3.2　安装技术要点

安装时要注意以下几项：定位要准确，注意周围地面标高；注意基础埋深深度；油漆未干注意保护；对于有一定重量的座椅安装时要注意安全(图2-4-61)。

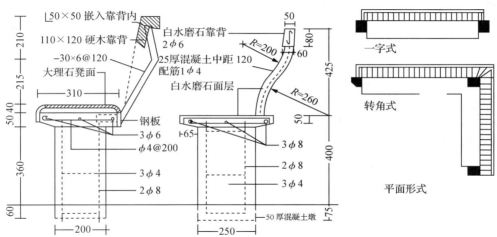

图 2-4-61 钢筋混凝土靠背椅结构图

【任务实施】

1. 目的要求

了解园林中各种不同类型的园椅，掌握园椅的设计方法与技巧。

2. 材料用具

测量仪器、绘图工具等。

3. 方法步骤

(1) 了解地形、地质、地貌、水文等自然条件。

(2) 测绘设计地段地形图。

(3) 构思设计方案。

(4) 多方案比较与选择、深入与调整。

(5) 正式绘制设计图纸。

4. 考核评价

完成分析报告1份(包括园椅位置选择、布置方式、造型、与周围环境的结合等)、设计图纸 1 套(包括平面图、立面图、效果图、施工图等)、设计说明书 1 份。

【自主学习资源库】

1. 园林建筑设计. 卢仁,金承藻. 中国林业出版社,1991.
2. 中国园林建筑施工技术. 田永复. 中国建筑工业出版社,2002.
3. 园林建筑设计. 杜汝俭,李恩山,刘管平. 中国建筑工业出版社,1986.
4. 网易园林 http://co.163.com/index_yl.htm.
5. 筑龙网 http://www.zhulong.com.
6. 园林在线 http://www.lvhua.com.

任务 4.6 园灯设计与施工技术

【工作任务】

随着经济发展,城市照明设施越来越引起人们广泛关注,园林绿地、广场及景点、景区的照明与道路、建筑物的霓虹灯等构成了城市夜晚一道道亮丽的风景线。园灯作为园林构造中不可或缺的元素,要造型精美,与环境相协调,结合环境主题,赋予一定的寓意,使其成为富有情趣的园林小品(图 2-4-62)。

图 2-4-63 为某广场照明灯柱方案设计图。要求学生能够结合所学的有关知识,按照项目建设单位的要求,完成项目中的灯具方案设计、施工图设计或项目施工任务。

图 2-4-62 北京奥林匹克体育中心景观大道照明造型灯具

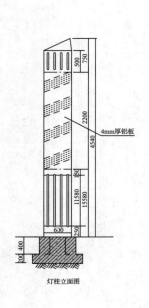

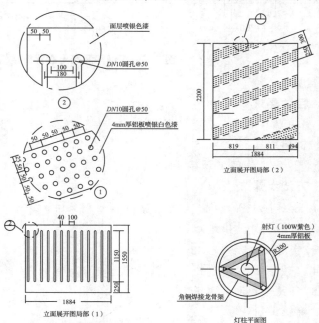

图 2-4-63 广场照明灯柱设计

【理论知识】

4.6.1 概述

古代园林与府邸、住宅的关系密切,夜间常有宴饮、纳凉、赏月之类的活动,张灯夜游成为古代园林的一件雅事。当今园林和城市中,夜晚的游览活动也日益频繁,人们尤其注重夜景的效果。夜晚,建筑被夜色所笼罩而显得暗淡,唯有园灯明亮而醒目,极易引起游人的注意。因此,园灯的造型要优美、独特,规划布点和选择要符合光影艺术和使用要求。

4.6.1.1 园灯的功能

园灯是现代园林的重要组成部分,既满足照明的使用功能,又具有点缀、装饰园林环境的造景功能。白天,园灯具有一定的装饰性,是反映园林主题、风格、特色的重要载体之一,能够衬托园林环境,使园林意境更富于诗意;夜晚,为游人照明指路,起到提示、标志的作用,强化园林建筑的外部造型,增添园林和城市的夜景。

4.6.1.2 园灯的分类

园灯按功能不同可分为实用型、美学型。实用型园灯一般用作道路台阶、入口的界定、安全防护及作业照明等。美学型园灯在白天是有装饰效果的建筑小品,在地形、道路、绿化的配合下,可以组成一幅非常优美动人的园景。在夜晚,可成为园林构图的重要组成部分,通过灯光的组合强调园林的层次感和立面上的观赏效果,并引导游览路线(图2-4-64)。

图 2-4-64 园 灯

4.6.1.3 园林照明灯具

(1) 园灯特征与园林环境

①汞灯　使用寿命长，是目前园林中最适用的光源之一。

②金属卤化物灯　发光效率高，显色性好，也适用于游人多的地方的照明，但使用范围受限制。

③高压钠灯　发光效率高，多用于节能、照度要求高的场所，如道路、广场、游乐场等。

④荧光灯　照明效果好，寿命长，适用于范围较小的庭院，但不适用于广场和低温条件。

⑤白炽灯　能使色彩更美丽醒目。但寿命短，不易维修。

⑥水下照明彩灯　具有较好的防水性，灯具中的光源一般选用卤钨灯。

(2) 园林中使用的照明器及特征

①投光器　采用白炽灯用在高强度放电处，能烘托节日快乐的气氛，从一个方向照射树木、草坪、纪念碑等。

②杆头式照明器　布置在院落一侧或庭院角隅，适用于全面照射铺地路面、树木、草坪，形成静谧浪漫的气氛。

③低照明器　有固定式、直立移动式、柱式照明器。

(3) 园灯的照明标准

①照度　一般可采用 0.30~1.50 lx，作为照度保证。

②光源悬挂高度　一般取 4.50 m 高度。如花坛要求设置低照明度，光源高度应不大于 1.00 m。

4.6.1.4 园林照明灯具构造

一般庭院灯具的构造主要由灯头、灯柱及灯座三部分组成(图 2-4-65)。园灯的控制，应全园统一。对于面积较大的可分片控制，路灯应交叉分成 2~3 路控制。控制室可设在办公室，也可设在园门值班室，视需要而定。

(1) 灯座

灯杆的下段，连接园灯的基础，地下电缆往往穿过基础接至灯座接线盒后，再沿灯柱上升至灯头。单灯头时，灯座一般要预留 20 cm×15 cm 的接线盒位置，灯座处的截面往往较粗大，因接近地面，其造型应较稳重。

(2) 灯柱

灯杆的上段，多为支柱形，可选择钢筋混凝土、铸铁管、钢管、不锈钢、竹木及仿竹木、玻璃钢等多种材料制作。中部穿行电线，外表有加工成各种线脚花纹的，也有上下不等截面的，柱截面多为圆形和多边形两种。

(3) 灯头

灯头集中表现园灯的外观造型和光色，有单灯头、多灯头，规则式、自然式，有球

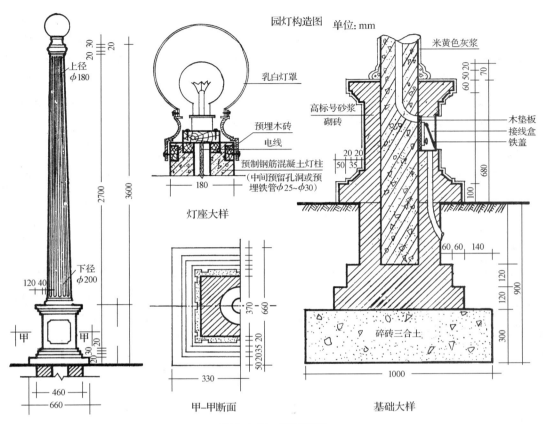

图 2-4-65 园灯构造

形、半球形、纺锤形、角椎形和组合形等。所用材料主要有钢化玻璃、塑料、搪瓷、陶瓷、有机玻璃等。选择时要讲究照明实效，防水防尘，灯头形式和灯色要符合总体设计要求。

(4) 灯泡灯管

灯泡灯管包括普通灯(昼光，白炽灯)、荧光灯(昼光，冷白色、温白色)、水银灯(高压，荧光水银灯)、钠灯(高压与高效率低压钠灯)。

(5) 附件

附件包括安定器(适用于高压水银灯、荧光灯、钠灯)、自动点火器(辐射热式、光电管式、钟表式)、开关器等。

4.6.2 园灯设计

在设计园灯时，要根据所处位置、周围环境及景观特征，因地制宜地进行设计。设计既要符合园林的性质和功能要求，与园林风格协调一致，又要有一定的装饰趣味，并且要安全、耐用。

4.6.2.1 设计原则

园灯外观舒适并符合使用要求与设计意图;艺术性要强,有助于丰富园林空间景观;与周围环境和气氛相协调,用"光"和"影"来衬托园林的自然美,营造一定的园林景观气氛,并起到分隔与变化空间的作用;保证安全,灯具线路开关及灯杆设计都要采取安全措施,以防漏电和雷击,并具有抗风、防水和对气温变化有一定抵抗力,坚固耐用,取换方便,稳定性高;经济,具有能充分发挥照明功效的构造。

4.6.2.2 位置选择

园灯在园林中可因地、因景而布置,位置较灵活。一般设在园林绿地的出入口广场、交通要道、园路两侧及交叉口、台阶、桥梁、建筑物周围、水景喷泉、雕塑、花坛、草坪边缘等。总之,园灯要布置在夜间需要照明,白天能够美化环境的地方。

4.6.2.3 环境与照度要求

园林环境应保证有恰当的照度。根据园林环境的不同,有不同照度的要求,如出入口广场等人流集散处,要求有足够的照度,而在安静的小路要求一般照度即可。整个园林在灯光照明上,需要统一布局,以构成园林中灯光照度既均匀又有起伏,具有明暗节奏的艺术效果,但也要防止出现不适当的阴暗角落(图2-4-66)。

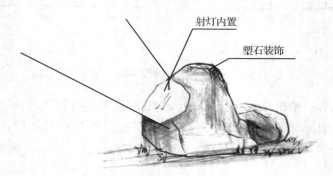

图 2-4-66　园林绿地射灯设计

4.6.2.4 灯具高度选择

在园林中要保证有均匀的照度,首先灯具的布置要均匀,距离要合理;其次,灯具的高度要恰当(表2-4-1)。

表 2-4-1　园林中不同地段对灯具的高度、距离及照度的要求

地　点	灯柱高度(m)	水平距离(m)	钨丝灯功率(W)
园林绿地的广场及出入口	4~8	20~30	500
一般游步道	4~6	30~40	200
林荫路及建筑物前	4~6	25	100
排球场	8~14	6盏均布	1000
篮球场	8~10	20~24个,4排均布	500

园灯设置高度与用途有关：一般园灯高度为 3m 左右，而在大量人流活动的空间，园灯高度一般在 4~6m，探照灯高为 30m；用于配景的灯，其高度应随环境而定，为 1~2m，地灯、脚灯数十厘米不等。

灯具的高度与灯具间的水平距离比值要恰当，才能形成均匀的照度，一般在园林中采用的比值为灯柱高度为水平间距离的 1/12~1/10。

4.6.2.5 避免眩光

产生眩光的原因主要有两个：一是光源位于人眼水平线上、下 30°视角内；二是直接光源易于产生眩光。

避免眩光的措施有：确定恰当的高度，使光源置于产生眩光的范围外，或将直接光源换成散射光源，如加乳白罩灯等。各种灯具光源特性比较见表 2-4-2 所列。

表 2-4-2 各种灯具光源特性比较

光源特性	光效	寿命	启动	显色性	眩光	造价	维护	推荐功率（W）	适用范围
白炽灯	低	短	迅速	好	较强	低	方便	100，200	交通量极少的街道、公园、林荫道、庭院
荧光灯	高	较长	与气温有关	好	弱	高	不方便	40，100	装饰性街道、立体交叉公路、桥洞
荧光高压汞灯	高	很长	时间长	差	一般	一般	方便	125，250，400	一般街道、广场
自镇流荧光高压汞灯	一般	较长	迅速	一般	一般	低	方便	250，400	照明不允许间断的街道、广场
高压钠灯	很高	很长	时间长	差	弱	低	方便	400	一般街道、广场、高速公路
金属卤化物灯	很高	很长	时间长	好	一般	一般	方便	400，1000	大型停车场、高速公路
管形氙灯	高	短	迅速	好	强	高	方便		特大型广场、停车场、室外体育场

4.6.3 园灯施工

4.6.3.1 电线管、电缆管敷设

(1) 选用电线管、电缆管

设计选用电线管、电缆管暗敷，施工按照电线管、电缆管敷设分项工程施工工艺标准进行，要严把电线管、电缆管进货关，接线盒、灯头盒、开关盒等均要有产品合格证。

(2) 埋管

埋管要与园建施工密切配合，切实做好预埋工作。

(3) 暗配管

暗配管应沿最近线路敷设并减少弯曲，弯曲半径不应小于管外径的10倍，与建筑物表面的距离不应小于15mm，进入落地式配电箱管口应高出基础面50~80mm，进入盒、箱管口应高出基础面50~80mm，进入盒、箱管口宜高出内壁3~5mm。

(4) 分线盒

按规范要求适当加设分线盒，配管时穿好相应的镀锌铁丝引线并在两端管中留有余地，穿导线前尖将两端管中用橡胶皮盖盖好，以防异物进入及穿导线时挂伤导线。

(5) 管线支吊架

管线支吊架设置应符合规范要求，平稳、牢固、美观，采用镀锌U形卡将管道固定在支吊架上。

4.6.3.2 管内穿线

(1) 电线

管内穿线要严把电线进货关，电线的规格型号必须符合设计要求并有出厂合格证，到货后检查绝缘电阻、线芯直径、材质和每卷的重量是否符合要求，应按管径的大小选择相应规格的护口，尼龙压线帽、接线鼻子等规格和材质均要符合要求。

(2) 管路和导线

穿线的管路和导线的规格、型号、报数、回路等必须符合设计要求，穿线前后均应严查导线的绝缘性。

(3) 连接头

导线在连接头不能增加电阻值，不能降低原绝缘强度，受力导线不能降低原机械强度。

(4) 电压、电流

穿线时应注意同一交流回路的导线必须穿于同一管内，不同回路、不同电压和交流于直线的导线，不得穿入同一管内，但以下几种情况除外：标准电压为50V以下的回路；同一设备或同一流水作业线设备的电力回路和无特殊防干扰要求的控制回路；同一花灯的几个回路；同类照明的几个回路，但管内的导管总数不应多于8根。

（5）导线预留长度

接线盒、开关盒、插座盒及灯头盒为15cm，配电箱内为箱体周长的1/2。

4.6.3.3 电缆敷设

敷设前应详细检查电缆的规格、型号、截面、电压等级、绝缘电阻、外观等情况是否均符合设计及规范要求。电缆敷设采用人力施放的常规方法进行。

4.6.3.4 灯具安装

灯具、光源按设计要求采用，所有灯具应有产品合格证，灯内配线严禁外露，灯具配件齐全。根据安装场所检查灯具是否符合要求，检查灯内配线，灯具安装必须牢固，位置正确，整齐美观，接线正确无误。3kg以上的灯具，必须预埋吊钩或螺栓，低于2.4m灯具的金属外壳部分应做好接地保护。

安装完毕，遥测各条支路的绝缘电阻合格后，方允许通电运行。通电后应仔细检查灯具的控制是否灵活、准确，开关与灯具控制顺序相对应，如发现问题必须先断电，然后查找原因进行修复。

4.6.3.5 开关插座安装

各种开关、插座的规格型号必须符合设计要求，并有产品合格证。安装开关插座的面板应端正、严密并与墙面持平，成排安装的开关高度应一致。

开关接线应由开关控制相线，同一场所的开关切断位置应一致且操作灵活，接点接触可靠。插座接线注意单相两孔插座左零右相或下零上相，单相三孔及三相四孔的接地线均应在上方。交流、直流或不同电压的插座安装在同一场所时，应有明显区别，且其插座配套，均不能相互代用。

4.6.3.6 电气设备安装

电气设备从专业厂家采购，成套的和非标的动力照明配电箱均由生产厂提供，到货时按设计图纸和厂方产品技术文件核对其电气元件是否符合要求，元器件必须是国家定点厂的产品，并对双电源切换箱、动力配电箱、控制箱做空载控制回路的动作试验，确认产品是否合格。

电气设备应由专业电气工程师、技术员进行施工安装。

4.6.3.7 接地安装

施工时按照接地分项工程施工工艺标准、《电气装置安装工程接地装置施工及验收规范》（GB 50169—2016）和《利用建筑物金属体做防雷及接地装置安装》进行施工。图鉴结构施工时，严格按照规范和设计要求对结构钢筋进行焊接，钢筋搭接长度双面焊接不小于8cm，单面焊接不小于16cm。特别注意按设计要求做好等电位联结。

由安装部门负责对系统调试，调试合格后提供调试报告，并经试运合格后交竣工验收。

4.6.3.8　园灯实例(图2-4-67、图2-4-68)

北京北海玉兰形园灯　　北京北海公园园灯　　北京农展馆园灯　　北京住建部庭园灯

广州东方宾馆庭园灯　　国外庭园灯　　中国美术馆庭园灯　　北京日坛公园盘形园灯

安微黄山园灯　　国外水池边低灯　　广州火车站园灯

日本石灯笼　　广州东方宾馆庭园灯　　武汉东湖园灯　　昆明翠湖公园园灯

图 2-4-67　园灯(1)

图 2-4-68 园灯（2）

【任务实施】

1. 目的要求

了解园林中各种不同类型的园灯，掌握园灯的设计方法与技巧。

2. 材料用具

测量仪器、绘图工具等。

3. 方法步骤

(1) 了解地形、地质、地貌、水文等自然条件。

(2) 测绘设计地段地形图。

(3) 构思设计方案。

(4) 多方案比较与选择、深入与调整。

(5) 正式绘制设计图纸。

4. 考核评价

完成分析报告1份(包括园灯类型、位置选择、灯光的类型、与不同环境的结合等)、设计图纸1套(包括立面图、效果图、构造图等)、设计说明书1份。

【自主学习资源库】

1. 园林建筑设计．卢仁，金承藻．中国林业出版社，1991.

2. 中国园林建筑施工技术．田永复．中国建筑工业出版社，2002.

3. 园林建筑设计．杜汝俭，李恩山，刘管平．中国建筑工业出版社，1986.

任务 4.7　展览栏及标牌设计与施工技术

图 2-4-69　景点导游图

【工作任务】

展览栏及标牌是园林中极为活跃、引人注目的文化宣教设施，它的类型包括展览栏、阅报栏、展示台、园林导游图、园林布局图、说明牌、布告板以及指路牌等形式。内容涉及法规、时事形势、科技普及、文艺体育、生活知识、娱乐活动等各领域的宣传，是园林中群众性的开放型宣传教育场地，其内容广泛、形式活泼，群众易于接受(图 2-4-69)。

图 2-4-70 为某植物园入口标志方案设计图。要求学生能够结合所学的有关知识，按照项目建设单位的要求，完成项目中的展览栏及标牌方案设计、施工图设计或项目施工任务。

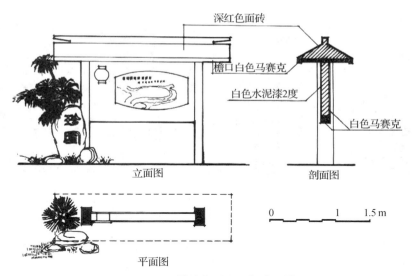

图 2-4-70 某植物园入口标志设计

【理论知识】

4.7.1 概述

4.7.1.1 展览栏及标牌的功能

(1) 宣传教育功能

园林中的展览栏及标牌作为宣传教育的设施之一，对游人进行国内外形势的教育和科普文化的教育，其形式活泼，展出的内容广泛。不仅能起到宣传教育的作用，还可以丰富游园的内容。如树木名称牌可以准确告诉游人树木名称、习性、特征、树龄等；有些禁止践踏草坪和攀折花木的标牌，用含蓄委婉的语言唤起人们对花草、自然的热爱(图 2-4-71)。

植物园标牌　　　　　　　　小游园标牌

图 2-4-71 宣传教育功能标牌

(2) 导游功能

标牌的设置是以简明提供信息、方位、名称等为主要目的，如导向板、路标、公园导游图等。在园林中，尤其在大型园林或道路系统较复杂的园林中是不可缺少的部分，在路口设立标牌，能协助游人顺利到达各游览景点(图 2-4-72)。

长沙湘江风光带杜甫江阁标牌　　　　　　动物园标牌

图 2-4-72　导游功能标牌

(3)造景功能

展览牌及各种标牌在园林中要根据全园的总体规划,确定其形式、色彩、风格,形成优美的环境。经过设计的展览牌和标牌不仅可以点缀园景,而且往往成为局部构图中心,成为园景中的亮点(图 2-4-73)。

公园导游牌　　　　　　　　　　都江堰景区导游牌

图 2-4-73　造景功能标牌

4.7.1.2　展览栏及标牌的类型

(1)园林布局导游图

这类小品一般布置在公园大门内侧集散广场的周边,面对公园大门,使游人进入公园后直接可以观赏到,以便于游人按照导游图进行游览。其布局图多采用大幅尺寸,安排公园透视图,既能发挥导游功能,又具有观赏性和装饰效果。

(2)展览栏

用于展示艺术作品、园林风景、先进人物事迹等。通常具有一定的长度,是一种连续性的构图,故应充分考虑其排列的方式和选择适宜的朝向,以便于充分展示作品的艺术效果。应保持展面中心的高度与人的视平线基本平行,即展面中心距地面高度 1600mm 左右,以为观赏者创造舒适、自如的观赏条件。

(3) 阅报栏

这是时事新闻宣传的重要阵地，由于每天都要更换新的内容，要求阅报栏的结构便于开启、张贴，并选择一天中大部分时间自然光照都有利于读者阅读的位置和朝向设置阅报栏。

(4) 指示牌

在园林绿地中，常需要设置一些指示方向、距离、提示警戒、告示等的指示牌。指示牌造型上力求轻巧、活泼，但又要突出、醒目，易被游人观察到。

(5) 提示牌

园林中的提示牌主要有位于公园入口等处的"游人须知"，置于园林绿地中提示游人"请勿践踏"等。这类提示牌必须安排在须提醒游人注意的场所，面对游人，使人一目了然，同时，应注意其造型方面的特色，既简朴又有一定的装饰性。

(6) 题名牌

园林中有很多景观以题(咏)名的形式命名，根据景观的性质、用途，结合环境进行概括，常做出形象化、诗意浓、意境深的园林题咏。其形式有匾额、对联、石刻等，它不但丰富了景观的欣赏内容，增加了诗情画意，点出了景观的主体，给人以联想，还具有宣传和装饰等作用，这种方法称为点景，如"迎客松""南天一柱""兰亭""岁寒三友"等。

4.7.1.3 基本组成及构造

(1) 基座及墙柱

基座和墙柱是展览栏的主体结构，大体上有固定式和移动式两种类型。

(2) 展览部分

图片展示用展览板，立体模型展览则用展览台。展览设置在承重墙或承重的结构构架上，展窗正面玻璃可开启、可固定。

(3) 檐口部分

顶部一般有较大的挑檐，可以防日晒和雨淋，挑檐顶宜向后倾斜，以利于排水或集中排水。

(4) 灯光设备

一般隐藏在挑檐内或在展览框周边，采用毛玻璃、日光灯、乳白灯罩，以防产生刺目的眩光，由于灯光照明将导致展览窗内温度升高，对展品不利，所以橱窗内应设通风孔，有利于降低光源温度。

展览栏构造如图 2-4-74 至图 2-4-76 所示。

4.7.1.4 展览栏及标牌的制作材料

(1) 展览栏及标牌的设置形式

主要形式有独立式、固定式和悬挂式 3 种。

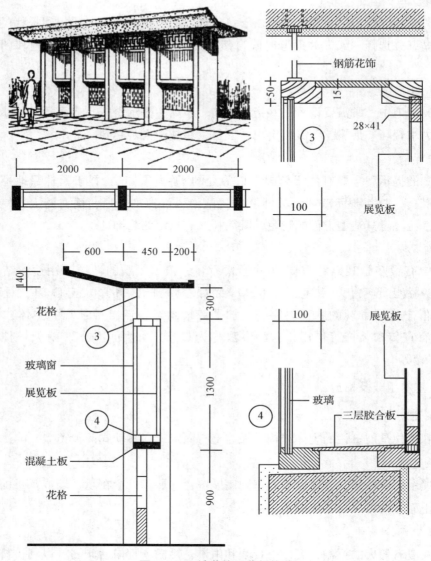

图 2-4-74 镶花格展览栏构造

(2)展览栏及标牌主件的制作材料

要求经济耐用,常用天然石材(主要是花岗岩类)、不锈钢、铝、钛、耐用或经过防腐处理的木材、瓷砖、丙烯板等。构件的制作材料除了选择与主件相同的材料外,还可选用混凝土、钢材、砖材、石材等。

(3)展览栏及标牌面板材料的种类与特性

能长期保持清晰度及完整性,且不需花费大量维护费用。慎重考虑设置环境特性,游客对展览栏及标牌的使用方式,可能发生的破坏行为等。面板材料的特性见表2-4-3所列。

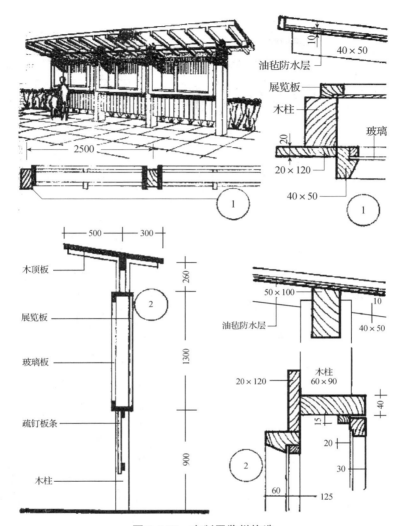

图 2-4-75 木制展览栏构造

表 2-4-3 展览栏及标牌面板材料的各类及特性

材料名称		户外耐用年限	室内耐用年限	色彩耐久年限	抗刮伤性	耐撞击性	防水处理	防火处理	抗紫外线处理
珐琅		10年	20年	5~10年	极佳	极佳	√	√	√
可明丽		5年	8年	3年	佳	尚可	√	√	√
不锈钢板	腐蚀刻+烤漆	5年	8年	4年	佳	极佳	√	√	√
	油墨绢印	2年	6年	2年	较差	极佳	√	√	红色油墨会略褪色
铝板	腐蚀刻+烤漆	5年	8年	4年	佳	尚可		√	
	油墨绢印	2年	6年	2年	较差	尚可			红色油墨会略褪色
木材		5年	8年	1年	差	尚可			
石材		20年	20年	2~3年	极佳	极佳			
3M系列"映象系统"		7年	8年	7年	差	差	√		红色油墨会略褪色
计算机转印		5年	8年	5年	差	差	√		
CBCP系统防水透明片		3年	5年	3年	差	差	√		
EP2灯箱片		3个月	4年	2年	差	差			√

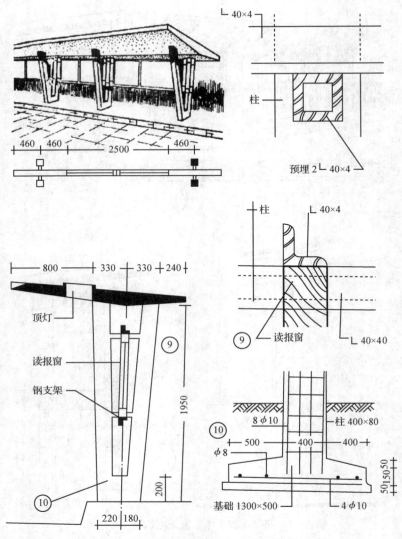

图 2-4-76 钢筋混凝土双肢柱展览栏

4.7.2 展览栏及标牌设计

4.7.2.1 位置选择

为充分发挥宣传教育作用，宜选在停留人流较多的地段，以及人流必经之处，如出入口广场周围、道路两侧、建筑物周围、亭廊附近等。

4.7.2.2 朝向与环境

以朝南或朝北为佳，面东、面西均有半日的阳光直射，影响展览效果，会降低其利用率。不过，处于绿树成荫的绿化环境中，可以避免日晒。增加展览栏本身的遮阳设施也可以减少日晒。环境亮度、地面亮度与展览栏相差不可过大，以免造成玻璃的反光，影响观赏效果。

4.7.2.3 地段要求

展览栏应退出人流线之外，以免人流干扰，展览栏前应留有足够的空地，且应地势平坦，以便游人参观，周围最好有休息设施，环境优美、舒适，以吸引游人在此停留。

4.7.2.4 造型与环境

造型应与环境密切配合，与周围景物协调统一，使其富有园林特色。在狭长的环境中，宜采用贴边布置，以充分利用空间，在宽敞的环境中，则宜用展览栏围合空间，构成一定的可游可憩的环境。在背景景物优美的环境中，可采用轻巧、通透的造型，以便建筑与景物融成一体，且便于视线通透。反之则宜用实体展墙以障有碍之景物。

4.7.2.5 尺寸要求

展览牌及标牌的尺寸应遵循人体工程学原理，并要与周围建筑和环境相协调，还要根据其功能而定，切忌过大过高，过于粗笨。展览栏和公园导游图等具有展示功能，基本尺寸要恰当，其大小、高低既要符合展品的布置，又要满足参观者的视线要求，一般小型画面的中心高度距地面 1500mm 左右为宜，总高度一般为 2200~2400mm。

4.7.2.6 文字设计

一般来说，应该把重要的信息放在第一行，以此类推。在标志展览栏及标牌的文字设计中，通常会遵守以下几点：

（1）标题

文本中的主标题、次标题、正文和题头的最小字体大小为 24 磅，具体的字号大小可根据视觉距离导向原则来确定。主标题最好居中，正文从左边开始。

（2）颜色

选择与主题相关的颜色，如红色代表火，绿色代表森林等。

（3）行间距

文字行间距在 12 磅以上。

（4）字间距

字间距不应过宽，以免显得疏散。

（5）字体

解说主题最好使用黑体，其他如综艺体、大宋体等可根据具体设计而采用，正文字体一般以黑体、宋体为主，也可根据具体设计选择细黑、幼圆等其他字体，不应过多使用斜体，避免使用一些比较花哨的字体。

4.7.2.7 照明设计和通风

应作好展览栏的照明设计用通风设施。照明可丰富夜间园林景色效果，增强表现展览栏的造型，并为夜间参观必备的设施，故照明应考虑画面的均匀照度，不可有刺目的眩光，一般宜用间接光源。

由于人工照明及日照使展览窗内温度增高，对展品不利，一般在展览窗的上部做通风小窗口,以排热气,降低气温。

4.7.2.8 防雨措施

要有防雨措施(如宣传栏)或耐风吹雨淋的材料(指示牌、导游图等),以免损坏。

4.7.3 展览栏及标牌施工

下面以户外宣传栏安装为例,简单介绍其安装过程(图2-4-77、图2-4-78)。
展览栏及标牌实例如图2-4-79所示。

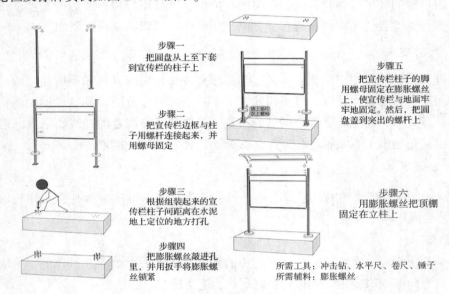

图 2-4-77　户外宣传栏拧膨胀的安装示意图

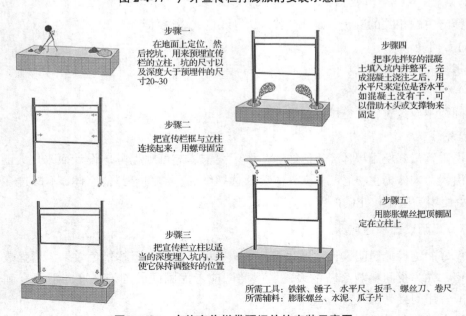

图 2-4-78　户外宣传栏带预埋件的安装示意图

图 2-4-79 展览栏及标牌实例

【任务实施】

1. 目的要求

了解园林中各种不同类型的展览栏及标牌,掌握展览栏及标牌的设计方法与技巧。

2. 材料用具

测量仪器、绘图工具等。

3. 方法步骤

(1) 了解地形、地质、地貌、水文等自然条件。

(2) 测绘设计地段地形图。

(3) 构思设计方案。

(4) 多方案比较与选择、深入与调整。

(5) 正式绘制设计图纸。

4. 考核评价

完成分析报告1份(包括展览栏及标牌的类型、位置选择、材料、艺术特点、与周围环境的结合等)、设计图纸1套(平面图、立面图、效果图、构造图等)、设计说明书1份。

【自主学习资源库】

1. 园林建筑设计. 卢仁,金承藻. 中国林业出版社,1991.
2. 中国园林建筑施工技术. 田永复. 中国建筑工业出版社,2002.
3. 园林建筑设计. 杜汝俭,李恩山,刘管平. 中国建筑工业出版社,1986.
4. 标识标牌安装 http://wenku.baidu.com/view/114c521bf18583d049645980.html.

项目 5　庭院建筑设计与施工技术

◇ 学习目标

【知识目标】

(1) 了解庭院与建筑的关系、庭院的类型和风格。

(2) 通过对各种不同类型建筑庭院的基本知识的学习,正确认识建筑庭院空间的设计与施工特点,了解建筑空间设计在园林设计与施工应用中的重要性。

(3) 通过典型实例,掌握庭院造景技法,提高对园林建筑空间的鉴赏能力。

【技能目标】

(1) 能进行庭院平面布置设计。

(2) 能进行庭院造景设计。

(3) 能进行庭院造景施工。

任务 5.1　庭院建筑平面布置

【工作任务】

"庭院"二字在《辞源》中的解释是:"庭者,堂阶前也;院者,周垣也""宫室有垣墙者曰院"。因此,可以简单地理解为是由建筑与墙垣围合而成的室外空间,并具有一定景象。如苏州四大名园之一中的狮子林,因庭院内"林有竹万,竹下多怪石,状如狻猊(狮子)者",狮子林既有苏州古典园林亭、台、楼、阁、厅、堂、轩、廊之人文景观,更以湖山奇石、洞壑深遂而盛名于世,素有"假山王国"之美誉(图 2-5-1)。实地调查学生所在地具有代表性的展览栏及标牌,通过比较分析,掌握各种类型展览栏及标牌的设计方法与技巧。

图 2-5-1　苏州狮子林内庭鸟瞰图

图 2-5-2 是苏州狮子林平面布置图。要求学生能够多方面收集相关资料,结合所学的有关知识,抄绘狮子林平面图,细化庭院建筑平面造型,并完成项目中的内庭园林景观方案设计图、绿化施工设计图或项目施工任务。

1. 燕誉堂　2. 小方厅　3. 指柏轩　4. 古五松园
5. 见山楼　6. 花篮厅　7. 真趣亭　8. 石舫
9. 暗香疏影楼　10. 飞瀑亭　11. 问梅阁
12. 双香仙馆　13. 扇子亭　14. 文天祥诗碑亭
15. 御碑亭　16. 立雪堂　17. 修竹阁　18. 卧云室
19. 湖心亭

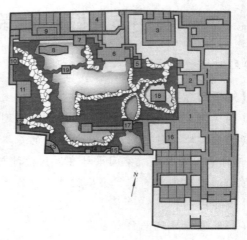

图 2-5-2　苏州狮子林平面图

【理论知识】

庭院与建筑关系密切，可以说庭院中建筑物的性质，决定了庭院的性质，建筑的风格决定了庭院的风格，如纪念性的建筑，其庭院庄严肃穆；行政办公性质的建筑，其庭院简洁大方；宗教性质的庭院则严整、神秘；而宾馆、商场、餐厅等的庭院，则比较活泼(图 2-5-3)；至于住宅庭院，则可根据业主对建筑和庭院的爱好而决定其形式和内容(图 2-5-4)。

图 2-5-3　广州市东方宾馆庭院景观

图 2-5-4　某居住小区庭院景观

5.1.1　庭院的类型

5.1.1.1　按庭院在建筑中所处的位置和使用功能划分

（1）前庭

前庭通常位于主体建筑的前面，面临道路，一般较宽敞，供出入交通，也是建筑物与道路之间的人流缓冲地带。例如，广州白云宾馆前庭，以山岗、水石、广场三要素有机结合，在主楼与城市干道之间建造出景观丰富多彩的前庭，既解决了宾馆人车分流的问题，又利用原有山岗和植物作屏障，大大降低了城市干道的噪音和污尘的影响，并因山挖池，山水巧妙结合，营造清雅、舒适的现代式宾馆环境(图 2-5-5)。南京瞻园的前庭处理也是较好的实例(图 2-5-6)。

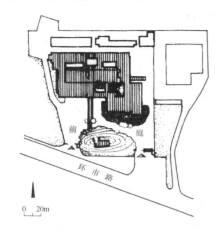

图 2-5-5　广州白云宾馆前庭平面图　　　　图 2-5-6　南京瞻园前庭景观

(2)内庭(中庭)

内庭一般系多院落之主庭,供人们起居休闲、游观静赏和调节室内环境之用,通常以近景来构成内庭景观。我国南方地区泉多水广,内庭常常用小水面来改善室内小气候,其意境颇有清幽深邃之趣。如广州山庄旅舍的内庭(图 2-5-7 至图 2-5-9),以水为题,畅廊濒岸舒展,凉台临水而立;板桥横渡,蹬步边设,客房高低错落在花丛林木之中,使人心情舒畅。

图 2-5-7　广州山庄旅舍中庭(1)　　　　图 2-5-8　广州山庄旅舍中庭(2)

(3)后庭

后庭位于屋后,常常栽植果林,既能食用,又可在冬季遮挡北风,庭景一般较自然。如苏州拙政园听雨轩后庭,满植芭蕉,巧取"雨打芭蕉"之意。自然风景区里,后庭的构设常借山石、溪涧、野林、蹬道等自然景物,使庭景与周围风光一气呵成,化人工于天然之中。而现代办公楼、宾馆、商场的后庭,常配置一些园林建筑小品,如假山水景或景观置石、亭子、花架、雕塑小品、休闲设施、园路等(图 2-5-10)。

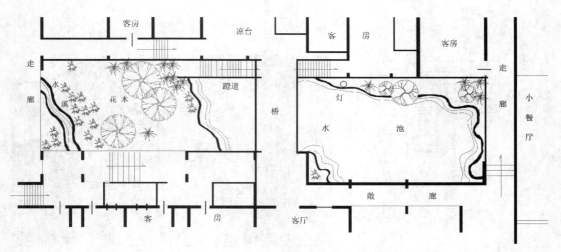

图 2-5-9　广州山庄旅舍内庭平面图

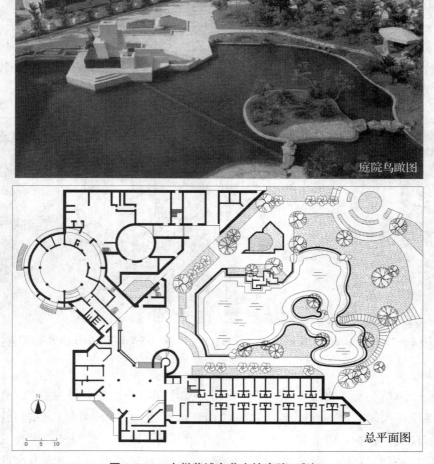

图 2-5-10　广州黄埔东苑宾馆庭院（后庭）

(4) 侧庭

古时侧庭多属书斋院落，庭景十分清雅。《扬州画舫录》描述计成在镇江为郑元勋造影园中"读书处"："入门曲廊，左右二道入室，室三楹，庭三楹，即公读书处。窗外大石数块，芭蕉三、四本，莎萝树一株，以鹅卵石布地，石隙皆海棠。"

(5) 小院

小院属庭院小品为主题的院落，一般起到庭院组景和建筑空间的陪衬、点缀作用。如苏州拙政园海棠春坞的天竺小院（图 2-5-11），设在建筑与墙廊之间，以湖石作台，植南天竹少许；悄然侍立锦川石，蔓壁随挂地锦。

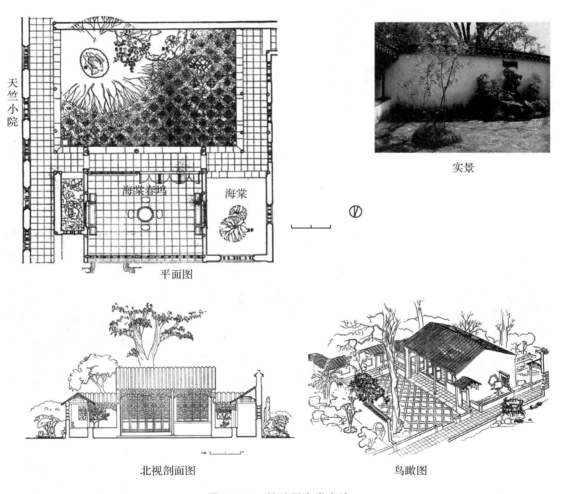

图 2-5-11 拙政园海棠春坞

倚虹长廊蜿蜒，玲珑馆东侧花墙分隔的独立小院是海棠春坞。造型别致的书卷式砖额，嵌于院之南墙。院内海棠数株，初春时分万花似锦，娇羞如小家碧玉秀姿艳质，有超群绝类之美。文人墨客为之动情讴歌。庭院铺地用青、红、白三色鹅卵石镶嵌而成海棠花纹。院内茶几装饰图案均为海棠纹样。处处有景点题，庭院虽小，清静幽雅，是读书休憩的理想之所

5.1.1.2 地形环境划分

(1) 山庭

依一定的山势作庭者称为山庭。《园冶》："园地惟山林最胜,有高有凹,有曲有深,有峻而悬,有平而坦,自成天然之趣。"如广州"双溪",它位于左右环山的峡峪中,悬岩峻岭,树木繁茂,绿意葱葱,利用山涧水拟设"船厅",沿陡坡设蹬道,泉溪飞泻,营造出近听泉声、远眺美景的立体画面(图 2-5-12)。

图 2-5-12　广州双溪山庭立面透视图

(2) 水庭

突出水局组织庭院者,称为水庭。水庭系以水为主题来构建庭景,水景可使有限的庭院形成畅朗宽广的效果,利用喷水、水影、波光和水中鱼戏,还可以形成有趣的动态庭景,使庭院空间具有与人们日常生活十分融洽的活跃气氛。如杭州玉泉观鱼是满铺水面的水庭,它以珍珠泉为景源,三面围廊,清澈见底,游人乐于在此驻足观鱼,堪称江南一胜(图 2-5-13)。

图 2-5-13　杭州玉泉观鱼水庭

(3) 水石庭

在水局中用景石的量较多而显要者,称为水石庭。水石庭在庭院中运用广,其中有以水景为主石景为辅的,也有以石景为主景,以水景为辅的,根据不同的具体条件来定。以水景为主的水石庭,一般面积不大,池岸曲折有趣,清波粼粼,假泉喷瀑,浮桥飞渡,顽石为矶,景栽酌情相衬,使整个水局显得石不多而风雅,水不广而透迤,庭院空间优美自然,如广州西苑内庭(图 2-5-14)。以石为主的水石庭,数苏州留园冠云峰为最(图 2-5-15)。

图 2-5-14　广州西苑内庭

图 2-5-15　苏州留园冠云峰

（4）平庭

庭之地面平而坦者，称为平庭。西方传统庭院以花坛、喷水池为主；我国主要以利用叠山、粉墙、景门、景栽为主，使平地的庭景丰富多趣。如广州西苑前庭，场地较为平坦而素洁，傍山门旁点缀景石，庭右花木幽深，与庭左景门相衬，使庭景朴素而自然（图 2-5-16）。

5.1.1.3　按平面形式划分

（1）对称式庭院

对称式庭院有单院落和多院落之分（图 2-5-17）。对称式单院落庭院，功能和内容较单一，占地面积一般不太大。这类庭院多用于氛围较严肃的地方。一般由几栋建筑物围成三合院或四合院。

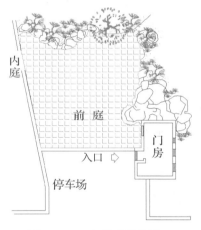
图 2-5-16　广州西苑前庭

对称式多院落组合空间的庭院，多用于建筑性质比较庄重、功能比较复杂、体型比较多的大型建筑中。其院落根据建筑物的主、次轴线对称布局，按照不同用途有规律地布局，如中国国家博物馆。

单院落庭院

多院落庭院

图 2-5-17　对称式庭院

(2) 自由式庭院

自由式庭院也有单院落和多院落之分，其共同特点是构图手法比较灵活，显得轻巧而富于空间变化。

自由式多院落组合空间的庭院，一般是由建筑物之间的空廊、隔墙、景架或其他景物相连而成，由此分割出来的若干院落空间，其相互之间又保持相对独立，但彼此相互联系、相互渗透、互为因借。每个小园都有各自的使用要求而形成各自的特色。如承德避暑山庄的"万壑松风"、广州东方宾馆屋顶花园。

另外，根据建筑物的性质和功能，可将庭院分为住宅庭院和公共建筑庭院。其中，住宅庭院又分为私人庭院和集体住宅庭院（如居民住宅楼、宾馆、旅馆等）；公共建筑庭院如体育馆、图书馆、陈列馆、电影院、车站、码头、机场、餐厅、商店、办公楼、学校、医院等。

5.1.2 庭院的风格

风格是庭院设计中需要优先确定的内容，下面重点介绍各种风格的特点和选择方法。

5.1.2.1 庭院风格的分类

（1）根据布局分类

分为三大类：规则式、自然式和混合式。

①规则式风格　构图多为几何图形，垂直要素也常为规则的球体、圆柱体、圆锥体等。规则式庭院又分为对称式和不对称式，对称式有两条中轴线，在庭院中心点相交，将庭院分成完全对称的4个部分。规则对称式庭院庄重大气，给人以宁静、稳定、秩序井然的感觉。不对称式庭院的两条轴线不在庭院的中心点相交，其构成要素也常为奇数，不同几何形状的构成要素布局只注重调整庭院视觉重心而不强调重复。相对于前者，后者较有动感且显活泼（图2-5-18）。

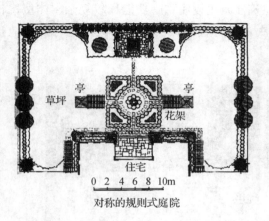

对称的规则式庭院

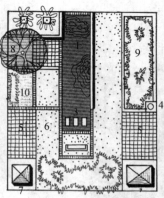

不对称的规则式庭院

图 2-5-18　规则式庭院

②自然式庭院　完全模仿纯天然景观的野趣美，不采用有明显人工痕迹的结构和材料。设计上追求虽由人做，宛自天开的美学境界。即使要建造硬质构造物，也是采用天然木材或石料，以使之融入周围环境。可分为中国式庭院和日本式庭院（图 2-5-19）。

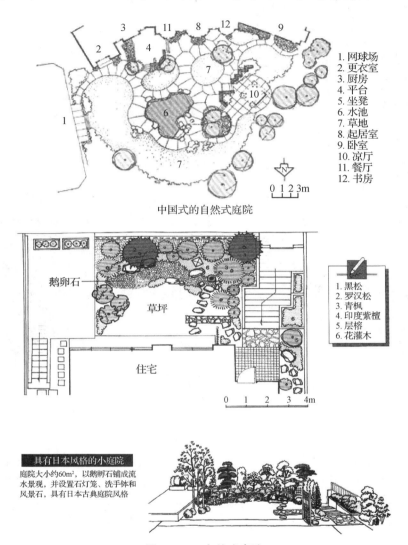

图 2-5-19　自然式庭院

③混合式庭院　兼有规则式和自然式的特点。表现形式有 3 类：第一类是规则的构成元素呈自然式布局，如欧洲古典贵族庭院（图 2-5-20）；第二类是自然式构成元素呈规则式布局，如北方的四合院；第三类是规则的硬质构造物与自然的软质元素自然连接，如新建的上海别墅庭院大部分场地不对称，但靠近住宅的部分还是规则的，设计时可以将方形或圆形的硬质铺地与天然的植物景观和外缘不规则的草坪结合在一起。如果一块场地既不是严格的几何形又不是形状奇怪的自然形，此法可在其中找到平衡。

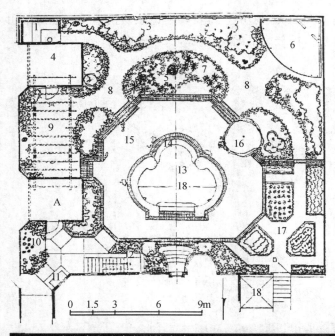

以巴洛克式水池为主景的庭院

庭院以巴洛克式水池为主景,水池的曲线随着池旁的维多利亚式建筑背面门窗形式变化而变化。该庭院构成三要素即常绿植物、山石和水体集意大利花园的精华,与几何图案结合在一起,使人联想起古典的欧洲花园,沿原有树群新建简易的车库和凉亭,成为一个私有空间,小型蔬菜和花卉种植园位于南边阳光充足的地方

图 2-5-20 混合式庭院

(2)根据文化特征分类

分为三大类:中式、日式和欧式。

①中式庭院 有3个分支,即北方的四合院、江南园林、岭南园林。其中江南园林成就最高,数量也最多。中式庭院有着浓郁的古典水墨山水画意境。构图上以曲线为主,讲究曲径通幽,忌讳一览无余。庭院是由建筑、山水、花木共同组成的艺术品,建筑以木质的亭、台、廊、榭为主,月洞门、花格窗式的黛瓦粉墙起到或阻隔、引导或分割视线和游览作用。

②日本庭院 源自中国秦汉文化,随后逐渐摆脱诗情画意和浪漫情趣的格局,走向了枯、寂、陀的境界,日本庭院用质朴的素材、抽象的手法表达玄妙深邃的儒、释、道法理。主要有"池泉筑山庭""枯山水平庭"和"茶庭"等形式的建筑风格。

③欧洲庭院 有5个分支,即:意大利式台地园、法式水景园、荷式规则园、英式自然园、英式主题园。从前到后各国庭院的发展一脉相承。意大利半岛多山地,建筑多依势而建,庭院前面开辟出"梯田"式的台地,中间引出中轴线,中轴线的两边种植高耸的松杉类大乔木,平台、花坛、雕塑等小品对称布置。意式庭院主景多是在中轴线的宽路上设置

雕塑或花坛，少有水景，即使有也是盆式的小喷泉。后来意式台地园传入法国，法国以平原为主且多河流湖泊，故庭院设计成平地上中轴线对称的规则式布局，不同的是，法式庭院常将圆形或长方形的大型水池设计在中轴线上，沿池塘两边设平直的窄路。后来荷兰人将树木修剪成几何形状和各种动物的形状。与此相反，英国人则更喜欢自然的树丛和草地，尤其讲究与园外的自然环境融合，注重花卉的形、色、味以及花期和种植方式，出现了以花卉配置为主要内容的"花园"，乃至以一种花卉为主题的专类园，如"玫瑰园""百合园""鸢尾园"等，以致一提起欧陆式庭园，就会联想到大片的草坪、孤植的大树、成片的花境美景。

5.1.2.2 庭院风格的选择

庭院区别于大的园林，有自身独特的风格，它体现的是设计的创造性，同时也体现庭院主人的所见、所感和人生经历。庭院风格主要受地形、建筑、家庭成员等方面的限制。当对场地进行测量和分析时，会发现场地的独特性已经预示了庭院的风格。通常不规则的场地更适合做中式庭院，尤其是"L"形、"回"字形、"凹"形的庭院，中式风格的移步换景手法能营造出"庭院深深深几许"的意境。

也可根据建筑物的风格大致确定庭院的类型。例如，过去具有典型日本庭院风格的杂木园式庭院和茶庭等，往往融自然风景于庭院之中，给人清雅幽静之感。但日式庭院与西式建筑两者难以统一，日式建筑与规则式庭院也有格格不入之感，因此要考虑到庭院风格与建筑物之间的协调性。小而方的庭院更适合做日式庭院，大而方且建筑居中的庭院采用欧式更好。

5.1.3 庭院建筑平面布置设计

在造园领域中，建筑庭院的范畴较小，但园中景象均源于自然，通常把建筑空间与庭院空间有机地穿插结合，使建筑环境获得较为完美的效果。因此，建筑庭院的设计离不开建筑物的使用功能，而建筑环境质量的提高则有赖于庭院功能的充分发挥。如今，建筑与庭院的有效结合，已经上升到适于人们日常活动的环境设计的高度。"人—建筑—环境"已成为当今建筑师们全力开展的一项重大课题。

5.1.3.1 庭院平面设计处理手法

在建筑设计之初，建筑师们对庭院就有所考虑，并采用不同的布置处理手法给予安排，其设计手法主要有：

（1）"融合"设计手法

在地形变化较多、功能复杂的地方，建筑师常将建筑化整为零，分割出许多庭院，使建筑、庭院和环境相互融合，成为一个整体。如桂林七星岩盆景园分西、东二院，西院由入口至山水廊，东院由曲廊和水榭围绕水池布局。西院以建筑为主划分成多个小空间，东院则以水石、植物组成较开阔的空间，形成鲜明的对比(图2-5-21)。

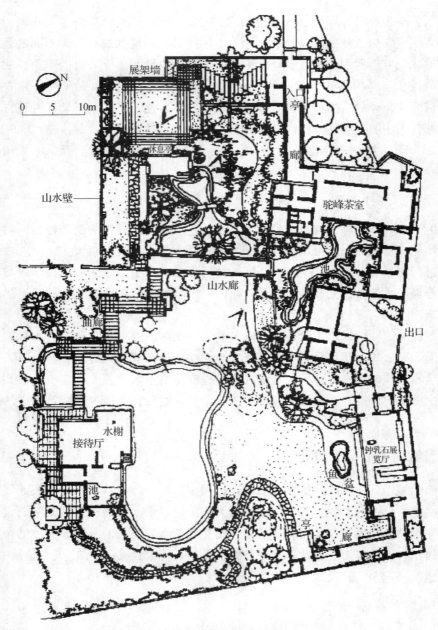

图 2-5-21 桂林七星岩盆景园平面图

日本东京帝国大饭店的设计构思，把建筑空间和庭院空间作为一个统一的整体来考虑，庭院空间和建筑空间的序列同步展开。它以传统的三合院庭院空间作为整个建筑的前导空间，建筑的主体围绕着中庭布局。庭院都以水池为主题，因而使布局比较严谨的建筑外观获得了生气，而且庭院中的景物、小品均与建筑主体的细部手法取得呼应和一致，从而使该建筑与庭院空间浑然一体（图 2-5-22）。

图 2-5-22　日本东京帝国大饭店

（2）"核心"设计手法

把庭院特别是中庭作为建筑的核心来处理，建筑组合围绕中心庭院而展开，这种庭院具有静谧、内向、聚集的空间效果，使人们置身其中而又感到别有洞天。此设计构思在许多中低层公共建筑中经常采用。如美国西雅图的 21 世纪世界博物馆会美国科学馆的建筑空间布局，是以一个庭院空间为核心，参观者经过这个核心空间或围绕这个核心空间通向各个展室或其他建筑（图 2-5-23）。西雅图美国科学馆的设计为了营造活跃的气氛，建筑采取自由错落的形式，并把中心庭院处理成有层次的水庭，设计构思别致、有趣。

（3）"抽空"设计手法

在现代建筑实现工业化生产和设计标准化、系列化以后，在建筑设计中常常出现成片的建筑布局。这种建筑物整齐划一，但略欠生动。为了克服成片建筑空间的单调感，满足设计中局部处理的灵活性以及采光、通风等技术要求，常抽空建筑中的局部空间，以形成庭院空间。在高层建筑中也可采用同样的处理方式，为活跃建筑内的环境气氛，常将建筑内部的局部空间抽去作为内庭，从而形成耐人寻味、景观变化较为丰富的"共享空间"。如著名的美国耶鲁大学珍本图书馆（图 2-5-24）。

图 2-5-23　美国西雅图的 21 世纪 　　图 2-5-24　美国耶鲁大学珍本图书馆
世界博物馆会美国科学馆　　　　　　　　　　　共享庭院

（4）"围合"设计手法

围合而成庭院空间，是构成庭院空间最基本的设计构思。这种庭院空间并不作为枢纽空间，也不作为主要人流的分配空间，而常常作为观赏之用的空间，使之对室内空间起到补充和调剂的作用。

用建筑、墙、廊等围合成封闭向心或通透自由的庭院，它既可以是规则整齐的，也可以是与自然山水有机结合的多种围合形式，正如我国明代计成《园冶》中所说："如方如圆，似偏似曲"，形态千变万化，样式不拘一格。这种处理手法在我国古典私家园林中采用最多，如苏州拙政园（见图 1-3-14）。

(5)"锲入"设计手法

这种设计构思，就是把庭院空间与建筑更紧密地结合在一起，犹如锲入建筑，形成一种建筑之中有庭院、庭院之中有建筑的"复合空间"，如日本福冈银行入口的独特处理就是把庭院空间锲入整个建筑的一角，建筑的主要入口在庭院空间之中，庭院空间是建筑的一个构成部分（图 2-5-25）。"锲入"的设计构思还可以敞开建筑的底层或有关楼层的空间，使庭院空间延伸到建筑内部中来，或与内庭连成一体，如美国华盛顿 Hirshhorn 博物馆（图 2-5-26）、日本平户休养旅馆（图 2-5-27）、我国青岛理工大学建筑馆（图 2-5-28）、美国波士顿政府中心大楼（图 2-5-29）都是采用这种构思，整个建筑内外通达，建筑空间与自然环境交汇融合。

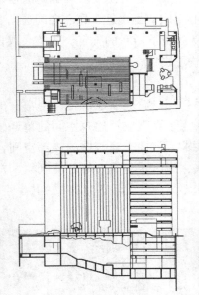

图 2-5-25　日本福冈银行庭院

图 2-5-26　美国华盛顿 Hirshhorn 博物馆庭院

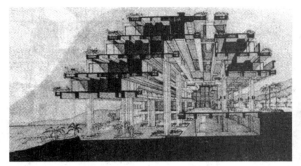
图 2-5-27　日本平户休养旅馆庭院

图 2-5-28　青岛理工大学建筑馆

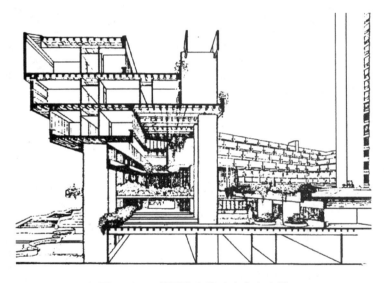
图 2-5-29　美国波士顿政府中心大楼

5.1.3.2　实例分析

北京香格里拉饭店二期庭院景观初步设计（EDSA 景观设计公司）

香格里拉饭店后庭院绿化面积为 $5010m^2$，绿地面积为 $3500m^2$，原有水面面积为 $535m^2$，铺装面积为 $360m^2$，建筑面积为 $460m^2$（图 2-5-30）。其庭院景观方案设计的功能分区与设计内容如下：

（1）香巴拉茶座景区环境（图 2-5-31）

由富有特色的铺装、装饰花钵、灯饰，形成大堂的出口环境，通过植物的搭配，形成一个视线通透、四季常青、温馨自然的室外环境。

（2）飞花逐水景区环境

水溪由涌泉跌水形成 3 层小落差的流动水景，周边绿色植物为背景，其间桃红柳绿，色彩艳丽，配以漂浮在水中的水生植物——睡莲，形成了一幅美妙生动的酒店大堂

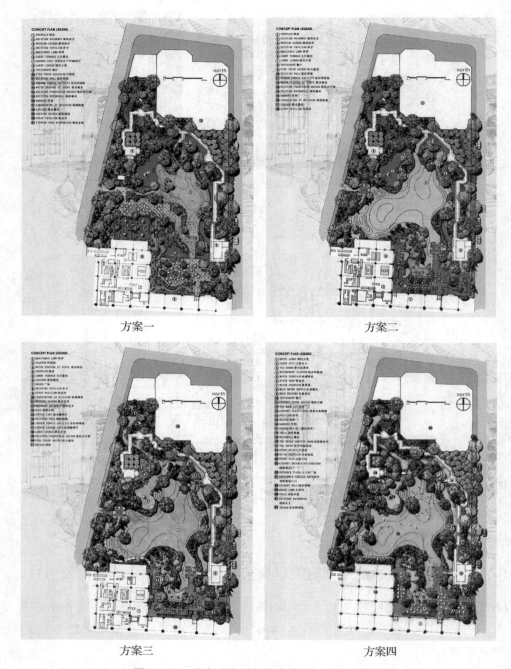

图 2-5-30 北京香格里拉饭店庭院环境设计方案

前景观。

(3) 桃源香溪景区环境

保留现状中式亭廊自然水溪,以现状地形及植物为基础,大量增加中低层植物(介于大乔木与草坪之间的小乔木、灌木及地被植物)。突出茂密、错落有致、层次感强的植物配置效果。

(4) 和枫雅亭景区环境 (图 2-5-32)

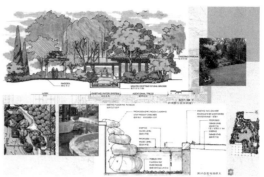

图 2-5-31　香巴拉茶座 1-1 剖面图　　　　图 2-5-32　和枫雅亭景区剖面图

以婚庆为主题的木亭为主体,配以大树浓荫、微地形起伏、清新自然的大草坪,组合成共享的环境空间,形成视觉的焦点,使环境具有参与性和亲和力。

(5) 望月华庭景区环境

对现有冬亭与溪流进行改造,结合现有地形、植物、铺装,改造成自然、安静、怡人的休息空间。

在竖向设计处理上,通过台阶及水位落差来处理高差的变化,各景区多做微地形处理。铺地设计主要体现为铺装种类多样化,选材精致,以营造高档品位空间(图 2-5-33、图 2-5-34)。种植设计主要选用适地生长的耐阴植物、水生植物、地被植物等,形成多层次的配置效果,突出低矮;灌木和修剪植物的群植以及树林草地的景观效果体现方案构思。设计一些有落差的流动水景,并设计四季水系流动的景观。灯光设计图纸示意庭院灯灯位布置,详细设计注意灯与景观小品、水景、树木的结合。室外家具设计配合大堂及庭院景观,配置室外遮阳伞、休闲座椅、售卖亭及花钵。

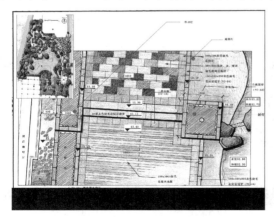
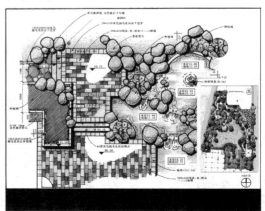

图 2-5-33　平面局部放大图(1)　　　　图 2-5-34　平面局部放大图(2)

【任务实施】

1. 目的要求

实地调查学生所在地具有代表性的建筑庭院,通过现状比较分析,掌握各种类型建筑庭园的设计方法与技巧。

2. 材料用具

测量仪器、绘图工具等。

3. 方法步骤

(1) 了解地形、地质、地貌、水文等自然条件。

(2) 测绘设计地段地形。

(3) 构思设计方案。

(4) 多方案比较与选择、深入与调整。

(5) 正式绘制设计图纸。

4. 考核评价

完成分析报告 1 份、设计图纸 1 套(包括总平面图、竖向设计图、功能分析图、景点分析图、景点效果图等)、设计说明书 1 份。

【自主学习资源库】

1. 园林建筑设计. 卢仁,金承藻. 中国林业出版社,1991.
2. 中国园林建筑施工技术. 田永复. 中国建筑工业出版社,2002.
3. 园林建筑设计. 杜汝俭,李恩山,刘管平. 中国建筑工业出版社,1986.
4. 网易园林 http://co.163.com/index_yl.htm.
5. 筑龙网 http://www.zhulong.com.
6. 园林在线 http://www.lvhua.com.

任务 5.2 庭院造景

【工作任务】

庭院造景是一门综合的艺术。依照"庭院理景求精巧,叠山理水循章法"的理念,在景观设计时除了满足庭院功能,为人们观赏、休闲、运动等提供方便外,还必须具有景观上的美感。我国的古典园林和现代庭院造景具有独特的立意,传承了"虽由人作,宛自天开"的意境,考虑了人们赏景、休息、交流的需要。加拿大温哥华市逸园是华裔为纪念孙中山先生而集资兴建的一座具有中国传统古典园林艺术风格的庭院,其特色是以秀石清泉居中,堂、屋、榭、亭等疏密相间,层次分明,

图 2-5-35 加拿大温哥华市逸园庭院景观

有咫尺山林、步移景迁之妙,为北美典型的苏州式中国园林(图 2-5-35)。

图 2-5-36 是某休闲别墅的一套园林造景设计图(《私家园林设计》),庭院面积为 800m²,根据园主的意向设计了果园、烘烧休闲区、洗衣生活区、停车区、主题水景区、花架漫步

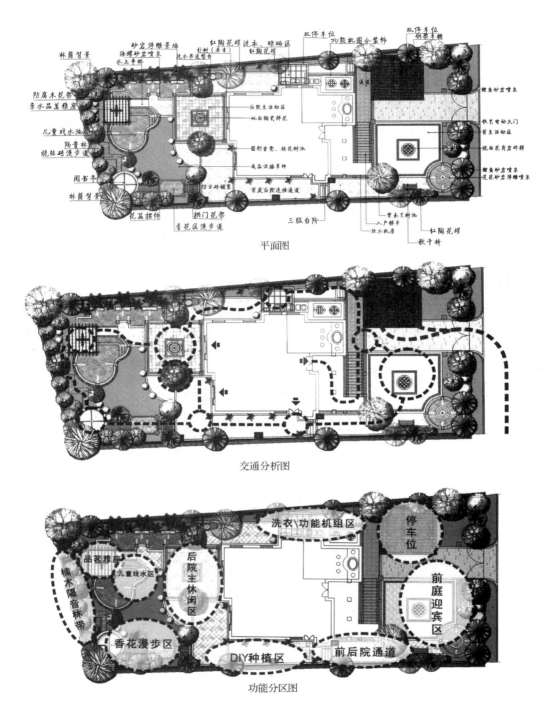

图 2-5-36　某休闲别墅园林造景设计图

区和景亭等。要求学生能够结合所学的有关知识，按照园主的要求，完成项目中的园林庭院造景设计（要求绘制其平面图、交通分析图、功能分析区和植物配置图，以及防腐木花架、阅书亭、儿童戏水池和地面铺装的施工图等）。

【理论知识】

5.2.1 庭院空间设计

5.2.1.1 庭院空间的组合与景物序列

空间，是客观存在的立体境域，是通过人的视觉反映出来的。庭院空间是由庭院景物构成的，由于它位于建筑的外部，并由建筑物围合而成，因此，它不同于建筑的室内空间，也有别于不受建筑"围闭"的园林空间，而是一种类似"天井"的空间。

单一的庭院空间，是以静观为主的景观，如我国民用住宅四合院或三合院，其院落主要是作邻里活动或晒场用，庭院绿化配置相对简单，一般有少量花草树木、荷花缸、金鱼池和盆景等。但如果采用适当的组景技法，去组织空间的过渡、扩大和引申，就可使庭院空间"围而不闭"，产生具有先后、高低、大小、虚实、明暗、形状、色泽等动态的景观序列，使庭院景观生动而有秩序。在多院落庭院的空间组合中，不只是在一个庭院空间里组景，而是在建筑空间的限定、穿插与联络的多种情况下，形成了景物不同、空间不同、景效不同的数个庭院空间，同时又把这些个性各异的庭景有机地串成一个整体。多院落庭院不能孤立地考虑各个院落，必须以整个庭院的布局作为各庭组景的依据，并按其不同功能来配置各庭景物，形成在统一基调下的特色，使全院形成有主有次、有抑有扬、有动有静的布局，既可近赏静观，又能供人徘徊寻踏。这样，从一个庭院空间过渡到另一个庭院空间，景色各异，但一脉相承，呈现了极具韵律的丰富层次（图2-5-37）。

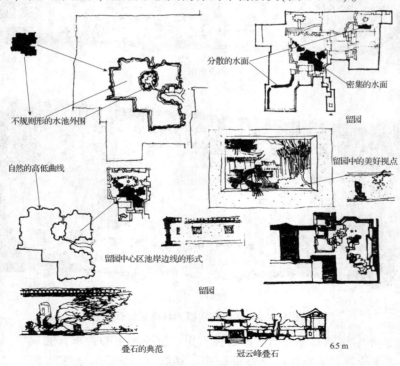

图 2-5-37　苏州留园园林空间构图

风景建筑在园林中起画龙点睛的作用，建筑布局包括建筑群体组合的本身以及整个园林中的建筑布置。对一个建筑群组而言，应该有入口、门厅、过道、次要建筑、主题建筑的序列安排。对整个风景园林而言，从大门入口区到次要景区，最后到主景区，都有必要将不同功能的建筑群体，有计划地安排在景区序列线上，形成一个既有统一展示层次，又变化多样的动态序列布局组合形式。

总而言之，景观序列的形成要运用各种艺术手法，而这些手法又多离不开形式美法则的范围。园林的整体以及各个园林要素的布置都需要以整体性的法则进行思考，综合运用序列的组织方式来完善。

景观序列的形成要运用各种艺术手法，而这些手法又多离不开形式美法则的范畴。园林的整体以及各个园林要素的布置中都需要以整体性的法则进行思考，综合运用序列的组织方式来完善。

①风景序列的主调、基调、配调和转调　风景序列是由多种风景要素有机组合，逐步展现出来的，在统一中求变化，又在变化中求统一，这是创造风景序列的重要手段。

②风景序列的起结开合　作为风景序列的构成，可以是地形起伏，水系环绕，也可以是植物群落或建筑空间，无论是单一的还是复合的，总有头有尾，有放有收，这也是创造风景序列常用的手法。

③风景序列的断续起伏　这是利用地形地势变化而创造风景序列的手法之一，多用于风景区和郊野公园。

④园林植物景观序列的季相与色彩布局　园林植物是风景园林景观的主体，然而植物又有其独特的生态习性，在不同的立地条件下，利用植物个体与群落的季相变化，再配以山石、水景、建筑、道路等，必将出现绚丽多姿的景观效果和展示序列。

⑤园林建筑群组的动态序列布局　建筑在园林中起画龙点睛的作用，建筑布局包括建筑群体组合本身以及整个园林中的建筑布置。对一个建筑群组而言，应该有入口、门厅、过道、次要建筑、主题建筑的序列安排。对整个风景园林而言，从大门入口到次要景区，最后到主景区，都有必要将不同功能的建筑群体，有计划地安排在景区序列线上，形成一个既有统一展示层次，又变化多样的组合形式。

5.2.1.2　庭院空间的时空意境

为了创造"象外之象，景外之景"的园林意境，园林艺术采取虚实相生、分景、隔景、借景等手法，组织空间、扩大空间，丰富了美的感受。中国园林在美学上的最大特点是重视艺术境界的创造。中国园林常用的山体、水体、路径、植物与建筑的绝妙组合形成的峰回路转、曲径通幽，常常达到出人意料的效果。中国园林中的亭台楼阁等建筑，都要服从于意境，它们有助于扩大空间，更要有助于产生美的感受。园林建筑主要的审美价值并不在于建筑本身，而在于通过这些建筑，透过这些门窗，欣赏到外界无限空间中的自然景物。陶渊明的名句"采菊东篱下，悠然见南山"，就是通过空间借景创造意境的例子。

(1) 园林建筑的时空季相

园林建筑常常要结合园林植物配置中有较高观赏价值和鲜明特色的植物季相，能给人以时令的启示,增强季节感,表现出园林建筑特有的整体艺术效果。如春季山花烂漫时的辉煌,夏季荷花映日时的宁静,秋季硕果满园时的喜悦,冬季梅花飘香时的稳重等。园林建筑若能结合饱经风霜、苍劲古拙的古树名木,就能展现其峥嵘岁月里的历史风貌。可见,季相变化可让仿古建筑的空间里充满时间,让时间在空间里流动,让人们在时间里分享空间。

（2）园林建筑的时空背景

园林建筑的发展必须以地域文化为背景,立足于地方,做到"因时制宜""因地制宜"和"因人制宜"。"时"可视为历史征程,"空"可视为建筑的空间和位置,"背景"可视为一定的历史资料或传说。一般来讲,影响园林建筑的因素很多,自然因素包括气候、地质、地形和地貌、水系、土壤等自然资源。随着社会因素中经济与技术的日新月异,更多的新技术和新材料的产生和运用,在色彩、质感、光影、仿真效果等方面,创造了具有地域特色的仿古建筑。另外,城市中深厚的传统文化、淳朴的民风民俗、古老的建筑街巷等都具有宝贵的历史、科学和艺术价值,都可作为园林建筑的可持续发展的重要保障。

上海大观园始建于1984年,沿着西北方草木葱郁的花径前行,穿过熙熙攘攘的商业街,迎面是一座高约8m,三门单檐的木牌楼。柱脚是雕刻着莲花的须弥座,上面则是中国古代木结构特色的斗拱——飞檐长、翘角高,神采飞扬,气度不凡。牌楼上方正中额书"太虚幻境"4个大字。"太虚"意味天空;"幻境"是指梦幻之仙境。使人尚未入得园中,临门便有了一种虚无缥缈的感觉,悟出些"假作真时真亦假,无为有处有还无"的味道来,让人在充满梦幻、充满诱惑的时空里穿梭和享受。大观园的整体建筑艺术风格为明末清初的江南式样,建筑形式简洁而不尚烦琐。整体比例恰当而富有韵律感。在南北中轴线、东西对称的大格局中,形式各异、韵味独特的"园中园"实现皇家宫苑与江南(私家)园林的和谐统一。以大观园仿古建筑为代表所反映的历史结合现代建筑艺术、建筑技术和传统造园艺术的精华融于一体,随着年代的久远,留给人们无限的想象和创新的空间,将成为一种潜在的文化遗产(图2-5-38)。

5.2.1.3 庭院空间的尺度处理

庭院组景是否得体,造型空间是否合宜,是通过人的视觉器官去鉴赏的。研究庭院的观赏效果,其目的在于如何获得庭院空间的合适尺度。

庭院空间尺度的确定,除需要满足功能外,很大程度上取决于是否有效地适应人的观赏规律,即视觉规律,其最佳水平视角为60°的圆锥体,能看到的最大距离约为1200m(图2-5-39)。

庭院空间属外部空间的一种。作为以静观为主的庭院,根据静观状态提炼出来的视角控制,对庭院空间尺度的确定,提供了较为理想的依据。例如,栽一株观姿孤植树(图2-5-40),首先必须确定孤植树的品种和园林观赏性,以此来确定孤植树的栽种位置和最佳观赏点等,这些因素都与庭院空间组景有密切的关系。

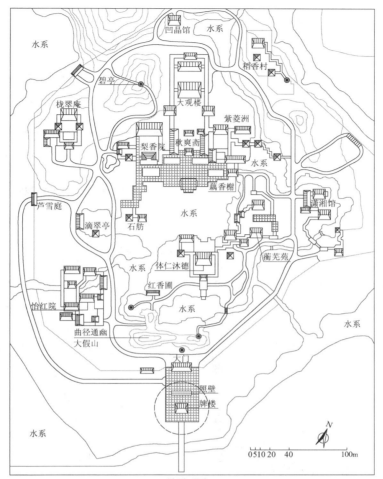

总平面图

正门广场前牌楼

图 2-5-38　上海大观园

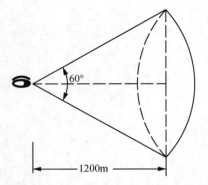

图 2-5-39 人的双眼合同水平视野图示

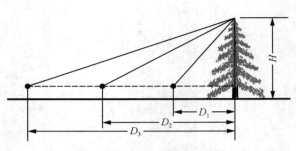

图 2-5-40 庭院景物观赏点

人们在平视状态下观赏景物，一般利用控制一定的水平视角和垂直视角来获得最佳的观赏条件。科学分析证明，人的正常静观视场，最佳水平视域为 $60°$。例如，对苏州拙政园玲珑馆进行观赏分析（图 2-5-41），其最佳近赏点在 $60°$ 水平视角范围内，所看到的不是庭院的全体，而是形成庭院空间主题中心的景物——玲珑馆及其必不可少的衬体——回廊、景窗、月门、铺装等，让人感受到馆小而不显其小，庭小而不觉局促，反而显得开朗而

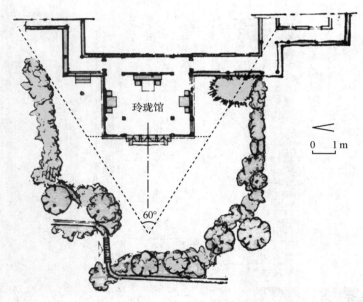

图 2-5-41 苏州拙政园玲珑馆

幽深。

人的视野在平视状态下，视距为观赏景物高度的 2 倍是最佳的垂直视角（即 $D=2H$），这个原理在庭院空间组景中也常用，同时还要考虑人们立视（或坐视）的尺寸。譬如设计一个水庭，常常水面铺小桥，岸边设景亭。桥与亭的位置如何确定，除与具体构图有密切关系外，视角选择恰当与否对观赏效果的成败也具有重要的作用。如图 2-5-42 所示，当桥与亭的距离等于亭高的 2 倍，即 $D=2H$ 时，如果视平线刚好与亭的地面线贴合，那么，站在桥上就可以看清亭的全貌。以同样的距离及其高差条件，在陆上取观赏点，也一样能观得观赏亭的全貌（图 2-5-42A）。假如桥是贴水面架设，而水面与亭的高差为亭高的一半，视距拉开至 $D=3H$ 时（图 2-5-42B），眼前的亭景出现了既有亭的全貌又有天空景色及其完整的倒影，这样亭景、水局及局外景色，有机构成一组完美的景物空间，小桥便成了景亭的最佳观赏点。诚然，在实际设计工作中，确定桥的具体标高时，还需考虑人们立视（或坐视）的尺寸，而且，如果主题景物的宽度超过其高度，并

超出最佳水平视角范围时，视距就得相应拉大。

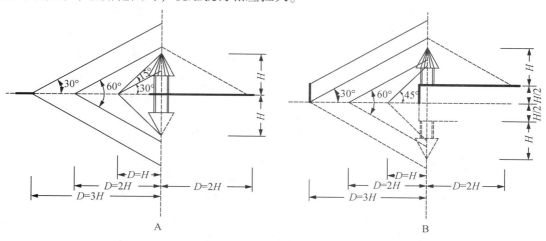

图 2-5-42　垂直视角分析图示

视角原理表明，在各主要观景赏景的控制视锥为 60~90°，或视角比值 $H:D$ 控制在 $1:1$~$1:3$。若大于 $1:1$，散漫空旷；若小于 $1:3$，紧迫闭塞。一般认为，以近赏为主的庭园空间尺度，其垂直视角控制在 30°~45°，即 $D/H=1$~2，其比值尺寸可以获得较紧凑的景观效果。

5.2.2　庭院造景设计

庭院造景有如画家绘画，有法而无定式。设计时应从功能分析和环境设计两方面入手。首先，要满足不同庭院的功能要求，如聚散、休憩、户外活动等。其次，应考虑建筑形式、环境特点、庭院气氛、空间开敞或闭锁、绿化与建筑如何结合及处理等环境设计。设计时应注意空间的比例尺度，以及各处的观赏角度和距离。同时，小庭院宜聚，大庭院宜分，以加强景深和层次，达到个性突出，小中见大的效果。

5.2.2.1　主景

在主题和内容确定之后，首先要考虑主景的表现形式和主景放置的位置，一般要求放在庭院空间的视线焦点处，即构图的重心。如图 2-5-43 所示，别墅庭院造景中以"睡莲池"为造景中心和重心。

5.2.2.2　配景

为了渲染和衬托主景，可以利用一些小的景物，如灯柱花草植物、小品设置等组成前景和背景，以突出景深层次和焦点效果。如图 2-5-43 所示，别墅庭院前庭中以石桌凳和植物作为配景。如图 2-5-44 所示，别墅庭院以一个圆形水池为中心，周围环抱着生长旺盛的加利福尼亚乡土树种和有着茂密树林的深谷作配景和背景。在住宅和水池周围的斜坡上用一些被河流冲刷过的厚石板起挡土作用，一条小溪流过石板，再几经落差跌入池中。水流和石块形成了瀑布小水池，一些石块组成了种植床，种植杜鹃花、蕨类植物、日本槭和其

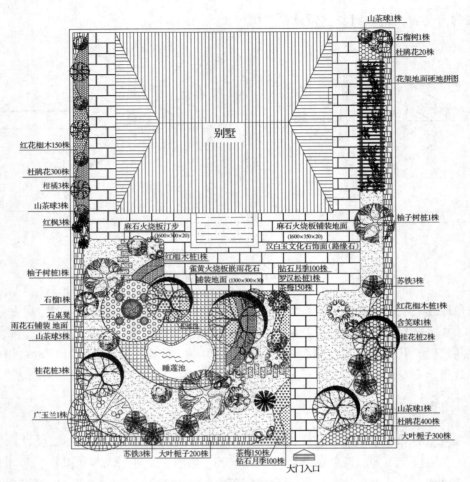

图 2-5-43 别墅庭院造景设计

图 2-5-44 别墅庭院造景设计

他耐阴而花色丰富的灌木和花卉。水池周边和露台地面用淡色砖铺装,与红木住宅和灰褐色亭子的颜色形成对比。池底饰成绿色,加深池底并产生幽静的感觉。

5.2.2.3 庭院组景

应在满足基本功能的前提下,根据空间的大小、层次、尺度、景物、地面状况和建筑造型等进行组景，使庭小不觉局促，院大不感空旷，览之有物，游无倦意，各种庭景意境深远，景观丰富，耐人寻味，流连忘返。

(1) 围闭与隔断

将庭院景物围成一定程度的封闭性空间，是庭院组景的常见方式，称为庭院组景的围闭法。它根据庭景主题的需要来调整所在的建筑空间，以不同程度的隔断方式来取得庭院空间四周不同的围闭程度，用以达到庭院组景所要求的空间环境。其手法主要有以下几种：

①用建筑物围闭，采用四面或三面建筑，一面墙亭的围闭方式，形成封闭性的空间。

②用墙垣和建筑物围闭，一面（或两面）是建筑物，其余由墙垣围成。此类庭院的组景常常运用下述3种手法：第一，以屋檐、梁柱、栏杆或较开敞的大片玻璃窗作为景框，把庭景收在视域范围里的一定幅面上，形成庭景的主要观赏面；第二，在庭院内的地面上设置相应的景物，如景石、水池、花坛、雕塑、园灯等，作为庭景的中心主题；第三，通过景窗、景门、敞廊等将墙外的自然景色（如树梢、远山、天空等）引入墙内，借以丰富庭院空间的层次，增添庭景的自然气氛（图2-5-45）。

③以山石环境和建筑物围闭。

④沿墙构廊、高低起伏、曲折空灵，是传统的"化实为虚"的手法。一些倚山的侧庭或后庭，往往利用山石或土堆作为庭院景物，并起到围闭空间的作用。如山庄、别墅等具有自然野趣的庭院。

(2) 渗透与延伸

为满足人们的观赏要求，庭院组景往往冲破相对固定的空间局限性，在不增加体量的前提下，向相邻空间联系、渗透、扩散和展延，从而获得扩大视野，增加层次和丰富庭院组景的效果。其手法主要有以下几种：

①利用空廊分隔和延伸；

②利用景窗互为渗透；

③利用门洞互为引申（图2-5-46）；

④利用树丛、花木互为联系。

图 2-5-45　框景丰富庭景处理手法

图 2-5-46　拙政园梧竹幽居环洞景观

(3) 利用影射丰富园景

影射是由一定的庭院组景的主导思想指引,借助大自然的美好风光,在满足使用要求的基础上巧于造景。例如,苏州网师园的"亭中待月迎风,轩外花影墙移"景致,由于对水、石、花木和建筑的处理得体,庭院空间与自然景色融为一体,使人感受到亭不孤寂,墙不虚空,动静结合,对景象赋予一定的寓意和情趣。明代造园家计成在镇江给郑元勋造影园,用"架外从苇……隔墙见石壁二松,亭亭天半"(《扬州画舫录》)的手法,将自然景观纳入园内景域,把人的视线从园内引申到园外,让人感受到园有限而景无穷。但是影射的组景效果必须顺应自然,表现丰富的意境,突出庭院的特色。影和射从借助手段与表达方式来分析,两者又有不同之处。

图 2-5-47　广州余荫山房

影,主要指水面的倒影,它可借地面上景物之美来增添水景之情趣,同时,也为庭院景色提供了垂直空间的特有层次感,如广州余荫山房,建筑、植物、水面倒影相映成趣(图 2-5-47)。谚语"近水楼台先得月"虽属寓意,但从字面上来理解,反映了水池利用倒影获得自然庭景的组合。又如杭州西湖"三潭印月"等。

射,指的是镜面反射。用巨幅壁镜把镜前的庭景反映在镜面上,以达到间接借景、虚拟扩大空间和丰富庭院水平空间的层次感的目的。如苏州怡园面壁亭,亭中立大型照镜,将螺髻亭、小沧浪及自然景物映在镜中。

图 2-5-48　苏州拙政园前庭

(4) 巧用对比

对景物尺度和质感的估量,除与人的观赏条件(如视点、视距等)有关外,景物本身的对比,也可影响景物的实际效果。因此,庭院组景常常采用这种方法,把两种(或多种)具有显著差异的景物安排在一起,使其相互烘托,达到组景变化多趣的效果。如我国古典庭院布局中常用"抑""扬""藏""露"的对比手法来塑造庭院空间。这种欲扬先抑的手法在苏州留园中最为典型,它利用空间的大小、形状、明暗、方向、开合,以及色泽、粗细、简繁、虚实等对比处理,塑造出千变万化的景物空间。

图 2-5-49　上海豫园香雪堂庭中的"玉玲珑"石山

(5) 设置珍品构设景象

珍品的设置,可使庭院身价百倍,因为各类珍品,不论其为古木、奇花、名泉、怪石还是文物古迹,均具有潜在的观赏魅力。例如,苏州拙政园前庭,其照壁一面,园门旁设,就中栽文征明(号衡山)手植古藤一株,苍劲蟠虬,石丈相持,名刻附示,顽石旁置,虽此寥寥几笔,但整庭古趣横生,成为近代闻名的"苏州三绝"胜地之一(图 2-5-48)。又如上海豫园香雪堂庭中,置有号称江南名峰的"玉玲珑"石山,它四面通眼,漏得奇巧,全庭无他景物,就此一峰独起,便满园生色(图 2-5-49)。

【任务实施】

1. 目的要求

实地调查学生所在地具有代表性的建筑庭院,通过现状比较分析,掌握各种类型建筑庭园的设计方法与技巧。

2. 材料用具

测量仪器、手工绘图工具、绘图纸、绘图软件等。

3. 方法步骤

(1)了解地形、地貌、地质、气候和水文等自然条件,并了解城市人文、城市历史和室内庭院的建筑性质(功能作用等)。

(2)与设计人员进行技术交底,充分了解设计方案。

(3)收集相关资料,深入现场进行校核和分析。

(4)多方案比较与选择、深入与调整。

(5)正式绘制施工设计图纸。

4. 考核评价

以任务 5.1 中案例"某市电力局行政办公大楼前庭院林设计"为例,进行庭院造景,要求提交设计图纸 1 套(含总平面图、竖向设计图、单体建筑小品施工图、道路广场施工图及其他节点详图)、设计说明书 1 份。

【自主学习资源库】

1. 园林建筑设计. 卢仁,金承藻. 中国林业出版社,1991.
2. 中国园林建筑施工技术. 田永复. 中国建筑工业出版社,2002.
3. 园林建筑设计. 杜汝俭,李恩山,刘管平. 中国建筑工业出版社,1986.
4. 网易园林 http://co.163.com/index_yl.htm.
5. 筑龙网 http://www.zhulong.com.
6. 园林在线 http://www.lvhua.com.

任务 5.3 室内景园造景

【工作任务】

室内景园从室外庭院概念引申而来,是一种覆以顶盖的庭院或是着意进行景观布置和绿化美化的室内空间。室内景园位于建筑内部,有着透明的屋盖。无论严冬酷暑,还是白天夜晚,尽可在室内景园创造舒适优美的自然环境,供人们全天候享用。如美国纽约西部城市尼亚加拉河畔的彩虹中心四季庭院,它是由钢构和玻璃构成的透明建筑物,步行街穿其而过。石铺小径弯弯曲曲,粗犷的毛石矮墙围合的休息空间内设置了木制长椅和园灯

(图 2-5-50)。

图 2-5-51 是日本神户东方饭店,位于神户港一块伸出水面宽 90m 长 200m 的突堤上。客船造型的饭店,既是历史的忆象,又是新生神户港的标志。求学生能够结合所学的有关知识,按照项目建设单位的要求,完成项目中的室内景园造景设计、局部景点透视图或鸟

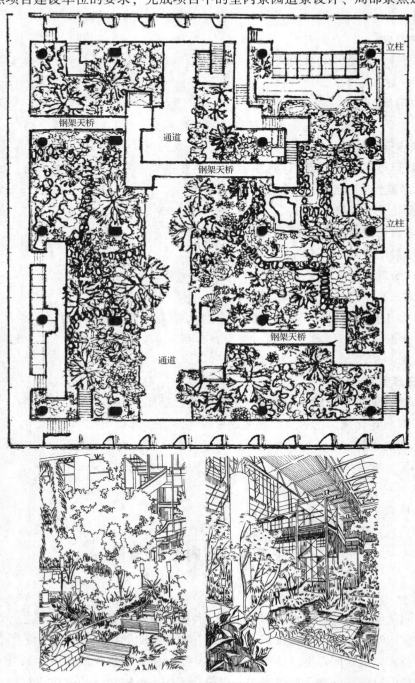

图 2-5-50 美国纽约尼亚加拉河畔的彩虹中心四季庭院

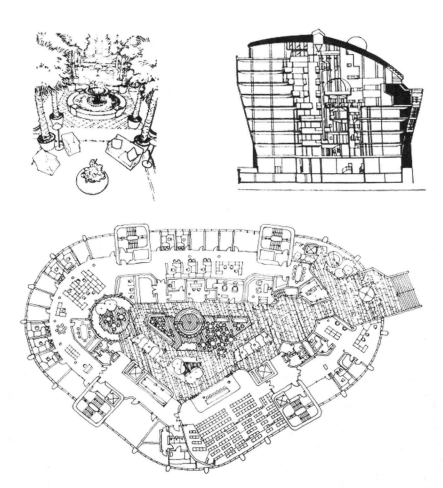

图 2-5-51 日本神户东方饭店

瞰图等。

【理论知识】

5.3.1 室内景园

在室内空间中,将自然景物和人工造景相结合,在室内形成了一定的景致,称为室内景园。具有较大室内景园的建筑,其上空或外墙具有通光的大面积玻璃,以满足园中绿化栽培需求。这样的室内空间多见于宾馆的大厅,称为共享空间。如图 2-5-52 所示,美国宾夕法尼亚州匹恩安全设备制造公司,中庭上方是着色玻璃铺就的拱形天窗,地面上有一条绵延的水流倾泻水池中。

图 2-5-52 美国宾夕法尼亚州匹恩安全设备制造公司

室内景园的出现和迅速发展,满足了人们生活水平逐步提高和现代生活方式的需要,是室内装饰工程的一个新课题,作为室内装饰施工人员,应该首先了解室内景园的基本功能、基本要求和室内景园在室内装饰工程的位置安排等基本知识。

5.3.1.1 室内景园的基本功能

(1)改装室内气氛,美化室内空间

在建筑的大厅中设置景园,能使室内产生生机勃勃的气氛,增强室内的自然气息,将室外的景色与室内连接起来,使人们置身此景中若有回归大自然的感觉,淡化了建筑体的生硬僵化之感。

(2)为较大的厅堂创造层次感

扩大了室内空间,提供或改善了室内通风和采光条件。室内要配置景园,一个重要的构成部分是植物造景,为了让植物有一个适宜的生长环境,必须有阳光和空气,因此,要求顶部装有透光的明瓦,或有通风采光的天窗、侧窗和半开敞的窗口。

(3)为不同功能的房间,提供良好的分隔条件

在公共建筑内的共享空间中,在功能上往往有接待、休息、饮食等多种要求,为了使各种功能区之间既有联系又有一定的分隔,常采用室内组景的方法来分割大的空间,室内景园作为建筑内部的过渡空间,让不同房间组合功能在使用上更为合理。

(4)为室内一些较特殊的空间提供较好的处理办法

图 2-5-53 梯底空间处理

如公共建筑的门厅处理,设置有醒目的楼梯,既供竖向交通,又作为厅内空间的重要装饰。在处理上,其梯跑、平台、栏杆、扶手以及整个梯形一般与大厅空间都会取得协调,而梯底空间往往容易被忽视而成死角,或成封闭式形体。假如,运用小小的水面、景石和植物来配置,便会使呆板的空间充满生机和活力,从而使整个室内景观丰富多彩(图 2-5-53)。

(5)灵活处理室内空间的联络

景园为室内空间的联络、隔断、渗透、引申、转换、过渡和点缀,提供了灵活的处理手法。如在过厅与餐厅之间、过厅与大堂之间、走廊与过厅之间等,常常借助于室内景园,从一个空间引到另一个空间,把室内空间安排得自然、贴切。

5.3.1.2 室内景园空间设计

(1)入口门厅

建筑物的入口处设置室内景园,可以冲破一般入口的常规感,在占地很少的条件下,收到良好的空间效果(图 2-5-54)。在塑造入口景物空间时,必须明确 3 个基本要点:

①抓住反映装饰风格的基本特征,烘托室内气氛。

图 2-5-54　日本秋田县县立
农业博物馆展厅入口

②恰如其分地掌握入口空间的比例尺度，认真处理好门口交通功能和立面造型的关系。

③结合室内环境条件，灵活地确定组景的方式。

（2）厅堂处共享空间

厅堂共享空间，是室内人们公共活动的中心，其空间设计与组景设计都较讲究。通过使用峭石、壁泉、塑石柱、水池、蹬步、眺台、蕨草苔蔓的组合布景，组成一座巧致的室内景园，创造了闹中有静的幽雅气氛。同时，运用室内景园的组合，在建筑室内组成近赏景、俯视景和眺望景，使厅的空间层次更丰富，景观更自然，室内外景物的配合也更为融洽（图 2-5-55）。

（3）过厅与廊

过厅是室内两个功能空间的过渡空间，在这个空间内，常用一些石景或景栽组合来点缀和补白。

廊是建筑室内的交通空间，通常在走廊的转角处、交汇处或廊的尽头，采用盆栽组景的方式来营造幽静的气氛，减少嘈杂感。

（4）梯景

塑造梯景通常有 3 种方法：

①水景园组景　在梯级下的地面，用小池处理，因池造景，使梯面的装修与梯底的水景融合成完整的景观。

②石景园组景　常用塑石叠砌，或借山石为壁，配以壁泉和植物来塑造梯下空间。

图 2-5-55　天津保税区国际商务交流中心

③盆栽组景　用一种或几种不同的盆栽植物，来点缀楼底，既烘托了气氛又方便更换。

5.3.1.3　室内景园造景技法

（1）以石为主的组景

山石以自然的形状、色泽、纹理与质感，成为室内景园的构景要素之一。古人云："庭院无石不奇，无花木则无生气""山之体，石为骨，树木为衣，草为毛发，水为血脉……"都说明了山石在构景中的地位及水体、树木相互搭配使之形成有机统一的关系（图 2-5-56）。

图 2-5-56　澳门新竹园内庭以"归"
为主题的塑石叠水景观

室内景园常常将山石构成石景，通常用锦川石与棕竹相伴成景,黄蜡石组景,英石依壁砌筑,模拟钟乳石悬空挂下,配以小水池和植物组景等,一般突出地方特色。

(2)以水为主的组景

水具有自身独特的形、色、质、光、流动、音响等品性,这些品性不是孤立的,而是相互制约、相互渗透,紧密地联系成一个整体。在室内水景的组景中,适当运用水的特性,可在室内巧妙组景。

室内水景设计包括水的形态设计、水的光影和音响设计。水的形态设计构思常源于自然界各种形态的水体。自然界中水体有静态和动态之分,它的基本形态有平静、流动、跌落和喷涌4种,这4种基本形态也概括了自然界的水从源头的喷涌到跌落的过渡,再到终结平静这样一个运动的序列。室内水景在尺度上因受到空间的限制,往往采用小中见大的手法,如"止水可以为江湖""尺波勺水以尽沧海之势"等。

以水局为主的组景中,水池是主景,在水池边配以景石和植物。水池的形状也多是流畅的自由回环曲线。我国室内水景园,古时多以泉、井和景缸等水型为题,利用水局范山仿水,使室内小小的水景重现自然风采,营造出耐人寻味的意境。如杭州虎跑泉、广州甘泉仙馆、苏州寒山寺荷缸等。

(3)景栽组景

景栽组景通常是用盆栽植物,根据具体场合、使用要求来摆设组合成景。栽种的植物要根据季节来安排。

5.3.2 水景

水在庭院中组景较为普遍,用于室内组景常模拟自然景象,如以假山叠泉、小桥流水人家,以水池观鱼、荷香漂池、亭榭山体天空倒影、雨打芭蕉、动静结合做景,使人浮想联翩,心旷神怡。

室内组景中的水景,是由一定的水景和岸型所构成的景域。不同的水景和岸型,可以构造出各种各样的水景,其施工和用材也有所区别。

5.3.2.1 水的类型

水的类型可分为水池、瀑布、溪涧、泉、潭、滩、水景缸等。

(1)水池

庭院中的水池有几何形和不规则形,几何形水池多为方形和圆形,不规则形水池多为自然流线型和自然折线型。水池的形态有动有静,动态水池如喷水池又有平面型、立体型、喷水瀑布型等。这些小池造型精巧,池边常配以棕竹、龟背竹等植物,以及石景相衬(图2-5-57)。

(2)瀑布

设计瀑布时,一般需画出瀑布的平面、立面效果,多

图 2-5-57 日本福冈博多水城
观景焦点为地球运行轨道雕塑

采用制造山石模型的形式来表现。通常的做法是将石山叠高，山下挖池作潭，将水聚集于高处，水自高处落下形成水带之景。

（3）溪涧

溪涧属线形水景，水面狭而曲长，水流因势回绕。常利用大小水池之间的高低错落造成。或轻流暗渡，或环屋回萦，使庭院空间变得灵活自如。

（4）泉

泉一般是指水量较小的滴落、线落和涌现的组水景观。常见的有壁泉、叠泉、盂泉、涌泉和雕刻泉。壁泉是指泉水从建筑物壁面隙口湍湍流出；叠泉为泉水分段跌落的形式；用竹筒引出流水，滴入水盂（水钵），再从盂中溢入池潭者为盂泉；涌泉是利用压力使水从地面或石缝中涌现出来；而雕刻泉则是用雕刻来装饰泉口，可以增加泉景的情趣（图 2-5-58）。

图 2-5-58　日本爱知县知多郡健康中心中庭内空中连廊下的雨泉

5.3.2.2　岸的类型

在水景中水为面，岸为域。岸属园林范畴，多模拟自然意境，包括洲、岛、堤、矶等各类形式。不同的水景，相应采取不同的岸型，不同的岸型又可以组成多种变化的水景。

（1）池岸

凡池均有岸，岸有规则形与自由形之分。规则形池岸，一般是对称布置的矩形、圆形或对称花样的平面。自由形的池岸，往往随形作岸，形式多样，如用水卵石贴砌岸边配以大巧石，树桩（人工水泥砂浆仿造）排列配以大理石碎块镶嵌的池岸，或用白水泥拌混彩色水洗石做成的流线型池岸（图 2-5-59、图 2-5-60）。

图 2-5-59　日本福冈博多水城　　　　　图 2-5-60　日本 SULID 广场
（太阳广场俯瞰）　　　　　　　　　（中庭内的喷水池）

（2）矶蚤

矶蚤是指突出水面的配景石。一般临岸矶蚤多与植物水景相配；位于池中的矶蚤，常暗藏喷水龙头，在池中央溅喷成景。如洲、岛、堤，在室内景园中用得较少。

5.3.3 筑山组景

在室内景园中，一定的品石可作景园的点缀、陪衬的小品，也可以石为主题构成庭院的景观中心。在运用品石时，要根据具体石材，反复琢磨，取其形，立其意，借状天然，才能创造出一个"寸石生情"的意境。

5.3.3.1 筑山组景石材

组景中常用的天然素石通称为品石。目前使用较多的品石有太湖石、锦川石、黄石、腊石、英石、花岗石。

5.3.3.2 筑山组景要点

室内景园中筑山以小巧为多，筑山组景的要点有：山型与室内的比例尺度要适宜，山型与水景的配合要自然，山型的砌筑位置要得当，以起到视觉中心的作用。

（1）尺度与比例

室内景园中山型的尺度，除要考虑房屋和景物本身的尺寸外，还要考虑它们彼此之间的关系尺度。室内景园的功能要求克服建筑空间的单调感，同时用景园来烘托室内空间的宽阔。因此，室内山型要避免给人闭塞感和压抑感，山型的高度一般要小于室内高度，山型的石块宜大不宜小，形态宜整体不宜琐碎，山石处理要尺度合宜、体态得当，给人一种富有时代特点的美感。

（2）山石与水景的配合

山石因水而生动，所以山石景往往与水组成山水局景观，常见的有水潭局、壁潭局、悬挂瀑布局等。如砌筑山峰，一般筑成下大上小、山骨毕露、峰棱如剑的峭拔峰。也有筑成下小上大，似"有飞舞势"之奇峰。也可水中立石，但石形要整，或兀然挺立或低俯与水相近，不要形成水边堆砌之感。水边布置群石时，要大小配置得当，形成一种自然的韵律感（图2-5-61）。

（3）山石景的砌筑位置

山石景一般可组成视觉中心。山石景砌筑在门厅处能加强视觉中心的形成，引人注目。在一些室内的过渡区域，如大厅与餐厅、大幅墙面与地面之间，常作山石景处理，以便消除交角的生硬。还可在建筑的转角处和死角处置山石景，以减弱空间界面所形成的单调感（图2-5-62）。

另外，在前庭、廊侧、路端、景窗旁或植物景观下，可设置一些小的石景。

（4）人工塑山石

人工塑山石是近年来广泛采用的方法。小的石块常以砖砌体为石的躯干，表面以颜料拌和白水泥砂浆进行饰面。大石块常以铁架钢网为骨架，表面再以水泥砂浆饰面（图2-5-63、图2-5-64）。

图 2-5-61　日本福冈博多水城
儿童戏水池边置石

图 2-5-62　墨西哥城
GGG 住宅内庭立石

图 2-5-63　某小区塑石假山水景

图 2-5-64　广州白云堡豪苑塑
石假山瀑布

5.3.3.3　实例分析

广州白天鹅宾馆中庭

白天鹅宾馆位于广州沙面南侧，面向白鹅潭，背靠风景优美的沙面，环境清朗开阔。

宾馆以中庭为核心，将公共活动部分如门厅、餐厅、休息厅、商场等布置在临江，便于游人欣赏江景。中庭长 40m×13.5m，高 4 层，中庭以故乡水为主题，设置假山、亭子、曲桥、回廊、瀑布、喷泉、涌泉、盆景、绿地等，在池底数十盏红、黄、蓝、白色闪灯的照耀下，晶莹瑰丽，而水池东面离水面 2.5m 高的六边形观景台，不但增加了空间层次感，而且在灯影的烘托下，亦幻亦真，对比强烈；西端假山瀑布故乡水，气势磅礴，使中庭故乡水与喷水池的光影、色彩、图形、上下纵横的线条，交映生辉，构成比梦幻更美的动感，洋溢着节日的欢乐气氛，使游子之心倍加思亲（图 2-5-65 至图 2-5-69）。中庭北面商场墙面用玻璃幕墙，借助白鹅潭之景，增添景色，扩大空间，使空间内涵更加丰富多彩。

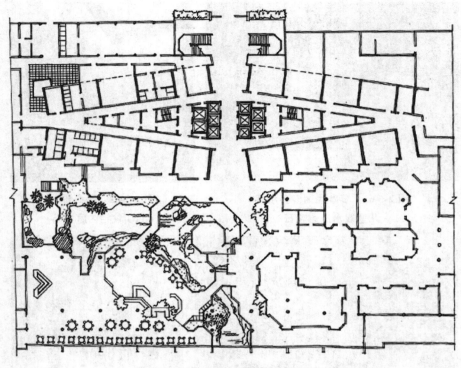

图 2-5-65　广州白天鹅宾馆首层平面图

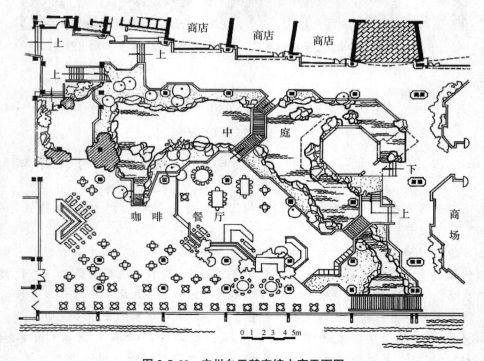

图 2-5-66　广州白天鹅宾馆中庭平面图

图 2-5-67　广州白天鹅宾馆中庭(徐一斐摄，2020 年 3 月)

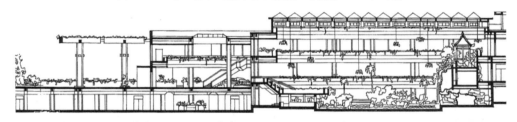

图 2-5-68　广州白天鹅宾馆大门、门厅、中庭纵剖面图(广州建筑设计院佘畯南、谭卓枝提供；林蓉　绘)

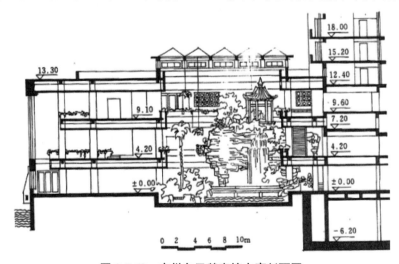

图 2-5-69　广州白天鹅宾馆中庭剖面图
(广州建筑设计院佘畯南、谭卓枝提供；林蓉　绘)

【任务实施】

1. 目的要求

了解园林中各种不同类型的室内景园造景的设计，掌握室内景园造景的设计方法与技巧。

2. 材料用具

测量仪器、手工绘图工具、绘图纸、绘图软件等。

3. 方法步骤

（1）了解地形、地貌、地质、气候和水文等自然条件，并了解城市人文、城市历史和室内庭院的所在建筑的性质(功能作用等)。

（2）测绘设计地段地形图。

（3）构思设计方案。

（4）多方案比较与选择、深入与调整。

（5）正式绘制设计图纸。

4. 考核评价

提交设计图纸1套(含总平面图、竖向设计图、单体建筑小品施工图、道路广场施工图及其他节点详图)、设计说明书1份。

【自主学习资源库】

1. 园林建筑设计. 卢仁, 金承藻. 中国林业出版社, 1991.
2. 中国园林建筑施工技术. 田永复. 中国建筑工业出版社, 2002.
3. 园林建筑设计. 杜汝俭, 李恩山, 刘管平. 中国建筑工业出版社, 1986.
4. 网易园林 http：//co.163.com/index_yl.htm.
5. 筑龙网 http：//www.zhulong.com.
6. 园林在线 http：//www.lvhua.com.

参 考 文 献

蔡吉安，等，1994. 建筑设计资料集[M]. 北京：中国建筑工业出版社.
杜汝俭，李恩山，刘管平，1986. 园林建筑设计[M]. 北京：中国建筑工业出版社.
封云，1998. 亭台楼阁[J]. 华中建筑，(3).
冯仲平，1988. 中国园林建筑[M]. 北京：清华大学出版社.
高钚明，覃力，1994. 中国古亭[M]. 北京：中国建筑工业出版社.
黄金锜，1994. 屋顶花园设计与营造[M]. 北京：中国林业出版社.
黄晓鸾，1996. 园林绿地与建筑小品[M]. 北京：中国建筑工业出版社.
《建筑设计资料集》编委会，1994. 建筑设计资料集[M]. 2版. 北京：中国建筑工业出版社.
金柏苓，等，2001. 园林景观设计详细图集[M]. 北京：中国建筑工业出版社.
荆其敏，张丽安，2001. 城市绿化空间赏析[M]. 北京：科学出版社.
梁美勤，2003. 园林建筑[M]. 北京：中国林业出版社.
梁伊任，2000. 园林建筑工程（上、中、下）[M]. 北京：中国城市出版社.
刘福伟，2007. 现代园林休闲建筑设计初探[D]. 上海交通大学.
刘少宗，2000. 说亭[M]. 天津：天津大学出版社.
刘晓明，吴宇江，1999. 梦中的天地[M]. 昆明：云南大学出版社.
刘永德，1996. 建筑外环境设计[M]. 北京：中国建筑工业出版社.
卢仁，2000. 园林建筑[M]. 北京：中国林业出版社.
卢仁，2000. 园林建筑装饰小品[M]. 北京：中国林业出版社.
满运来，刘虎山，1997. 中外厕所文明与设计[M]. 天津：天津大学出版社.
潘谷西，2001. 中国建筑史[M]. 4版. 北京：中国建筑工业出版社.
彭一刚，1983. 建筑空间组合论[M]. 北京：中国建筑工业出版社.
彭一刚，1986. 中国古典园林分析[M]. 北京：中国建筑工业出版社.
舒阳，1999. 建筑——传统与诗意的文本[M]. 北京：中国纺织出版社.
田学哲，1990. 建筑初步[M]. 北京：中国建筑工业出版社.
王浩，谷康，高晓君，1999. 城市休闲绿地图录[M]. 北京：中国林业出版社.
王其钧，丁山，2007. 图解中国园林[M]. 北京：中国电力出版社.
王树栋，马晓燕，2001. 园林建筑[M]. 北京：气象出版社.
王素芳，1999. 中国古亭探源[J]. 文物春秋，(3).
王庭熙，周淑秀，1988. 园林建筑设计图选[M]. 南京：江苏科学技术出版社.
王晓俊，等，2004. 园林建筑设计[M]. 南京：东南大学出版社.
王晓俊，2000. 风景园林设计（增订本）[M]. 南京：江苏科学技术出版社.
王晓俊，2000. 西方现代园林设计[M]. 南京：东南大学出版社.
吴为廉，1996. 景园建筑工程（上、下）[M]. 上海：同济大学出版社.
谢孝思，2001. 苏州园林品赏录[M]. 上海：上海文艺出版社.

徐文涛，孙志勤，2000. 留园[M]. 北京：长城出版社.
杨鸿勋，1994. 江南园林论[M]. 上海：上海人民出版社.
张家骥，1997. 中国园林艺术大辞典[M]. 太原：山西教育出版社.
张浪，1997. 图解中国园林建筑艺术[M]. 合肥：安徽科学技术出版社.
张晓燕，2008. 中国传统风景园林廊设计理法研究[D]. 北京林业大学.
赵志缙，等，1998. 建筑施工[M]. 上海：同济大学出版社.
针之古钟吉（日），1991. 西方造园变迁史[M]. 邹洪灿，译. 北京：中国建筑工业出版社.
周初梅，2002. 园林建筑设计与施工[M]. 北京：中国农业出版社.
周维权，1990. 中国古典园林史[M]. 北京：清华大学出版社.
周忠武，2000. 城市园林艺术[M]. 南京：东南大学出版社.
朱保良，朱钟炎，等，1995. 室内环境设计[M]. 上海：同济大学出版社.
朱建宁，1999. 户外的厅堂[M]. 昆明：云南大学出版社.